21世纪高等学校计算机专业实用系列教材

MySQL 数据库从入门到精通

（第2版）

千锋教育 | 编著

清華大學出版社
北京

内 容 简 介

本书从初学者的角度出发，通过通俗的语言、丰富的实例，讲解了进行 MySQL 开发需要掌握的各项技术。全书共 13 章，内容包括数据库相关概念、MySQL 的安装与配置、数据库和数据表的操作、MySQL 数据操作、数据库单表查询、数据的完整性、多表查询、常用函数、视图、存储过程、触发器、数据库事务、数据的备份和还原及权限、账户管理等。最后一章的综合案例涵盖全书知识点，帮助读者巩固所学知识。

本书将理论讲解与丰富实例相结合，书中程序代码给出了详细解释，方便读者快速掌握 MySQL 开发技术。

本书可作为高等院校计算机相关专业的 MySQL 数据库入门教材，也适合广大编程爱好者自学参考。

图书在版编目（CIP）数据

MySQL 数据库从入门到精通 / 千锋教育编著. 2 版. -- 北京 ：清华大学出版社，2024. 12.
（21 世纪高等学校计算机专业实用系列教材）. -- ISBN 978-7-302-67826-7

Ⅰ. TP311. 132. 3

中国国家版本馆 CIP 数据核字第 20248ZS247 号

责任编辑：付弘宇
封面设计：吕春林
责任校对：韩天竹
责任印制：刘海龙

出版发行：清华大学出版社
网　　址：https://www.tup.com.cn，https://www.wqxuetang.com
地　　址：北京清华大学学研大厦 A 座　　**邮　　编**：100084
社 总 机：010-83470000　　**邮　　购**：010-62786544
投稿与读者服务：010-62776969，c-service@tup.tsinghua.edu.cn
质量反馈：010-62772015，zhiliang@tup.tsinghua.edu.cn
课件下载：https://www.tup.com.cn，010-83470236

印 装 者：北京同文印刷有限责任公司
经　　销：全国新华书店
开　　本：185mm×260mm　　**印　　张**：19.5　　**字　　数**：475 千字
版　　次：2018 年 11 月第 1 版　2024 年 12 月第 2 版　　**印　　次**：2024 年 12 月第1 次印刷
印　　数：1～2000
定　　价：59.00 元

产品编号：096027-01

前　言

当代科学技术与信息技术的快速发展和社会生产力的变革，对 IT 行业从业者提出了新的需求，从业者不仅要具备专业技术能力，更需要业务实践能力，复合型人才更受企业青睐。高校毕业生求职面临的第一道门槛就是技能与经验，教材也应紧随时代的变化而及时更新。

本书倡导快乐学习、实战就业，在语言描述上力求准确、通俗易懂。针对重要知识点，精心挑选示例，促进隐性知识与显性知识的转化。示例讲解包含运行效果、实现思路、代码详解。引入企业项目案例，从动手实践的角度帮助读者逐步掌握前沿技术，为高质量就业赋能。

本书在章节编排上循序渐进，在语法阐述中尽量避免使用生硬的术语和抽象的公式，从项目开发的实际需求入手，将理论知识与实际应用相结合，帮助读者快速积累项目开发经验，从而在职场中拥有较高起点。

MySQL 是一门重要的基础课程，也是最流行的关系型数据库管理系统。本书讲述了数据库管理的基本概念以及 MySQL 数据库管理的基本操作。MySQL 所使用的 SQL 是用于访问数据库的最常用标准化语言，本书由浅入深地讲解了数据库设计、数据库语言、数据库系统实现等方面的内容，帮助读者循序渐进地掌握 MySQL 相关的各项技术。书中的概念以直观的方式描述，其中的许多概念通过校园生活的实例加以阐释，既有利于读者理解和操作，又有利于教师指导实践。

阅读本书读者将会学习到以下内容。

第 1 章：讲解 MySQL 入门知识，读者可以学习在 Windows 系统和 Linux 系统上安装 MySQL 的方法，熟悉 MySQL 的目录结构，掌握 MySQL 客户端工具的使用。

第 2 章：讲解数据库和数据表的基本操作方法，帮助读者认识存储引擎和数据类型，掌握数据库和数据表的增、删、改、查等操作。

第 3 章：讲解对表中数据的基本操作，读者可以学到插入数据、更新数据和删除数据的方法。

第 4 章：讲解单表查询的方式，包括基础查询、条件查询、高级查询，读者可以学习在不同的场合进行数据查询的方法。

第 5 章：讲解数据的完整性，包括实体完整性、域完整性、引用完整性及索引，帮助读者充分了解数据的存储方式。

第 6 章：讲解多表关系和多表查询的具体方式，即数据库高级查询的方式。

第 7 章：讲解数据库管理的常用函数，包括字符串函数、数学函数、日期时间函数、格式化函数和系统信息函数。

第 8 章：讲解 MySQL 视图，包括视图的概念和对视图的基本操作。

第 9 章：讲解数据的存储过程，主要包括存储过程概述和存储过程的相关操作。

第 10 章：讲解 MySQL 触发器，主要包括触发器概述和触发器的相关操作。

第 11 章：讲解数据库的事务机制，帮助读者进一步了解 MySQL 的深层内容。

第 12 章：讲解数据的备份与还原、数据库的权限与账户管理及 MySQL 分区，帮助读者学习数据库的安全管理策略。

第 13 章：通过一个综合案例梳理书中各章的知识，进一步将这些知识与实际应用结合，加深读者对 MySQL 的认识。

本书采用 MySQL 当前主流的版本 8.0 进行讲解，兼容低版本 MySQL 的绝大部分功能。

本书提供配套的 PPT 课件、教学大纲、教学设计、实例源码等丰富的教学资源，读者可以从封底的“水木书荟”网站下载。读者对本书有任何意见和建议，欢迎联系 404905510@qq.com。

编　者

2024 年 8 月

目　录

第1章 初识数据库

本章学习目标

- 理解数据库相关的基本概念；
- 熟练掌握 MySQL 的安装、配置方法；
- 了解 MySQL 的目录结构；
- 熟练掌握 MySQL 客户端工具的使用。

数据库技术从产生到现在，已经成为基础软件的“三驾马车”之一，数据库的应用已经深入生活和工作的方方面面，其重要性不言而喻。数据库好比人类大脑的记忆系统，网站如果没有数据库支持就如同兵马俑一般。如今数据库的发展不仅影响着计算机软件的开发速度，而且体现了一个国家信息产业的发展水平，希望读者努力掌握数据库技术，为国家信息产业的发展做出贡献。

本章将详细讲解数据库的基础知识和 MySQL 的安装与使用。

1.1 数据库入门

1.1.1 数据库的概念

数据库(Database，DB)是一个长期存储在计算机内的、有组织的、可共享的、统一管理的大量数据的集合。数据库也是建立在计算机存储设备上，按照数据结构来组织、存储和管理数据的仓库。用户可将数据库视为存储电子文件的地方，即电子化的文件柜。用户可以通过增加、删除、修改、查找等操作对文件中的数据进行管理，此处的数据不仅包含数字，还包含文字、视频、声音等。数据库的主要特点如下。

(1) 实现数据共享：数据不是只面向某个应用，而是面向整个系统，可以被多个应用共享使用。

(2) 降低数据的冗余度：数据库实现了数据共享，数据可以被多个用户和应用使用，无需各自建立应用文件，减少了大量重复数据和数据冗余，不仅节约存储空间，而且维护了数据的一致性。

(3) 实现数据的独立性：数据的独立性包括逻辑独立性(应用程序与数据库的逻辑结构相互独立)和物理独立性(应用程序与数据库中的数据相互独立)。

(4) 实现数据的集中控制：数据库管理系统在数据库建立、运用和维护时对数据库进行统一控制，以及在多用户使用数据库时进行并发控制。

(5) 具有故障恢复功能：数据库管理系统具有将数据库从错误状态恢复到某一正确状态的功能，可及时发现故障和修复故障，从而防止数据被破坏。

另外,用户很容易将本节讲解的数据库和数据库系统两个概念相混淆。其实,数据库系统的范畴比数据库大很多,它由硬件和软件组成,其中硬件主要用于存储数据库中的数据,软件主要包括操作系统和应用程序等。数据库系统各重要部分之间的关系如图 1.1 所示。

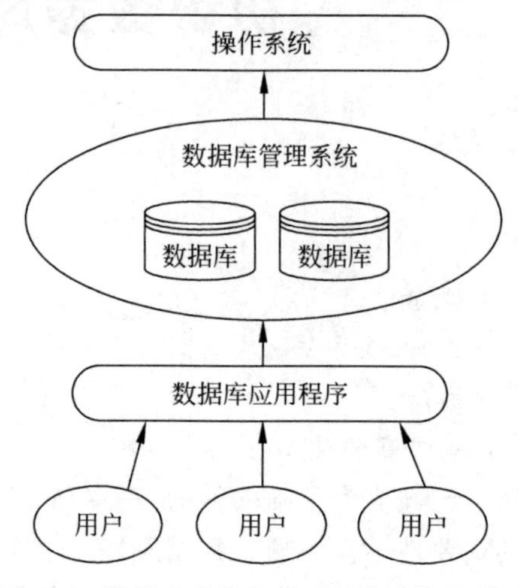

图 1.1　数据库系统各重要部分之间的关系

从图 1.1 中可以看到数据库系统各重要部分之间的关系,对它们具体说明如下。

(1) 数据(Data):指数据库中存储的基本对象,也就是数据库中保存的描述客观事物的内容。

(2) 数据库:指长期保存在计算机的存储设备上,按照一定规则组织起来,可以被各种用户或应用共享的数据集合。

(3) 数据库管理系统(Database Management System,DBMS):指一种操作和管理数据库的大型软件,用于建立、运行和维护数据库,并对数据库进行统一管理和控制,以保证数据库的安全性和完整性。用户通过数据库管理系统访问数据库中的数据。

(4) 数据库应用程序(Database Application System,DBAS):当用户对数据库进行复杂的管理时,DBMS 可能无法满足用户需求,此时就需要使用数据库应用程序访问和管理 DBMS 中存储的数据。

在通常情况下,使用数据库来表示所使用的数据库软件,这经常会引起混淆。确切地说,数据库是用来存储和管理数据的仓库,而数据库软件用来对数据库进行存储和管理。

1.1.2　SQL 简介

SQL(Structure Query Language,结构化查询语言)是用于访问和处理数据库的标准的计算机语言。在使用 SQL 时,用户只需要发出"做什么"的命令,而不需要考虑"怎么做"。在数据库上执行的大部分操作都由 SQL 语句完成,如今 SQL 已成为数据库操作的基础。

SQL 被美国国家标准局(ANSI)确定为关系型数据库语言的美国标准,后来被国际化标准组织(ISO)采纳为关系数据库语言的国际标准。各数据库厂商都支持 ISO 的 SQL 标准,并在该标准的基础上进行了自己的扩展。

SQL 语句结构简洁,功能强大,其具体特点如下。

(1) 简单易学:SQL 语句都是由描述性很强的英语单词组成的,且数目不多。SQL 语句不区分大小写。

(2) 综合统一：SQL 集数据库定义语言、数据操作语言、数据控制语言的功能于一体，它可以对关系模式、数据、数据库、数据库重构和数据库安全性控制等进行一系列操作要求。

(3) 高度非过程化：用 SQL 操作数据库只需指出“做什么”，无须指明“怎么做”，存取路径的选择和操作的执行由数据库自动完成。

(4) 面向集合的操作方式：不仅查找结果可以是元组的集合，而且一次插入、删除、更新操作的对象也可以是元组的集合。

SQL 包含了所有对数据库的操作，它主要由 4 部分组成，具体如下。

(1) DDL(Database Definition Language，数据库定义语言)：主要用于定义数据库和表等，其中包括 CREATE 语句、ALTER 语句和 DROP 语句。CREATE 语句用于创建数据库、数据表等，ALTER 语句用于修改表的定义等，DROP 语句用于删除数据库和数据表。

(2) DML(Data Manipulation Language，数据操作语言)：主要用于对数据库进行添加、修改和删除操作，其中包括 INSERT 语句、UPDATE 语句和 DELETE 语句。INSERT 语句用于插入数据，UPDATE 语句用于修改数据，DELETE 语句用于删除数据。

(3) DQL(Data Query Language，数据查询语言)：主要用于查询，也就是 SELECT 语句。SELECT 语句可以查询数据库中的一条或多条数据。

(4) DCL(Data Control Language，数据控制语言)：主要用于控制用户的访问权限，包括 GRANT 语句、REVOKE 语句、COMMIT 语句和 ROLLBACK 语句。GRANT 语句用于给用户赋予权限，REVOKE 语句用于收回用户的权限，COMMIT 语句用于提交事务，ROLLBACK 语句用于回滚事务。

通过 SQL 语句可以直接操作数据库，许多编程语言也支持 SQL 语句。例如，在 Java 程序中可以嵌入 SQL 语句，实现 Java 程序调用 SQL 语句操作数据库。

1.1.3 常见的数据库产品

随着数据库技术的不断发展，数据库产品越来越多，从关系型数据库到后来的非关系型数据库。2021 年 6 月，DB-Engines 发布了最新的数据库排行，如图 1.2 所示。

在图 1.2 中，MySQL 排名第二，其他数据库也受到不同程度的关注。下面简单介绍一些常见的数据库产品。

1. Oracle 数据库

Oracle Database(又名 Oracle RDBMS，简称 Oracle)是甲骨文公司的一款关系型数据库管理系统。它是在数据库领域一直处于领先地位的产品，是目前世界上最流行的关系型数据库管理系统。它可移植性好，使用方便，功能强大，适用于大型、中型、小型、微型各类计算机环境。

2. MySQL 数据库

MySQL 是一种开放源代码的关系型数据库管理系统(RDBMS)，使用最常用的数据库管理语言 SQL 进行数据库管理。MySQL 是开放源代码的，因此任何人都可以在 General Public License 的许可下下载它并根据个性化的需要对它进行修改。它由于高效性、可靠性和适应性而备受关注，大多数人都认为，在不需要事务化处理的情况下，MySQL 是管理数据最好的选择。

371 systems in ranking, June 2021							
Rank			DBMS	Database Model	Score		
Jun 2021	May 2021	Jun 2020			Jun 2021	May 2021	Jun 2020
1.	1.	1.	Oracle	Relational, Multi-model	1270.94	+1.00	-72.65
2.	2.	2.	MySQL	Relational, Multi-model	1227.86	-8.52	-50.03
3.	3.	3.	Microsoft SQL Server	Relational, Multi-model	991.07	-1.59	-76.24
4.	4.	4.	PostgreSQL	Relational, Multi-model	568.51	+9.26	+45.53
5.	5.	5.	MongoDB	Document, Multi-model	488.22	+7.20	+51.14
6.	6.	6.	IBM Db2	Relational, Multi-model	167.03	+0.37	+5.23
7.	7.	↑8.	Redis	Key-value, Multi-model	165.25	+3.08	+19.61
8.	8.	↓7.	Elasticsearch	Search engine, Multi-model	154.71	-0.65	+5.02
9.	9.	9.	SQLite	Relational	130.54	+3.84	+5.72
10.	10.	↑11.	Microsoft Access	Relational	114.94	-0.46	-2.24
11.	11.	↓10.	Cassandra	Wide column	114.11	+3.18	-4.90
12.	12.	12.	MariaDB	Relational, Multi-model	96.79	+0.10	+7.00
13.	13.	13.	Splunk	Search engine	90.27	-1.84	+2.19
14.	14.	14.	Hive	Relational	79.69	+3.51	+1.04
15.	15.	↑23.	Microsoft Azure SQL Database	Relational, Multi-model	74.79	+4.33	+27.01
16.	16.	16.	Amazon DynamoDB	Multi-model	73.76	+3.69	+8.90
17.	17.	↓15.	Teradata	Relational, Multi-model	69.34	-0.64	-3.95
18.	↑19.	↑22.	Neo4j	Graph	55.75	+3.52	+7.48
19.	↓18.	19.	SAP HANA	Relational, Multi-model	54.11	+1.36	+3.29
20.	20.	↓18.	Solr	Search engine, Multi-model	52.10	+0.91	+0.84

图 1.2 数据库排行

3. SQL Server 数据库

SQL Server 是美国 Microsoft 公司推出的一种关系型数据库系统，是一个可扩展的、高性能的，为分布式客户机/服务器计算所设计的数据库管理系统，实现了与 Windows、Linux 等操作系统的有机结合，提供了基于事务的企业级信息管理系统方案。

4. MongoDB 数据库

MongoDB 是一个介于关系型数据库和非关系型数据库之间的产品，是非关系型数据库中功能最丰富、最像关系型数据库的产品。它支持的数据结构非常松散，是类似 JSON 的 BJSON 格式，因此可以存储比较复杂的数据类型。MongoDB 最大的特点是支持的查询语言非常强大，其语法类似于面向对象的查询语言，几乎可以实现类似关系型数据库单表查询的绝大部分功能，而且支持对数据建立索引。

5. DB2 数据库

DB2 是 IBM 公司开发的关系型数据库管理系统，有多种不同的版本，如 DB2 工作组版(DB2 Workgroup Edition)、DB2 企业版(DB2 Enterprise Edition)、DB2 个人版(DB2 Personal Edition)和 DB2 企业扩展版(DB2 Enterprise-Extended Edition)等，这些产品基本的数据管理功能是一样的，区别在于是否支持远程客户能力和分布式处理能力。

6. Redis 数据库

Redis 是一个高性能的 key-value 数据库，在部分场合可以对关系型数据库起到很好的补充作用。它提供了 Java、C/C++、C＃、PHP、JavaScript、Perl、Object-C、Python 和 Ruby 等客户端，使用非常方便。

1.1.4 MySQL 的优势

通过图 1.2 所示的数据库排行可知，MySQL 是一个主流的数据库管理系统。MySQL

是一个真正支持多用户、多线程的 SQL 数据库服务器，实现了快捷、有效和安全地处理大量数据的功能。MySQL 主要有以下几点优势。

（1）开放源码。MySQL 是一个免费、开源的关系型数据库管理系统，是可以被任何人自由使用的数据库。

（2）跨平台，易安装。MySQL 既可以在 Windows 系统上运行，又可以在 UNIX、Linux 和 Mac OS 等系统上运行。MySQL 体积小，所以占用的空间相对较小，便于在各平台上下载安装。

（3）功能强大，有价格优势。MySQL 能够快速、有效和安全地处理大量的数据。与 Oracle、DB2 等价格昂贵的商业软件相比，社区版本的 MySQL 是免费试用的，即使是需要付费的附加功能，其价格也是很便宜的。MySQL 使用方法简单并且满足各种各样的商业需求，具有绝对的优势。

1.2　MySQL 在 Windows 系统中的安装与配置

前面了解了数据库的基本概念，接下来进行实际操作，首先需要下载并安装 MySQL 数据库。

1.2.1　MySQL 的下载

登录 MySQL 官网下载页面，如图 1.3 所示。

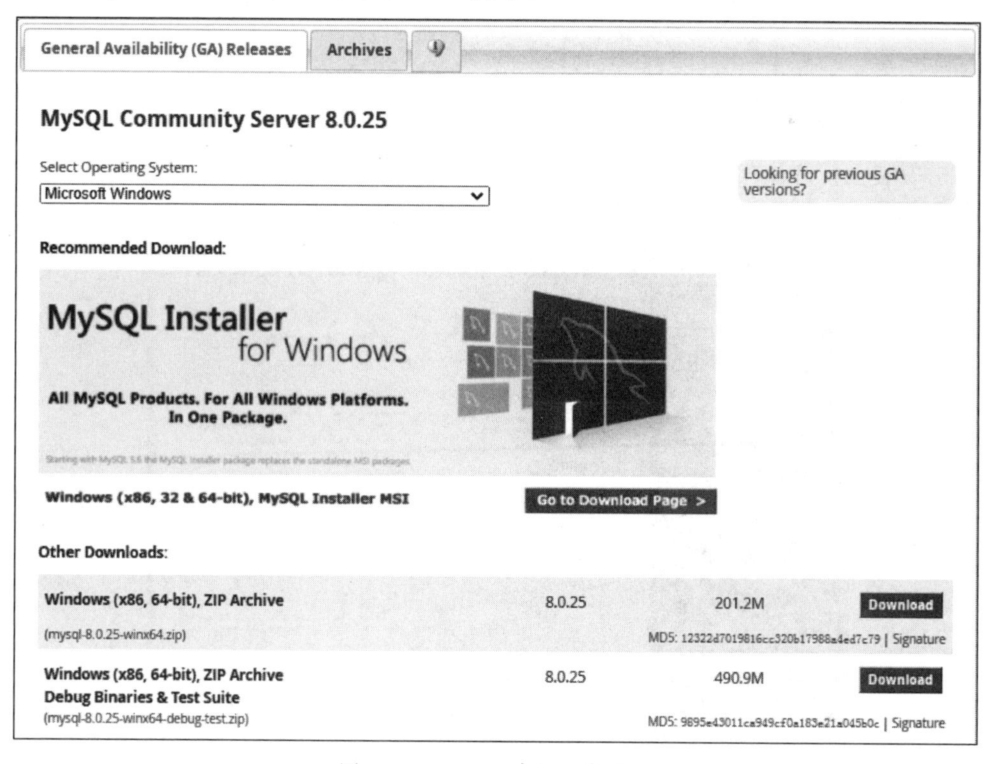

图 1.3　MySQL 官网下载页面

图 1.3 显示了基于 Windows 平台的 MySQL 安装文件的两种版本，一种是以.zip 为后缀的压缩版本，另一种是以.msi 为后缀的二进制安装版本。这里以.msi 为后缀的二进制版本为例讲解如何安装 MySQL，单击以.msi 为后缀的二进制安装版本的下载链接 Go to Download Page，进入下载页面，如图 1.4 所示。

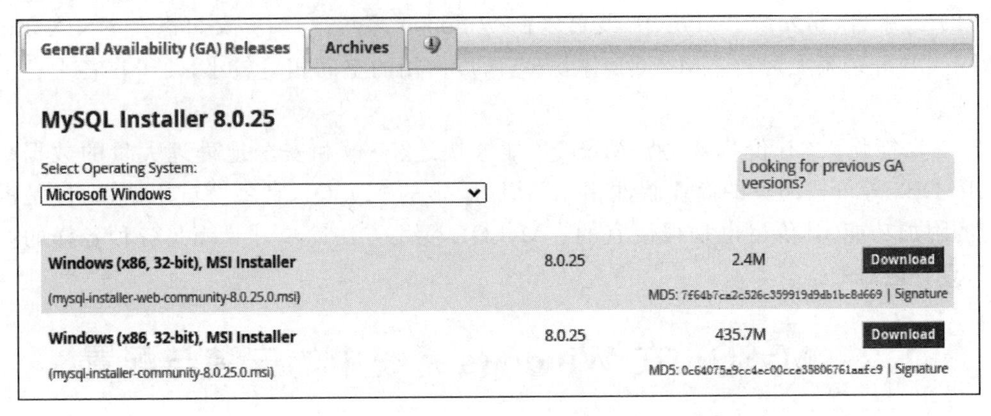

图 1.4　MySQL 下载版本

图 1.4 所示的安装版本中，第一个是在线安装版本，安装时需要连接网络，第二个是离线安装版本。这里以离线安装文件为例，单击 Download 按钮下载，下载完成后安装文件如图 1.5 所示。

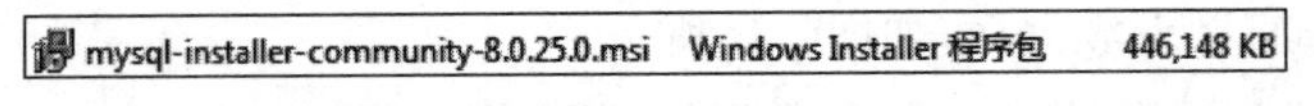

图 1.5　MySQL 安装文件

1.2.2　MySQL 的安装

双击安装文件开始安装，在弹出的消息框中单击“运行”按钮，等待 Windows 系统配置完成 MySQL 安装程序后，此时会弹出选择 MySQL 安装类型的界面，如图 1.6 所示。

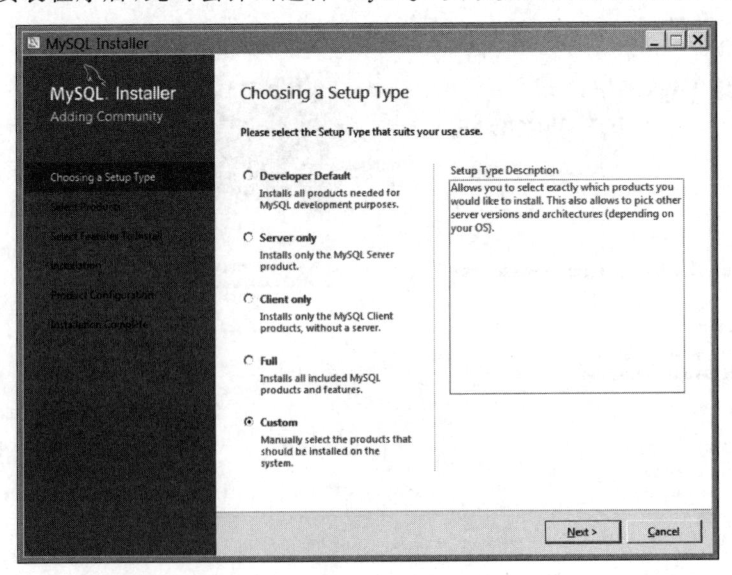

图 1.6　选择安装类型的界面

图 1.6 中显示了 5 种可选的安装类型，具体含义如下。

- Developer Default(默认，开发安装)：安装 MySQL 开发所需的所有产品。
- Server only(仅安装服务器)：只安装 MySQL 服务器产品。
- Client only(仅安装客户端)：只安装 MySQL 客户端产品，不安装服务器。
- Full(完全安装)：安装所有附带的 MySQL 产品和组件。
- Custom(自定义安装)：自定义选择要安装在系统上的产品。

为了熟悉安装过程，此处选择自定义安装，单击 Custom 单选按钮，然后单击图 1.6 中的 Next 按钮，此时会显示选择产品的界面，如图 1.7 所示。

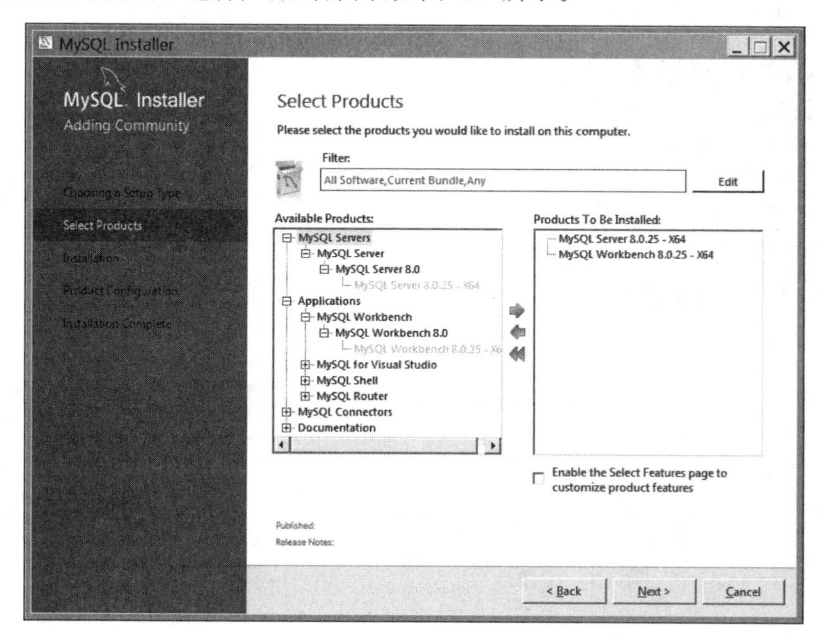

图 1.7　自定义安装界面

如图 1.7 所示，Available Products 列表中列出了所有产品内容，Products/Features To Be Installed 列表是所选择的安装内容，单击中间的箭头可添加或移除待安装的内容。这里选择了两个内容：服务端 MySQL Server 8.0.25-X64 和数据库可视化界面 MySQL Workbench 8.0.25-X64(可忽略不选)。然后单击 Next 按钮，显示安装图 1.7 中所选产品界面，如图 1.8 所示。

单击 Execute 按钮开始安装，安装完成后会显示 MySQL 安装完成界面，如图 1.9 所示。

此时，MySQL 安装完成。图 1.9 中单击 Show Details 按钮将显示安装细节，单击 Next 按钮将进入 MySQL 配置向导界面。

1.2.3　MySQL 的配置

安装完成，进入配置向导界面，如图 1.10 所示。

单击 Next 按钮，进入选择配置类型和数据库连接方式界面，如图 1.11 所示。

单击 Config Type 下拉列表框，显示可选的服务器配置类型，如图 1.12 所示。

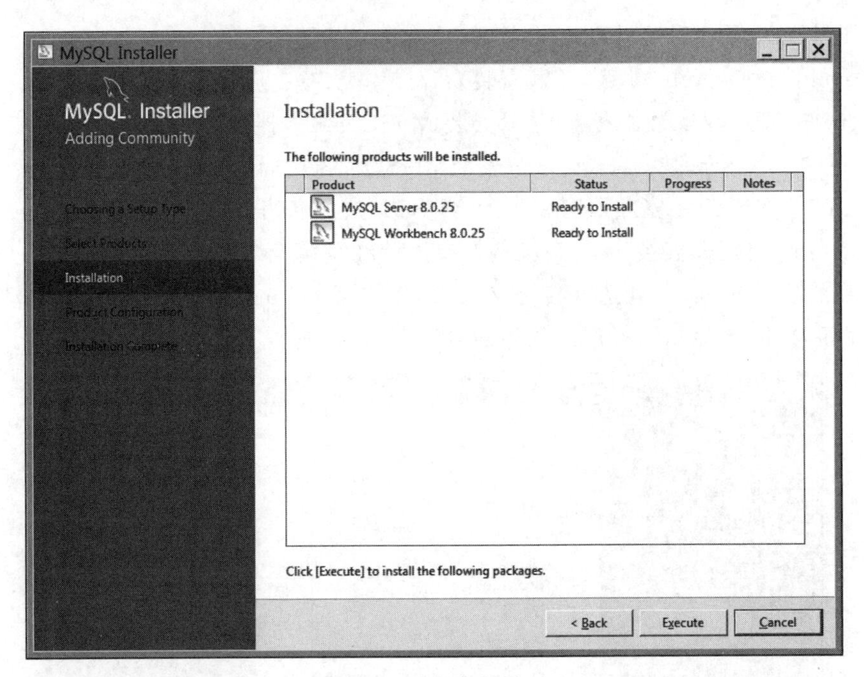

图 1.8　准备安装界面

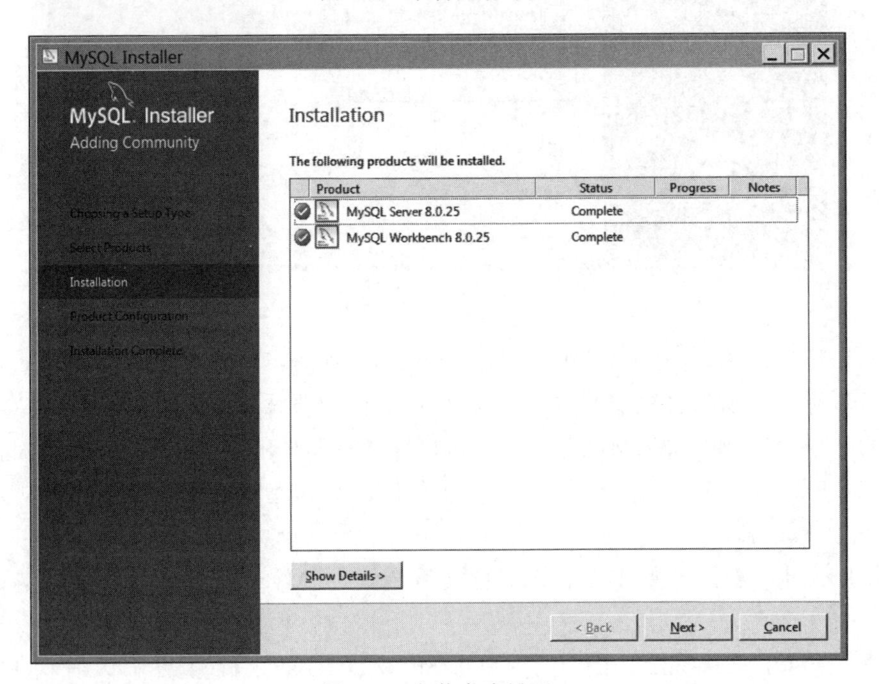

图 1.9　安装完成界面

图 1.12 中有 3 种可选的服务器配置类型,具体含义如下。

- Development Computer(开发者类型):该类型应用将会使用数量最小的内存,适用于开发者使用。
- Server Computer(服务器类型):该类型应用将会使用中等大小的内存,主要用作服务器的机器使用。

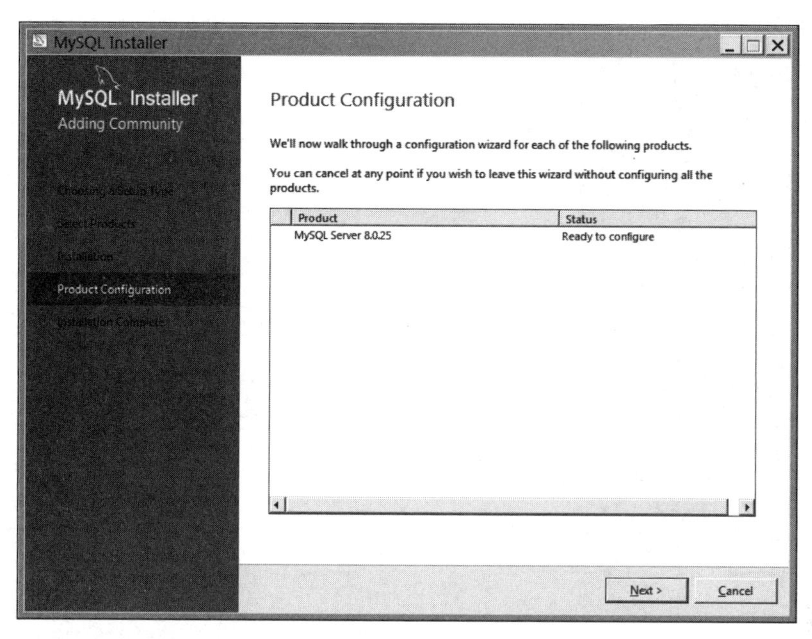

图 1.10　配置向导界面

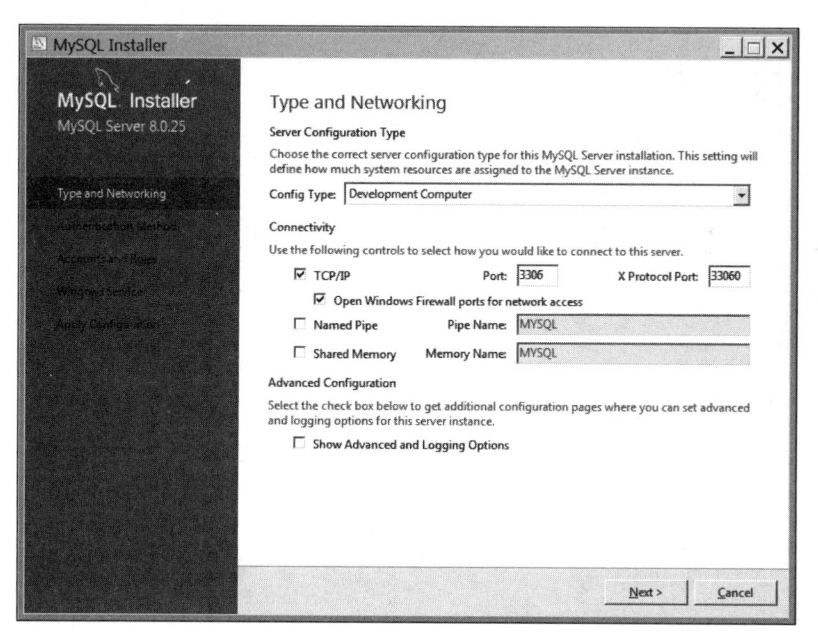

图 1.11　选择配置类型和数据库连接方式界面

- Dedicated Computer(专用 MySQL 服务器)：该类型应用将使用当前可用的最大内存，专门用来作为数据库服务器的机器使用。

此处选择第一项 Development Computer，连接方式选择默认的 TCP/IP，MySQL 的默认端口号为 3306，如果不想使用此端口号可以更改，通常不建议更改。Open Windows Firewall ports for network access 复选框用来打开 Windows 防火墙端口进行网络访问，建议勾选。单击 Next 按钮，进入选择用户验证方式界面，如图 1.13 所示。

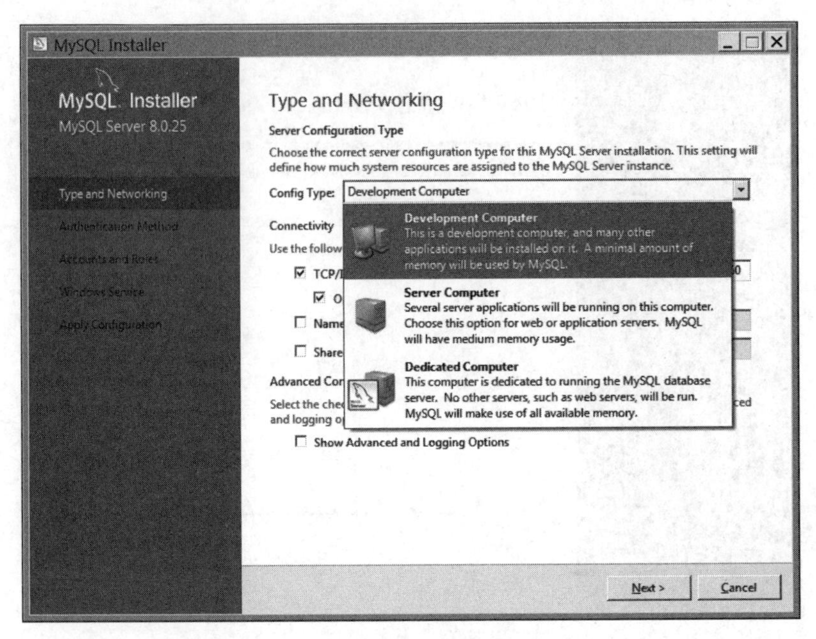

图 1.12　可选配置类型

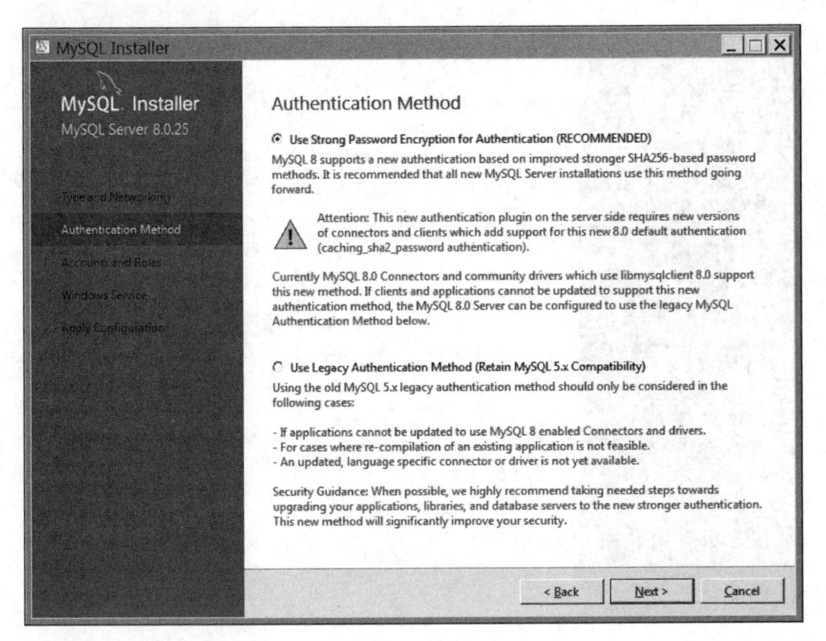

图 1.13　选择用户验证方式界面

第一种方式使用强密码加密进行身份认证,该方法更加安全;第二种方式使用遗留身份验证方法,该方法可兼容 MySQL 5.x 版本。此处选择第一种验证方式,单击 Next 按钮,显示设置账户密码界面,如图 1.14 所示。

在 MySQL 账户密码框中输入 Root 密码,此处设置为 qf1234。这个密码很重要,以后要经常用到,建议读者把密码记录下来,防止遗忘。单击 Next 按钮,显示配置 Windows 服务界面,如图 1.15 所示。

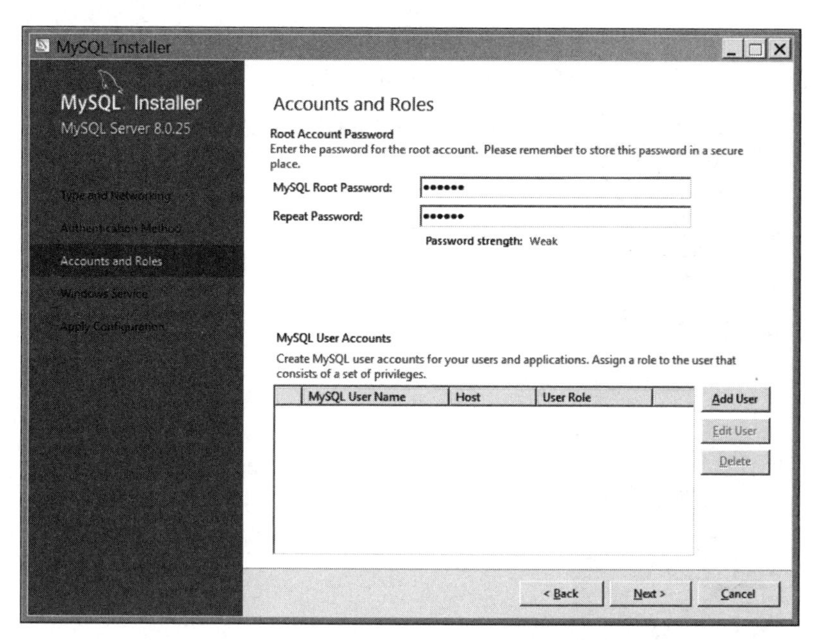

图 1.14　设置账户密码界面

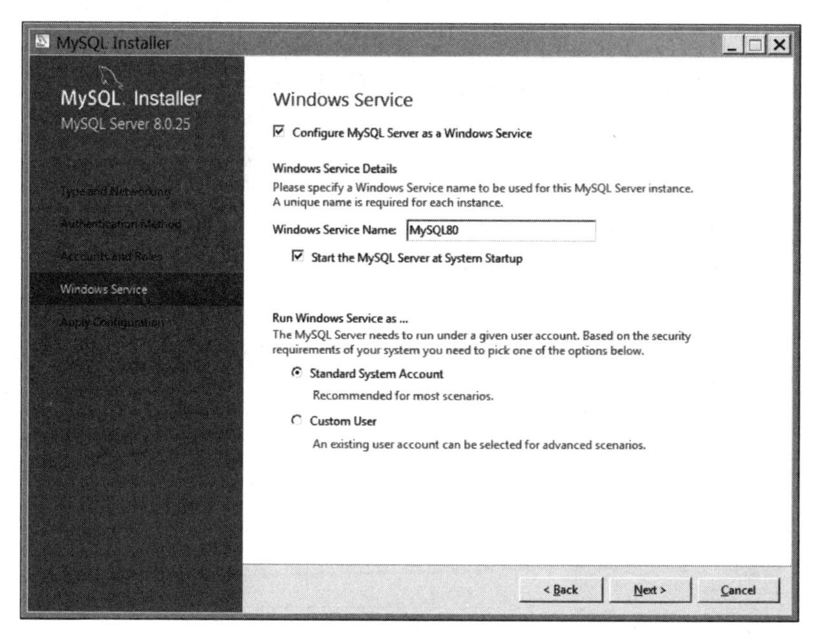

图 1.15　配置 Windows 服务界面

在图 1.15 中提供了多个选项，其具体含义如下。

- Configure MySQL Server as a Windows Service 复选框：将 MySQL Server 配置为 Windows 服务，默认勾选。
- Windows Service Name 文本框：设置 Windows 服务名，此处设置为默认值 MySQL80 即可。
- Start the MySQL Server at System Startup 复选框：设置 Windows 启动后 MySQL 自动启动，默认勾选。

• Standard System Account 按钮：标准系统账户，默认勾选。

在设置完成之后单击 Next 按钮，进入准备执行界面，如图 1.16 所示。

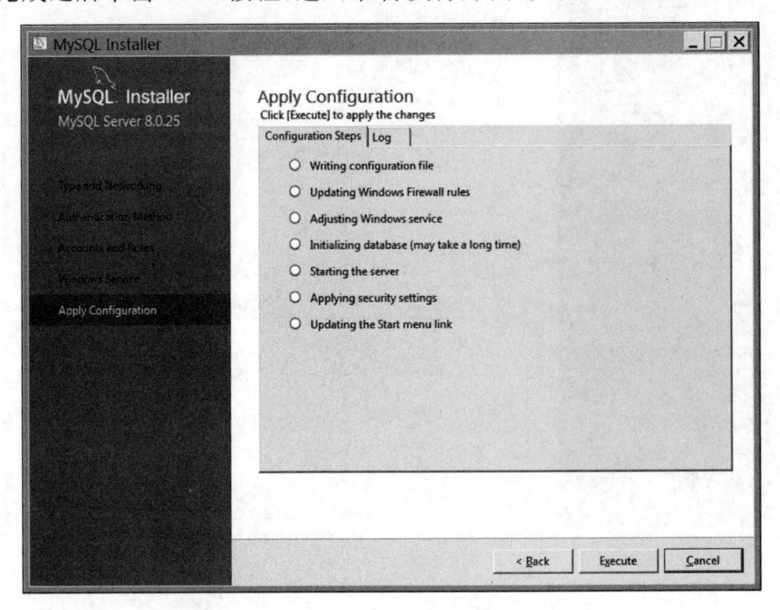

图 1.16　准备执行界面

单击 Execute 按钮，MySQL 会根据配置向导的设置进行配置，配置完成后显示配置完成界面，如图 1.17 所示。

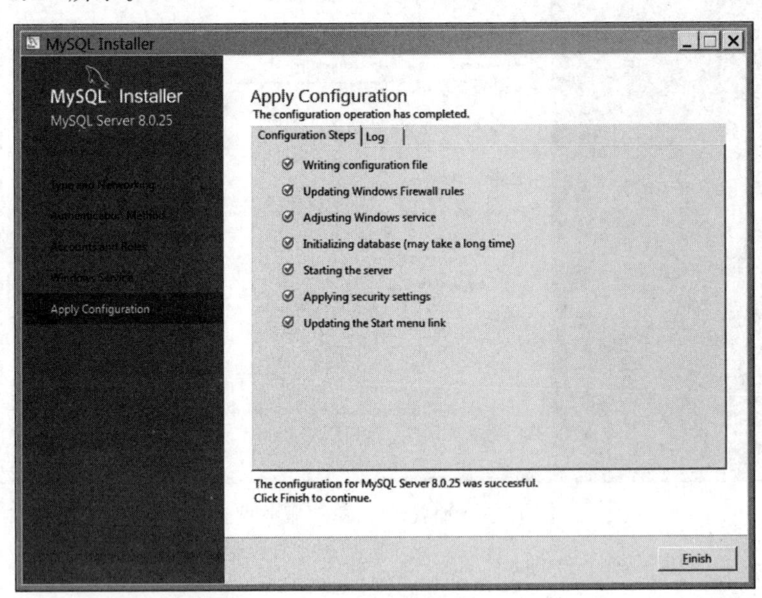

图 1.17　配置完成界面

单击 Finish 按钮，显示配置其他产品界面，如图 1.18 所示。

在图 1.7 中选择的安装产品和内容只有 MySQL Server 需要配置，所以至此全部配置已完成。单击 Next 按钮，显示安装完成界面，如图 1.19 所示。

单击 Finish 按钮，完成 MySQL 的配置并退出 MySQL 配置向导。

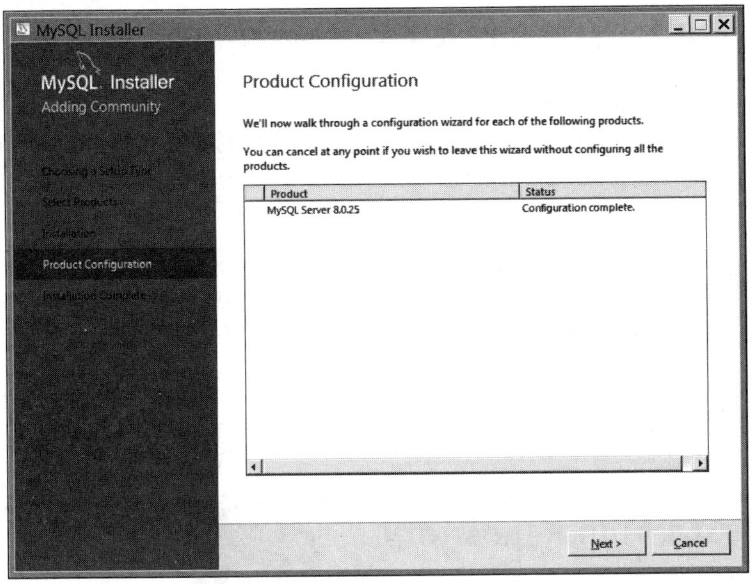

图 1.18　配置其他产品界面

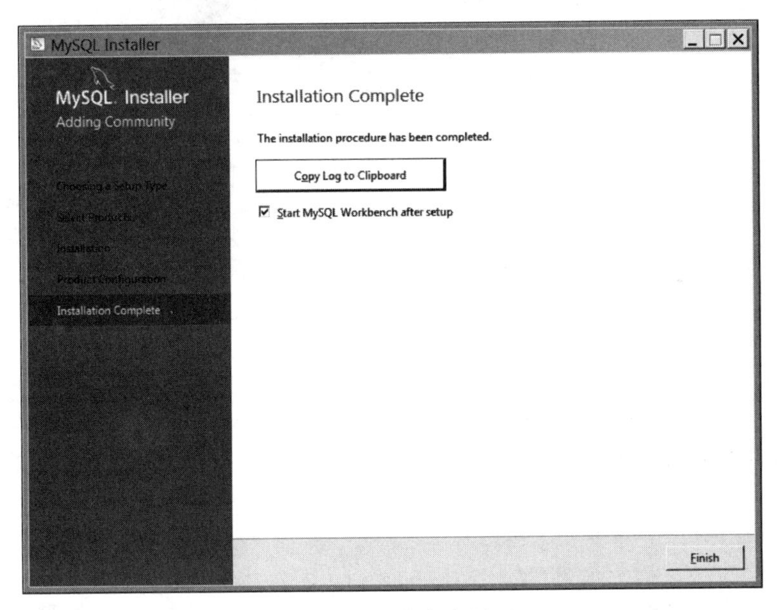

图 1.19　安装完成界面

1.3　MySQL 在 Linux 系统中的安装与登录

Linux 操作系统有多种版本，如 Ubuntu、Debian、CentOS、Red Hat 等。其中 Ubuntu 适用于个人，它的使用方法类似于 Windows 系统；CentOS 和 Red Hat 适用于服务器，CentOS 是基于 Red Hat 再编译的。CentOS 和 Red Hat 这两种版本都很稳定，但由于 Red Hat 的技术支持和更新都是收费的，因此本节以 CentOS 8.0 版本为例讲解如何在 Linux 平台下安装 MySQL。

1.3.1 使用 RPM 包的方式安装与登录 MySQL

1. 下载 MySQL 安装包并解压

登录 MySQL 官网下载页面,显示选择操作系统版本的页面,如图 1.20 所示。

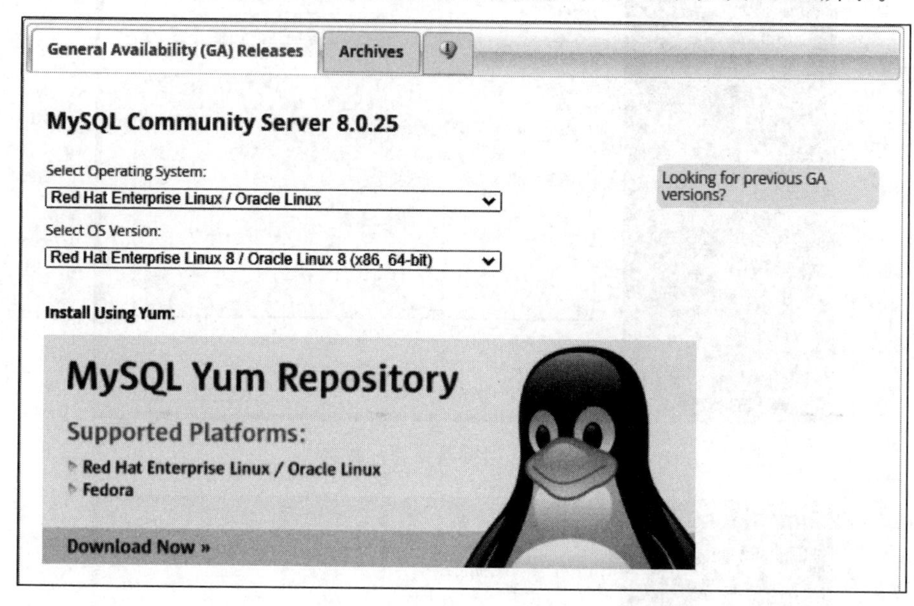

图 1.20 选择操作系统和版本

在 Select Operating System 下拉列表框和 Select OS Version 下拉列表框中分别选择如图 1.20 所示的操作系统和版本。选择完操作系统的版本后,滚动此页面,显示 RPM 下载包列表,如图 1.21 所示。

Download Packages:

Package	Version	Size	
RPM Bundle (mysql-8.0.25-1.el8.x86_64.rpm-bundle.tar)	8.0.25	730.2M MD5: c8e9ff679cb3721ef4766af608d772bf | Signature	Download
RPM Package, MySQL Server (mysql-community-server-8.0.25-1.el8.x86_64.rpm)	8.0.25	52.9M MD5: 47ce56eb4ff447953003bbd60ddb97e9	Download
RPM Package, Client Utilities (mysql-community-client-8.0.25-1.el8.x86_64.rpm)	8.0.25	13.4M MD5: 4afbfb84ee0c5cb7bf5f472a0fc722df	Download
RPM Package, Client Plugins (mysql-community-client-plugins-8.0.25-1.el8.x86_64.rpm)	8.0.25	98.1K MD5: ff0cdb46d7501232465c5d1f563da055	Download
RPM Package, Development Libraries (mysql-community-devel-8.0.25-1.el8.x86_64.rpm)	8.0.25	2.1M MD5: 50b2d97ae9efe51f2cd0bebca65c9332	Download
RPM Package, MySQL Configuration (mysql-community-common-8.0.25-1.el8.x86_64.rpm)	8.0.25	0.6M MD5: bb5e4ea7872c746cf5dbc650c883451a	Download
RPM Package, Shared Libraries (mysql-community-libs-8.0.25-1.el8.x86_64.rpm)	8.0.25	1.4M MD5: ad811ba6df4642769eaa0a6cac4caa67	Download
RPM Package, Test Suite (mysql-community-test-8.0.25-1.el8.x86_64.rpm)	8.0.25	227.5M MD5: 3d1f0b8461ae0596e09730f9d6ddb33e	Download

图 1.21 RPM 下载包列表

此处选择 RPM Bundle(即合集文件)下载，RPM Bundle 以下列出的所有文件是安装时的一些依赖包，如果安装过程中提示缺少依赖包，用户可以根据提示在图 1.21 所示页面下载相应依赖包。单击 Download 按钮下载，下载结束后，可以在 Downloads 文件夹中看到合集文件 mysql-8.0.25-1.el8.x86_64.rpm-bundle.tar。

打开终端命令行，执行 pwd 命令，查看当前终端所在位置，/home/qfedu 说明位于普通用户的家目录，具体如下所示。

```
[qfedu@localhost Downloads]$ pwd
/home/qfedu
```

使用 ls 命令列出当前工作目录下的内容，可以看到 Downloads 目录文件。使用 cd 命令进入该目录文件，mysql-8.0.25-1.el8.x86_64.rpm-bundle.tar 合集文件就在该目录下，具体如下所示。

```
[qfedu@localhost ~]$ ls
Desktop Documents Downloads Music Pictures Public Templates Videos
[qfedu@localhost ~]$ cd Downloads/
[qfedu@localhost Downloads]$ ls
mysql-8.0.25-1.el8.x86_64.rpm-bundle.tar
[qfedu@localhost Downloads]$
```

如上述代码所示，终端命令行提示符是$，表示当前是以普通用户登录。为了获得更大的权限，需要切换为超级用户 root 登录。执行以下命令，然后输入密码，具体如下所示。

```
[qfedu@localhost Downloads]$ sudo su -

We trust you have received the usual lecture from the local System
Administrator. It usually boils down to these three things:

    #1) Respect the privacy of others.
    #2) Think before you type.
    #3) With great power comes great responsibility.

[sudo] password for qfedu:
[root@localhost ~]#
```

如上述代码所示，终端命令行提示符为#，则表示以超级用户 root 登录。接下来通过以下命令找到 mysql-8.0.25-1.el8.x86_64.rpm-bundle.tar 合集文件，具体如下所示。

```
[root@localhost ~]# cd /home/qfedu/Downloads/
[root@localhost Downloads]# ls
mysql-8.0.25-1.el8.x86_64.rpm-bundle.tar
[root@localhost Downloads]#
```

解压文件使用 tar 命令、参数以及文件名，具体如下所示。

```
[root@localhost Downloads]# tar -xvf mysql-8.0.25-1.el8.x86_64.rpm-bundle.tar
```

解压命令 tar 后面各参数含义如下：-x 代表解压，-v 代表显示过程信息，-f 代表后面接的是文件。执行上述命令后,解压该文件到当前目录的工作就已完成,具体如图 1.22 所示。

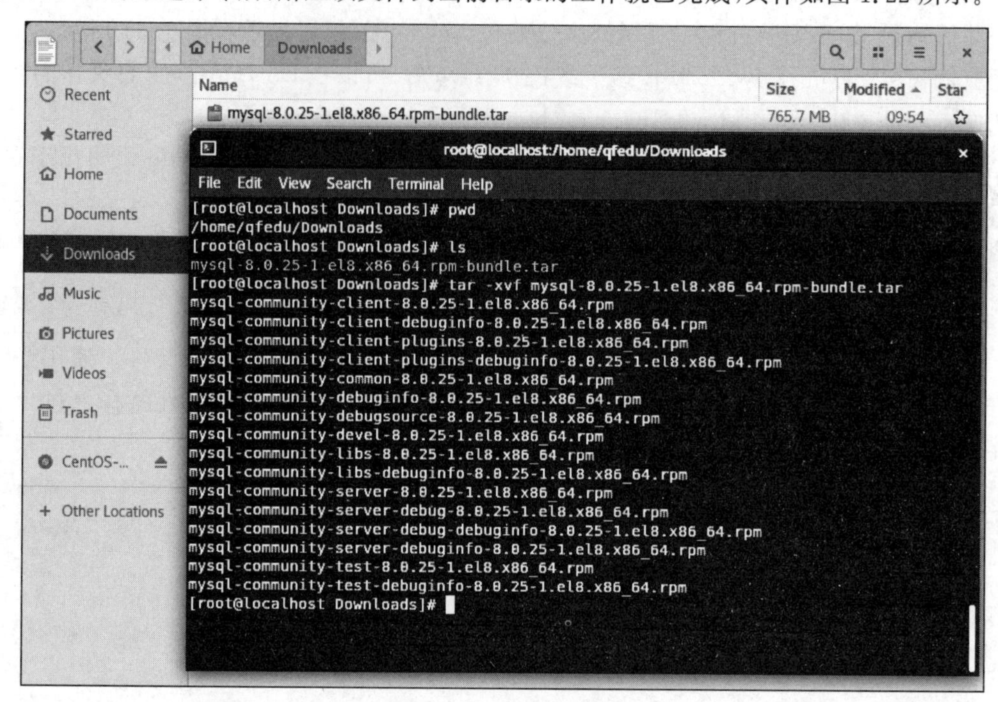

图 1.22 解压压缩包

解压完成后,Downloads 目录包含了 16 个新增文件,具体如图 1.23 所示。

Name	Size	Modified	Star
mysql-8.0.25-1.el8.x86_64.rpm-bundle.tar	765.7 MB	09:54	☆
mysql-community-test-debuginfo-8.0.25-1.el8.x86_64.rpm	21.4 MB	26 Apr	☆
mysql-community-test-8.0.25-1.el8.x86_64.rpm	238.5 MB	26 Apr	☆
mysql-community-server-debuginfo-8.0.25-1.el8.x86_64.rpm	249.5 MB	26 Apr	☆
mysql-community-server-debug-debuginfo-8.0.25-1.el8.x86_64.rpm	102.1 MB	26 Apr	☆
mysql-community-server-debug-8.0.25-1.el8.x86_64.rpm	22.4 MB	26 Apr	☆
mysql-community-server-8.0.25-1.el8.x86_64.rpm	55.5 MB	26 Apr	☆
mysql-community-libs-debuginfo-8.0.25-1.el8.x86_64.rpm	2.5 MB	26 Apr	☆
mysql-community-libs-8.0.25-1.el8.x86_64.rpm	1.5 MB	26 Apr	☆
mysql-community-devel-8.0.25-1.el8.x86_64.rpm	2.2 MB	26 Apr	☆
mysql-community-debugsource-8.0.25-1.el8.x86_64.rpm	21.5 MB	26 Apr	☆
mysql-community-debuginfo-8.0.25-1.el8.x86_64.rpm	3.5 MB	26 Apr	☆
mysql-community-common-8.0.25-1.el8.x86_64.rpm	632.8 kB	26 Apr	☆
mysql-community-client-plugins-debuginfo-8.0.25-1.el8.x86_64.rpm	159.8 kB	26 Apr	☆
mysql-community-client-plugins-8.0.25-1.el8.x86_64.rpm	100.4 kB	26 Apr	☆
mysql-community-client-debuginfo-8.0.25-1.el8.x86_64.rpm	30.0 MB	26 Apr	☆
mysql-community-client-8.0.25-1.el8.x86_64.rpm	14.1 MB	26 Apr	☆

图 1.23 解压后的新文件

如图 1.23 所示,名称中有“server”字样的文件是主安装文件,名称中包含“client”“libs”“common”字样的文件是 server 文件的安装依赖文件。

安装图 1.23 中的文件之前,需要使用 rpm -qa | grep mysql 命令和 rpm -qa | grep mariadb 命令，检查系统是否已经安装了 MySQL 或者 Mariadb。如果已经安装 MySQL 或 Mariadb，需要先卸载它们。

2. 安装顺序

使用 rpm 命令依次安装 4 个文件，注意必须按照以下顺序依次安装 common、libs、client、server 文件，具体安装的文件如下。

（1）mysql-community-common-8.0.25-1.el8.x86_64.rpm

（2）mysql-community-libs-8.0.25-1.el8.x86_64.rpm

（3）mysql-community-client-8.0.25-1.el8.x86_64.rpm

（4）mysql-community-server-8.0.25-1.el8.x86_64.rpm

首先，使用 rpm 命令安装 common 文件，具体命令如下所示。

```
[root@localhost Downloads]# rpm - ivh mysql - community - common - 8.0.25 - 1.el8.x86_64.rpm
```

其中，参数-i 代表安装，-vh 代表显示安装进度和详细信息。当参数是-Uvh 时，-h 则代表升级。参数-e 代表卸载。安装 common 文件包的结果如图 1.24 所示。

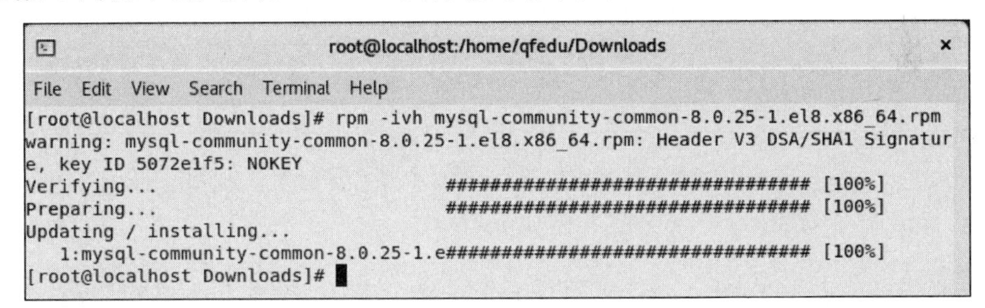

图 1.24 安装 common 文件包

接着使用 rpm 命令安装 libs 文件，具体如下所示。

```
[root@localhost Downloads]# rpm - ivh mysql - community - libs - 8.0.25 - 1.el8.x86_64.rpm
warning: mysql - community - libs - 8.0.25 - 1.el8.x86_64.rpm: Header V3 DSA/SHA1 Signature,
key ID 5072e1f5: NOKEY
error: Failed dependencies:
mysql - community - client - plugins = 8.0.25 - 1.el8 is needed by mysql - community - libs -
8.0.25 - 1.el8.x86_64
[root@localhost Downloads]#
```

执行结果返回一个错误提示，提示缺少 mysql-community-client-plugins-8.0.25 依赖包。解决该问题的第一个方法是通过官网下载相应依赖包，第二个方法是在命令后面加--nodeps 和--force 两个参数。--nodeps 参数表示安装时不检查依赖关系，--force 参数表示强制安装，具体如下所示。common、client、server 文件包的安装都可以使用上述两个参数。

```
[root@localhost Downloads]# rpm - ivh mysql - community - libs - 8.0.25 - 1.el8.x86_64.rpm -
- nodeps -- force
```

执行上述代码的结果如图 1.25 所示。

使用 rpm 命令安装 client 文件，具体如下所示。

```
[root@localhost Downloads]# rpm -ivh mysql-community-libs-8.0.25-1.el8.x86_64.rpm --nodeps --force
warning: mysql-community-libs-8.0.25-1.el8.x86_64.rpm: Header V3 DSA/SHA1 Signature, key ID 5072e1f
5: NOKEY
Verifying...                          ################################# [100%]
Preparing...                          ################################# [100%]
Updating / installing...
   1:mysql-community-libs-8.0.25-1.el8################################# [100%]
[root@localhost Downloads]#
```

图 1.25　安装 libs 文件包

```
[root@localhost Downloads]# rpm -ivh mysql-community-client-8.0.25-1.el8.x86_64.rpm
```

执行上述命令的结果如图 1.26 所示。

```
[root@localhost Downloads]# rpm -ivh mysql-community-client-8.0.25-1.el8.x86_64.rpm
warning: mysql-community-client-8.0.25-1.el8.x86_64.rpm: Header V3 DSA/SHA1 Signature
, key ID 5072e1f5: NOKEY
Verifying...                          ################################# [100%]
Preparing...                          ################################# [100%]
Updating / installing...
   1:mysql-community-client-8.0.25-1.e################################# [100%]
[root@localhost Downloads]#
```

图 1.26　安装 client 文件包

使用 rpm 命令安装 server 文件,具体如下所示。

```
[root@localhost Downloads]# rpm -ivh mysql-community-server-8.0.25-1.el8.x86_64.rpm
```

执行上述命令的结果如图 1.27 所示。

```
[root@localhost Downloads]# rpm -ivh mysql-community-server-8.0.25-1.el8.x86_64.rpm
warning: mysql-community-server-8.0.25-1.el8.x86_64.rpm: Header V3 DSA/SHA1 Signature
, key ID 5072e1f5: NOKEY
Verifying...                          ################################# [100%]
Preparing...                          ################################# [100%]
Updating / installing...
   1:mysql-community-server-8.0.25-1.e################################# [100%]
[/usr/lib/tmpfiles.d/mysql.conf:23] Line references path below legacy directory /var/
run/, updating /var/run/mysqld → /run/mysqld; please update the tmpfiles.d/ drop-in f
ile accordingly.
[root@localhost Downloads]#
```

图 1.27　安装 server 文件包

3. 启动 MySQL 服务并设置密码

首先通过 chown 命令改变文件的所属主和所属组,具体如下所示。

```
[root@localhost Downloads]# chown -R mysql.mysql /var/lib/mysql
```

执行上述命令后,需要启动 MySQL 服务,具体如下所示。

```
[root@localhost Downloads]# systemctl start mysqld
```

执行上述命令后，如果没有其他提示则表示 MySQL 服务启动成功，界面如图 1.28 所示。

```
root@localhost:/home/qfedu/Downloads
File Edit View Search Terminal Help
[root@localhost Downloads]# systemctl start mysqld
[root@localhost Downloads]#
```

图 1.28 启动 MySQL 服务

此时已生成 root 用户的 MySQL 密码，密码信息保存到/var/log/mysqld.log 中，用户可以使用 cat 命令查看。为了操作方便，建议用户通过 grep 命令过滤密码，具体命令如下所示。

```
[root@localhost Downloads]# cat /var/log/mysqld.log | grep "password"
```

执行上述命令，查看 MySQL 初始密码，如图 1.29 所示。

```
root@localhost:~
File Edit View Search Terminal Help
[root@localhost ~]# cat /var/log/mysqld.log | grep "password"
2021-06-30T02:19:28.213105Z 6 [Note] [MY-010454] [Server] A temporary password
 is generated for root@localhost: v(x*#k&ik2qU
[root@localhost ~]#
```

图 1.29 查看 MySQL 初始密码

接下来登录 MySQL 服务，具体如下所示。

```
[root@localhost ~]# mysql -uroot -p
Enter password:
```

上述代码中“Enter password:”后面要输入图 1.29 中的初始密码，密码输入完成后，出现“mysql >”则代表登录成功，如图 1.30 所示。

```
root@localhost:~
File Edit View Search Terminal Help
[root@localhost ~]# mysql -uroot -p
Enter password:
Welcome to the MySQL monitor.  Commands end with ; or \g.
Your MySQL connection id is 8
Server version: 8.0.25

Copyright (c) 2000, 2021, Oracle and/or its affiliates.

Oracle is a registered trademark of Oracle Corporation and/or its
affiliates. Other names may be trademarks of their respective
owners.

Type 'help;' or '\h' for help. Type '\c' to clear the current input statement.

mysql>
```

图 1.30 MySQL 登录成功

在“mysql >”后输入 show databases 命令进行测试，具体如下所示。

```
mysql > show databases;
ERROR 1820 (HY000): You must reset your password using ALTER USER statement before executing
this statement.
mysql >
```

执行结果返回一个错误提示,提示密码已过期,所以需要重置密码。接下来输入 alter user 'root'@'localhost' identified by 'qfedu@1234'命令,具体如下所示。

```
mysql > alter user 'root'@'localhost' identified by 'qfedu@1234';
Query OK, 0 rows affected (0.15 sec)
```

修改密码成功后再次输入 show databases 命令进行测试,具体如下所示。

```
mysql > show databases;
+--------------------+
| Database           |
+--------------------+
| information_schema |
| mysql              |
| performance_schema |
| sys                |
+--------------------+
4 rows in set (0.28 sec)

mysql >
```

上述代码中的数据库列表表示 MySQL 安装和登录成功完成。最后,在"mysql >"后输入\q 或者 exit 命令,退出 MySQL 的操作状态,结果如图 1.31 所示。

```
mysql> \q
Bye
[root@localhost ~]#
```

图 1.31 退出 MySQL 操作状态

1.3.2 使用 Yum 的方式安装与登录 MySQL

1. 下载安装 repo 库文件

登录 MySQL 官网,进入 MySQL 下载页面,单击 MySQL Community Downloads 链接,进入 MySQL 社区下载页面,先下载 Yum 所需的网络库文件,如图 1.32 所示。

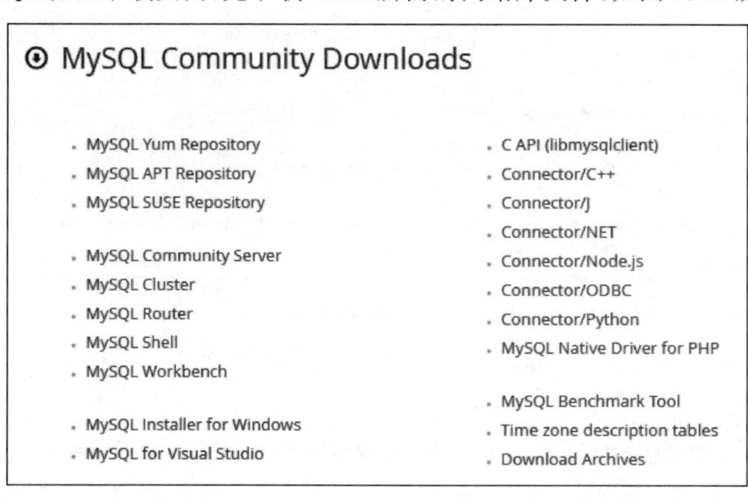

图 1.32 MySQL 社区下载页面

单击 MySQL Yum Repository 链接，进入 MySQL Yum 存储库，找到 Linux 8 选项，这是与 CentOS 8.0 对应的版本，单击对应的 Download 按钮，如图 1.33 所示。

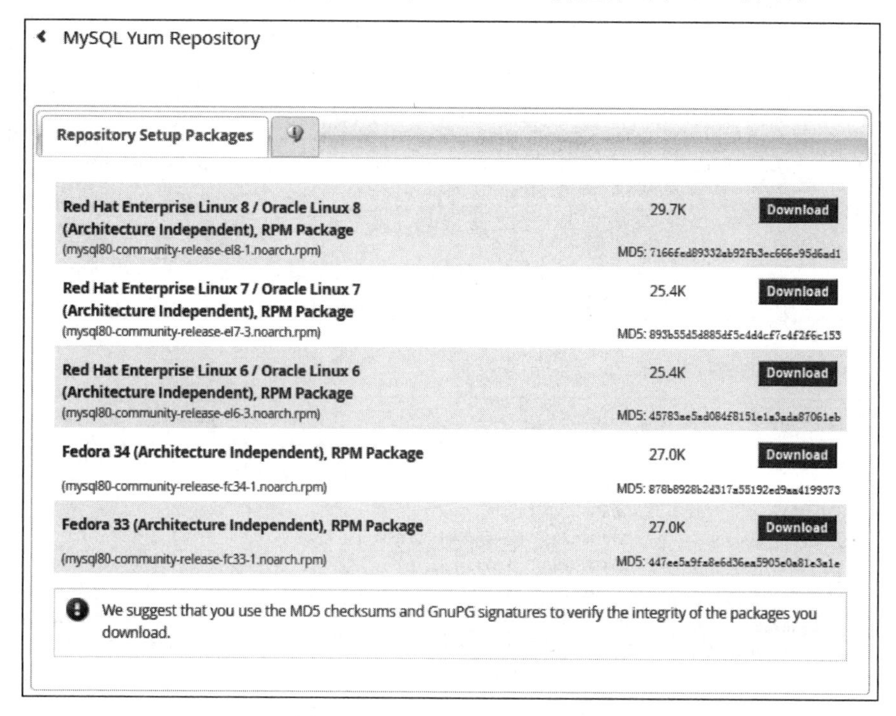

图 1.33　MySQL Yum 存储库

Yum 所需的网络库文件还可以在终端通过 wget 命令下载，具体命令如下所示。

```
[root@localhost ~]# wget https://dev.mysql.com/get/mysql80-community-release-el8-1.noarch.rpm
```

此处需要注意，MySQL 8.0 的下载版本应与 CentOS 的版本一致。

2. 使用 yum 命令安装 MySQL 服务

使用 yum 命令安装 MySQL 服务之前，需要进入终端，使用 rpm -qa | grep mysql 命令和 rpm -qa | grep mariadb，检查系统是否已经安装了 MySQL 或 Mariadb。如果已经安装 MySQL 或 Mariadb，需要先卸载它们。

对于已经下载的 mysql80-community-release-el8-1.noarch.rpm 文件，使用 rpm -ivh 命令安装网络库文件即可，具体操作如图 1.34 所示。

如图 1.35 所示，安装完成后，进入/etc/yum.repos.d 目录，用户可以发现增加了两个文件：mysql-community.repo 文件和 mysql-community-source.repo 文件，这样就可以找到网络中 MySQL 的相关下载项和源码下载项。

网络库文件准备好以后，接下来使用 yum 命令进行安装，加上参数-y 可以省略安装过程中的提示，具体如下所示。

```
[root@localhost ~]# yum -y install mysql-server
```

执行上述命令，具体如图 1.36 所示。

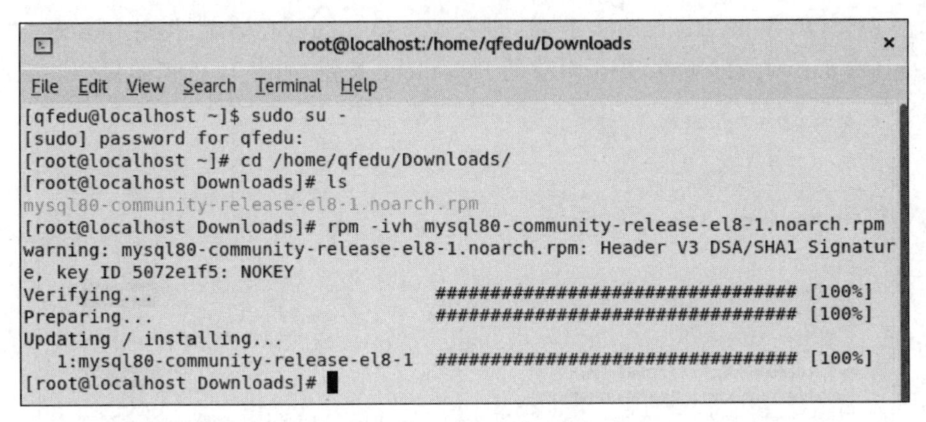

图 1.34　安装仓库文件

Name	Size	Modified
CentOS-Linux-AppStream.repo	719 bytes	10 Nov 2020
CentOS-Linux-BaseOS.repo	704 bytes	10 Nov 2020
CentOS-Linux-ContinuousRelease.repo	1.1 kB	10 Nov 2020
CentOS-Linux-Debuginfo.repo	318 bytes	10 Nov 2020
CentOS-Linux-Devel.repo	732 bytes	10 Nov 2020
CentOS-Linux-Extras.repo	704 bytes	10 Nov 2020
CentOS-Linux-FastTrack.repo	719 bytes	10 Nov 2020
CentOS-Linux-HighAvailability.repo	740 bytes	10 Nov 2020
CentOS-Linux-Media.repo	693 bytes	10 Nov 2020
CentOS-Linux-Plus.repo	706 bytes	10 Nov 2020
CentOS-Linux-PowerTools.repo	724 bytes	10 Nov 2020
CentOS-Linux-Sources.repo	898 bytes	10 Nov 2020
mysql-community.repo	995 bytes	4 Oct 2019
mysql-community-source.repo	1.1 kB	4 Oct 2019

图 1.35　查看 repo 文件

从图 1.36 可以看出,系统自动加载了 mysql-server 需要的插件,并且给出了相应提示。使用 yum 命令的作用就是将必要的依赖项全都自动下载并安装,如图 1.37 所示。

此次下载安装需要等待一段时间。接下来通过 systemctl status mysqld 命令查看 MySQL 服务是否启动,如图 1.38 所示。

图 1.38 显示 MySQL 服务正处于关闭的状态,需要执行 systemctl start mysqld 命令启动服务。如果没有其他提示则表示 MySQL 服务启动成功,如图 1.39 所示。

图 1.39 显示 MySQL 服务启动成功。接下来,使用 grep 命令过滤 MySQL 日志文件中 MySQL 的临时登录密码,具体如下所示。

```
[root@localhost ~]#grep password /var/log/mysqld.log
2021-07-2T05:58:39.960804Z 6 [Note] [MY-010454] [Server] A temporary password is
generated for root@localhost: TOgJY4GQeo*P
```

由上述结果可知,TOgJY4GQeo*P 为 MySQL 的临时登录密码。使用 mysql 命令登录 MySQL,输入临时密码,继续按 Enter 键即可登录,具体如下所示。

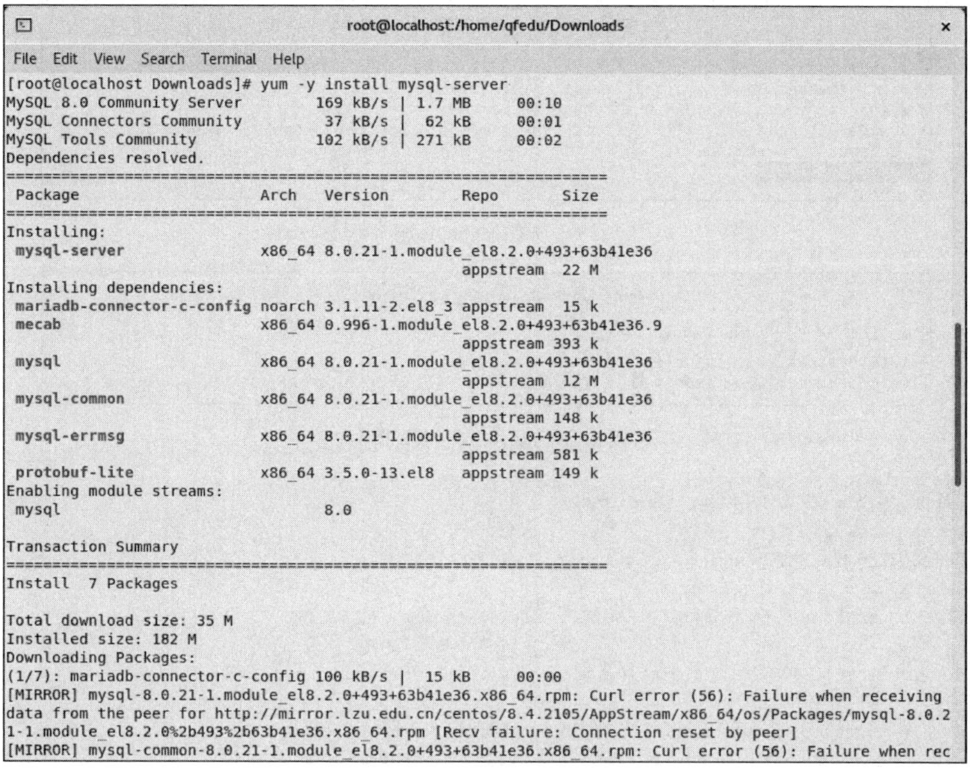

```
root@localhost:/home/qfedu/Downloads
File  Edit  View  Search  Terminal  Help
[root@localhost Downloads]# yum -y install mysql-server
MySQL 8.0 Community Server        169 kB/s | 1.7 MB     00:10
MySQL Connectors Community         37 kB/s |  62 kB     00:01
MySQL Tools Community             102 kB/s | 271 kB     00:02
Dependencies resolved.
=================================================================
 Package                    Arch   Version         Repo       Size
=================================================================
Installing:
 mysql-server               x86_64 8.0.21-1.module_el8.2.0+493+63b41e36
                                                   appstream  22 M
Installing dependencies:
 mariadb-connector-c-config noarch 3.1.11-2.el8_3 appstream  15 k
 mecab                      x86_64 0.996-1.module_el8.2.0+493+63b41e36.9
                                                   appstream 393 k
 mysql                      x86_64 8.0.21-1.module_el8.2.0+493+63b41e36
                                                   appstream  12 M
 mysql-common               x86_64 8.0.21-1.module_el8.2.0+493+63b41e36
                                                   appstream 148 k
 mysql-errmsg               x86_64 8.0.21-1.module_el8.2.0+493+63b41e36
                                                   appstream 581 k
 protobuf-lite              x86_64 3.5.0-13.el8    appstream 149 k
Enabling module streams:
 mysql                             8.0

Transaction Summary
=================================================================
Install  7 Packages

Total download size: 35 M
Installed size: 182 M
Downloading Packages:
(1/7): mariadb-connector-c-config 100 kB/s |  15 kB     00:00
[MIRROR] mysql-8.0.21-1.module_el8.2.0+493+63b41e36.x86_64.rpm: Curl error (56): Failure when receiving
data from the peer for http://mirror.lzu.edu.cn/centos/8.4.2105/AppStream/x86_64/os/Packages/mysql-8.0.2
1-1.module_el8.2.0%2b493%2b63b41e36.x86_64.rpm [Recv failure: Connection reset by peer]
[MIRROR] mysql-common-8.0.21-1.module_el8.2.0+493+63b41e36.x86_64.rpm: Curl error (56): Failure when rec
```

图 1.36　自动加载插件

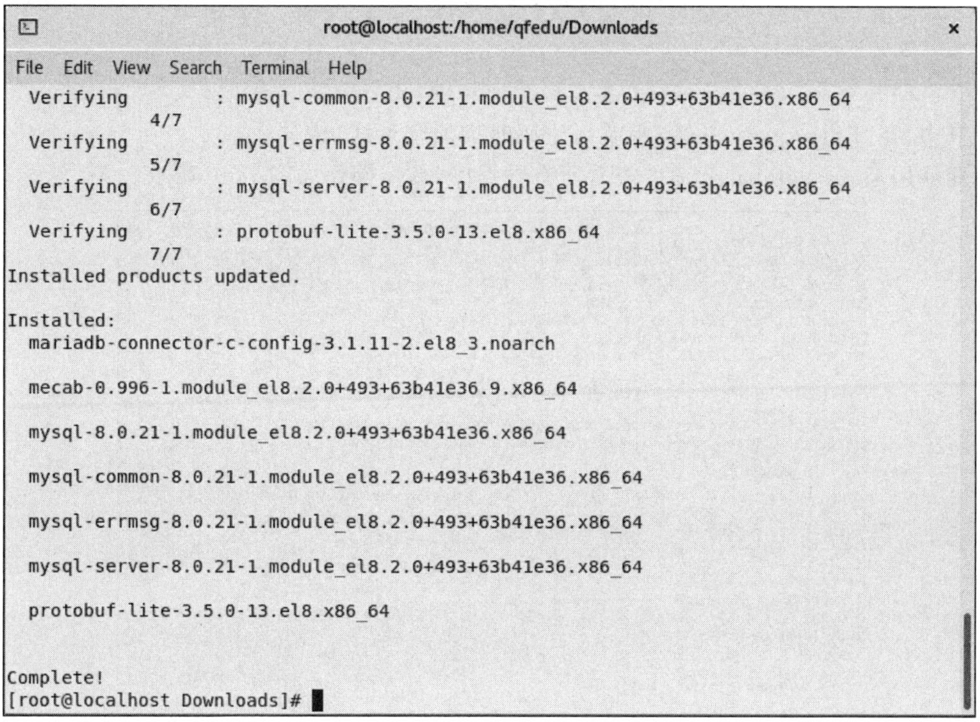

```
root@localhost:/home/qfedu/Downloads
File  Edit  View  Search  Terminal  Help
  Verifying        : mysql-common-8.0.21-1.module_el8.2.0+493+63b41e36.x86_64
             4/7
  Verifying        : mysql-errmsg-8.0.21-1.module_el8.2.0+493+63b41e36.x86_64
             5/7
  Verifying        : mysql-server-8.0.21-1.module_el8.2.0+493+63b41e36.x86_64
             6/7
  Verifying        : protobuf-lite-3.5.0-13.el8.x86_64
             7/7
Installed products updated.

Installed:
  mariadb-connector-c-config-3.1.11-2.el8_3.noarch

  mecab-0.996-1.module_el8.2.0+493+63b41e36.9.x86_64

  mysql-8.0.21-1.module_el8.2.0+493+63b41e36.x86_64

  mysql-common-8.0.21-1.module_el8.2.0+493+63b41e36.x86_64

  mysql-errmsg-8.0.21-1.module_el8.2.0+493+63b41e36.x86_64

  mysql-server-8.0.21-1.module_el8.2.0+493+63b41e36.x86_64

  protobuf-lite-3.5.0-13.el8.x86_64


Complete!
[root@localhost Downloads]#
```

图 1.37　下载安装 server 及依赖项

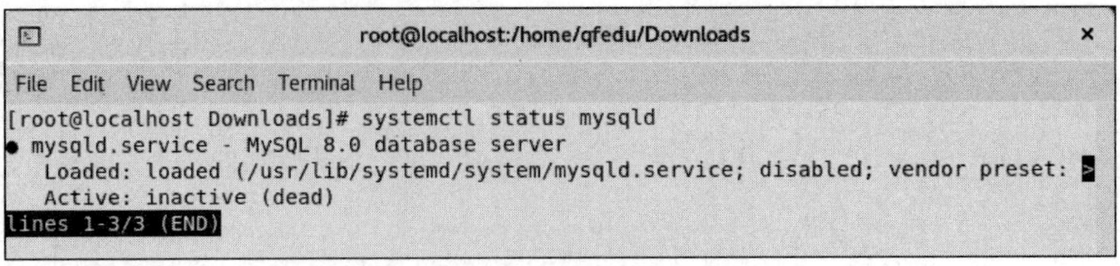

```
root@localhost:/home/qfedu/Downloads
File Edit View Search Terminal Help
[root@localhost Downloads]# systemctl status mysqld
● mysqld.service - MySQL 8.0 database server
   Loaded: loaded (/usr/lib/systemd/system/mysqld.service; disabled; vendor preset: >
   Active: inactive (dead)
lines 1-3/3 (END)
```

图 1.38 查看 MySQL 服务状态

```
root@localhost:/home/qfedu/Downloads
File Edit View Search Terminal Help
[root@localhost Downloads]# systemctl start mysqld
[root@localhost Downloads]#
```

图 1.39 启动 MySQL 服务

```
[root@localhost ~]# mysql -uroot -p
Enter password:
Welcome to the MySQL monitor. Commands end with ; or \g.
Your MySQL connection id is 9
Server version: 8.0.25 MySQL Community Server - GPL

Copyright (c) 2000, 2021, Oracle and/or its affiliates.

Oracle is a registered trademark of Oracle Corporation and/or its
affiliates. Other names may be trademarks of their respective
owners.

Type 'help;' or '\h' for help. Type '\c' to clear the current input statement.

mysql>
```

其中,在"Enter password:"后输入密码时为加密形式,密码不显示。在"mysql >"提示符后面使用 show databases 命令查看所有数据库,具体操作如图 1.40 所示。

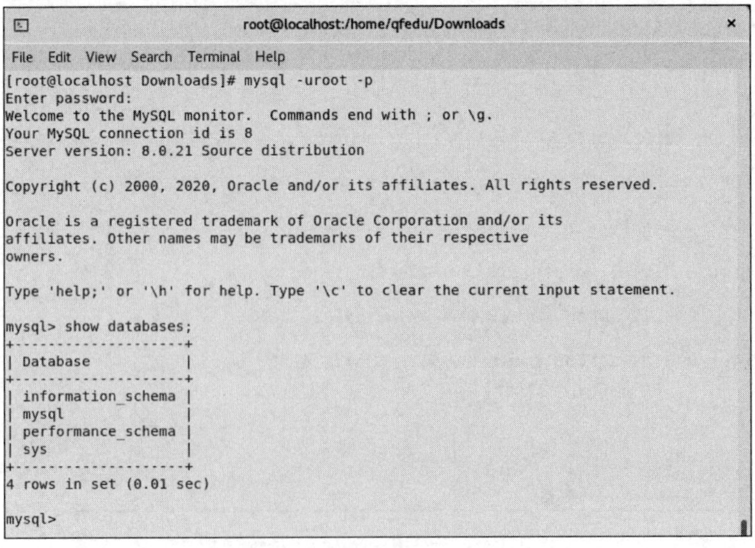

```
root@localhost:/home/qfedu/Downloads
File Edit View Search Terminal Help
[root@localhost Downloads]# mysql -uroot -p
Enter password:
Welcome to the MySQL monitor.  Commands end with ; or \g.
Your MySQL connection id is 8
Server version: 8.0.21 Source distribution

Copyright (c) 2000, 2020, Oracle and/or its affiliates. All rights reserved.

Oracle is a registered trademark of Oracle Corporation and/or its
affiliates. Other names may be trademarks of their respective
owners.

Type 'help;' or '\h' for help. Type '\c' to clear the current input statement.

mysql> show databases;
+--------------------+
| Database           |
+--------------------+
| information_schema |
| mysql              |
| performance_schema |
| sys                |
+--------------------+
4 rows in set (0.01 sec)

mysql>
```

图 1.40 查看所有数据库

如图 1.40 所示的数据库列表表示数据库登录成功。

通过在 Linux 系统中的两种安装方式可以发现，使用已经下载到本地机器上的 rpm 包可以离线安装，使用 yum 方式可以在线下载和安装 rpm 包，并且自动处理包与包之间的依赖问题。

1.4 MySQL 目录结构

用户想要熟练使用 MySQL，必须先了解它的目录结构，此处以 Windows 系统为例讲解。在安装 MySQL 8.0 时，不可以自定义安装路径，默认安装在 C:\Program Files\MySQL。安装目录的目录结构如图 1.41 所示。

bin	文件夹	
data	文件夹	
docs	文件夹	
etc	文件夹	
include	文件夹	
lib	文件夹	
share	文件夹	
LICENSE	文件	269 KB
LICENSE.router	ROUTER 文件	45 KB
README	文件	1 KB
README.router	ROUTER 文件	1 KB

图 1.41 MySQL 目录结构

在图 1.41 中，MySQL 安装目录包含了启动文件、配置文件、数据库文件和命令文件，各目录内容如下。

- bin 目录：存放一些客户端和服务端程序的执行文件。
- data 目录：存放一些日志文件及数据库。
- docs 目录：存储一些版本信息。
- etc 目录：存放系统配置文件。
- include 目录：存放一些头文件。
- lib 目录：存放一系列库文件。
- share 目录：存放字符集、语言等信息。

data 目录在 MySQL 安装完成后或许不显示。用户可以在计算机桌面使用 Windows+R 组合键打开“运行”窗口，执行 cmd 命令打开终端命令行，进入 MySQL 解压出来的 bin 目录中。执行 mysqld --initialize-insecure --user=mysql 命令之后，用户即可在 C:\Program Files\MySQL 目录下查找到 data 目录。

默认数据存储路径为 C:\ProgramData\MySQL\MySQL Server 8.0，如图 1.42 所示。

Data	文件夹	
Uploads	文件夹	
installer_config.xml	XML 文档	1 KB
my.ini	配置设置	14 KB

图 1.42 my.ini 文件所在目录

需要注意的是,ProgramData 是 C 盘的隐藏文件夹,需要通过设置显示隐藏文件夹。在图 1.42 中,MySQL 存放数据目录中的主要文件如下。

- Data 目录(同图 1.41 中的 data 目录):存放一些日志文件及数据库。
- installer_config.xml 文件:此配置文件主要用于配置单节点或集群模式。
- my.ini 文件:MySQL 数据库中使用的配置文件,包括编码集、默认引擎、最大连接数等设置。

在以上目录和文件中,my.ini 配置文件一定会被 MySQL 读取,其他配置文件会在某些情况下被读取。如果没有特殊需求,只需要配置 my.ini 文件即可。

1.5 MySQL 的使用

MySQL 安装完成之后,接下来讲解其基本使用,包括启动服务、登录数据库和停止服务。

1.5.1 配置环境变量

首次安装 MySQL,默认安装路径一般为 C:\Program Files\MySQL\MySQL Server 8.0,默认数据存储路径是 C:\ProgramData\MySQL\MySQL Server 8.0。此处需要注意,Program Data 是个隐藏文件夹。

找到 MySQL 安装路径后,开始配置环境变量。右击“此电脑”,在弹出的快捷菜单中选择“属性”,在弹出的“系统属性”对话框中选择“高级”选项卡,显示高级系统属性界面,如图 1.43 所示。

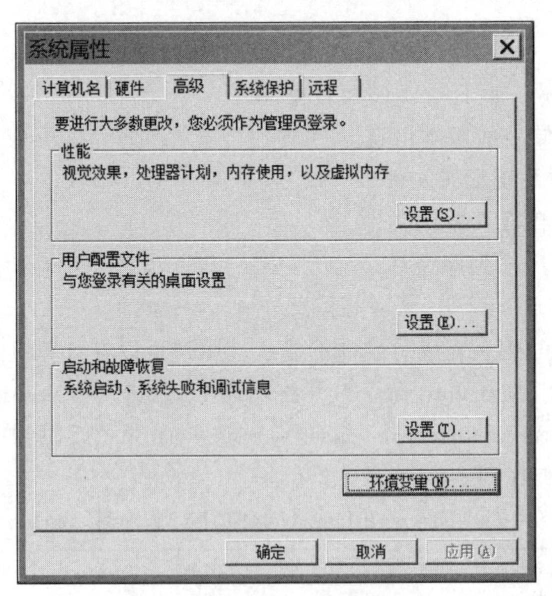

图 1.43 高级系统属性界面

单击“环境变量”按钮,即可显示环境变量界面,如图 1.44 所示。

双击环境变量列表中的“Path”,即可显示编辑环境变量界面,如图 1.45 所示。

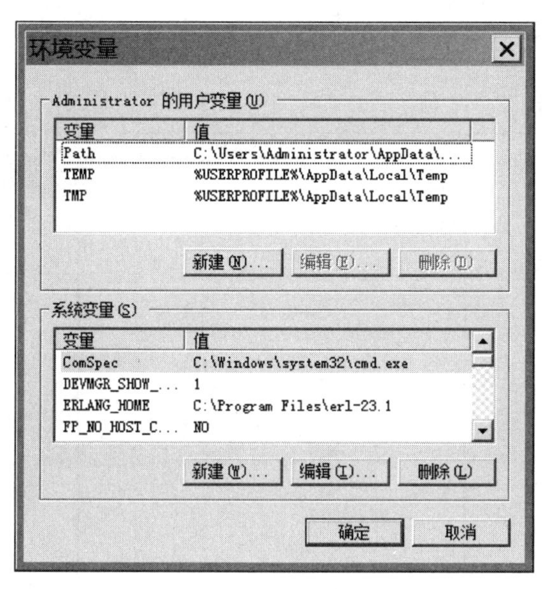

图 1.44　显示“环境变量”界面

图 1.45　编辑环境变量界面

在图 1.45 中的变量值末尾加上“;C:\Program Files\MySQL\MySQL Server 8.0\bin”,然后单击“确定”按钮,回到环境变量界面,单击“确定”按钮,回到高级系统属性界面,单击“确定”按钮,至此环境变量配置完成。

1.5.2　启动和停止 MySQL 服务

在 Windows 平台中可以通过 Windows 服务管理器启动 MySQL 服务。右击“此电脑”,在弹出的快捷菜单中选择“管理”,打开计算机管理界面,如图 1.46 所示。

在界面的左侧导航栏中展开“服务和应用程序”,单击“服务”选项,会显示 Windows 的所有服务,找到 MySQL80,如图 1.47 所示。

右击 MySQL80,在弹出的快捷菜单中可以选择启动或停止 MySQL80,如图 1.48 所示。

图 1.48 中,因为此时 MySQL 服务已经处于启动状态,所以启动选项为灰色。

另外,还可以通过 DOS 命令启动和停止 MySQL 服务。打开 DOS 命令行窗口,执行 net stop mysql80 命令,停止 MySQL80 服务,如图 1.49 所示。

启动 MySQL 服务时,执行 net start mysql80 命令,如图 1.50 所示。

1.5.3　登录和退出 MySQL 数据库

在启动 MySQL 服务之后,就可以登录并使用 MySQL 数据库。在 Windows 平台下可

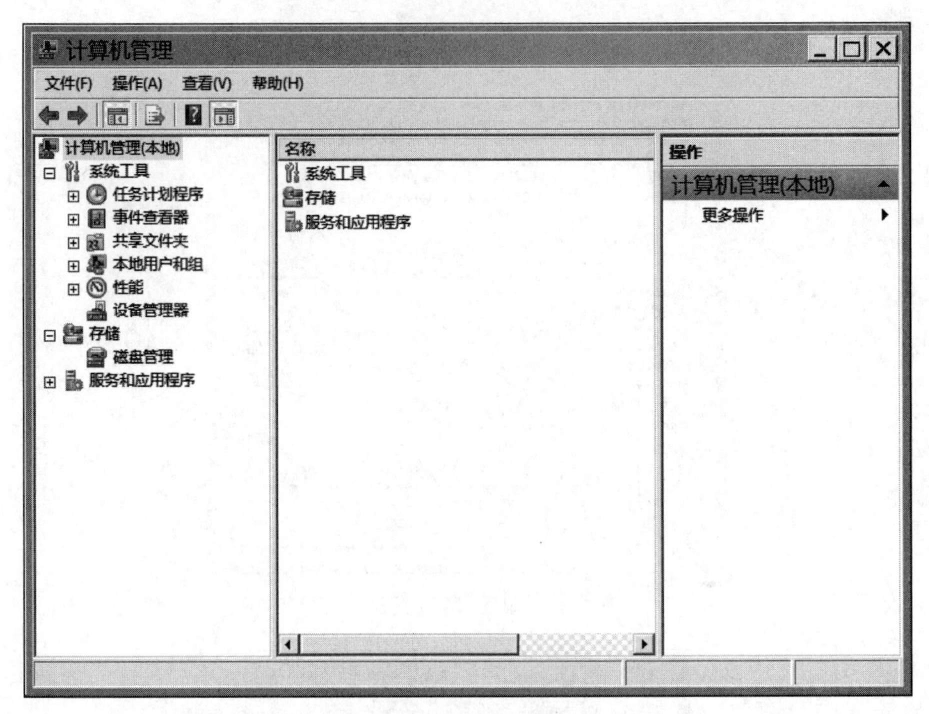

图 1.46　计算机管理界面

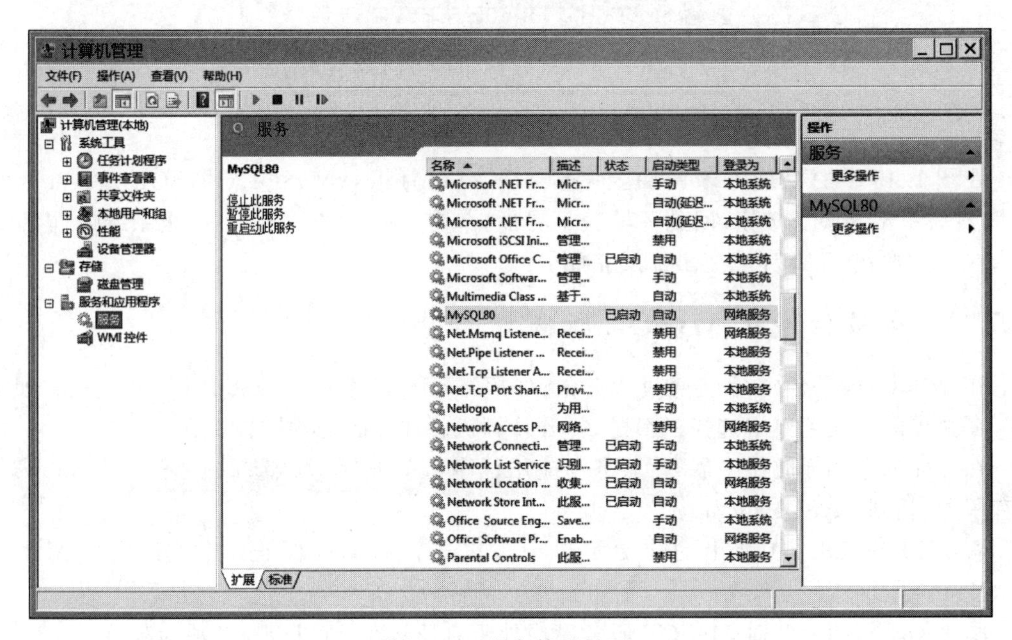

图 1.47　服务管理界面

以通过命令行来登录,还可以使用 MySQL 提供的 Command Line Client 来登录。

1. 使用命令行登录和退出

打开 DOS 命令行窗口,执行 mysql -uroot -p 命令,再输入密码 qf1234,即可登录 MySQL 数据库,如图 1.51 所示。

此时可以执行 show databases 命令查看数据库中所有的库,如图 1.52 所示。

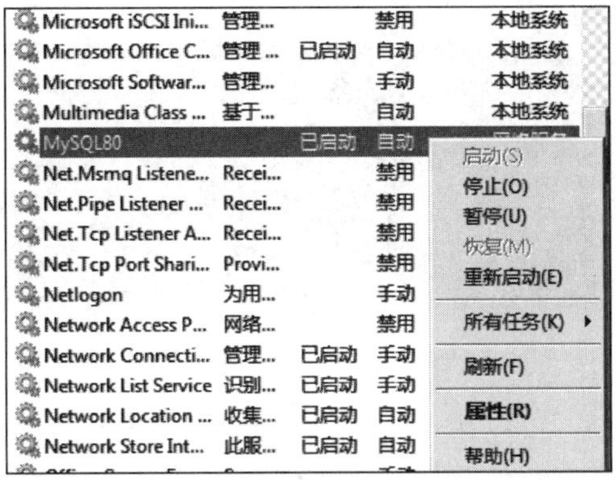

图 1.48 启动或停止 MySQL80

图 1.49 DOS 命令行窗口—停止 MySQL 服务

图 1.50 DOS 命令行窗口—启动 MySQL 服务

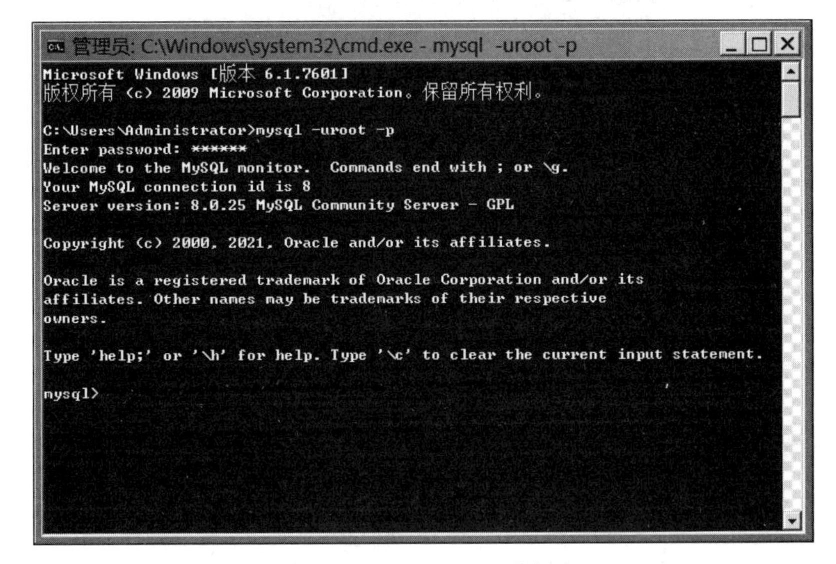

图 1.51 登录 MySQL 数据库

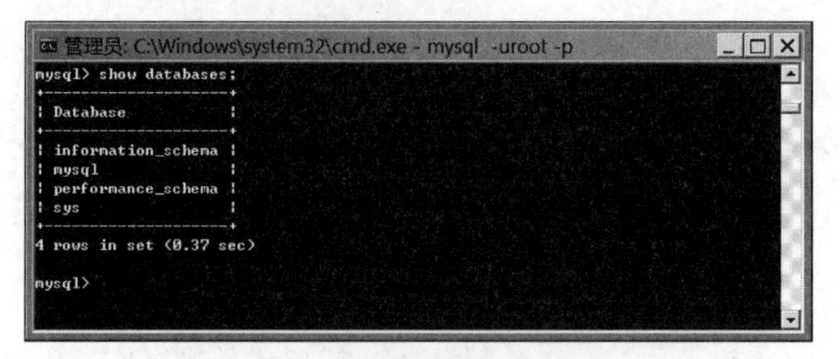

图 1.52　查看所有的库

在数据库使用完毕之后,可以执行 exit 命令退出 MySQL 数据库,如图 1.53 所示。

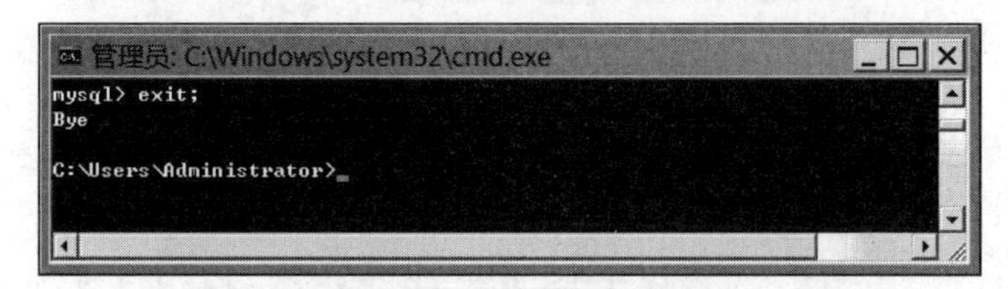

图 1.53　退出 MySQL 数据库

2. 使用 Command Line Client 登录和退出

使用 DOS 命令行窗口登录和退出 MySQL 的过程比较繁琐,用户可以使用更简单的方式登录,选择开始菜单中的程序,如图 1.54 所示。

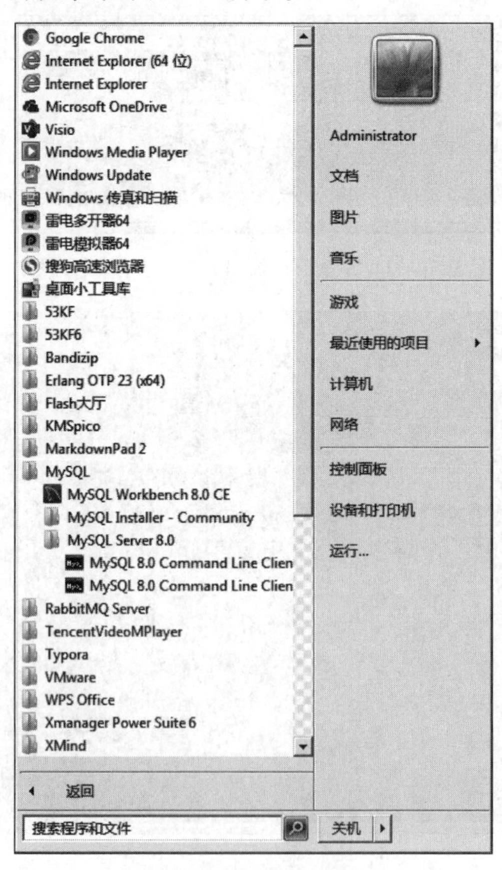

图 1.54　开始菜单

选择 MySQL→MySQL Server 8.0→MySQL 8.0 Command Line Client，进入 MySQL 命令行，如图 1.55 所示。

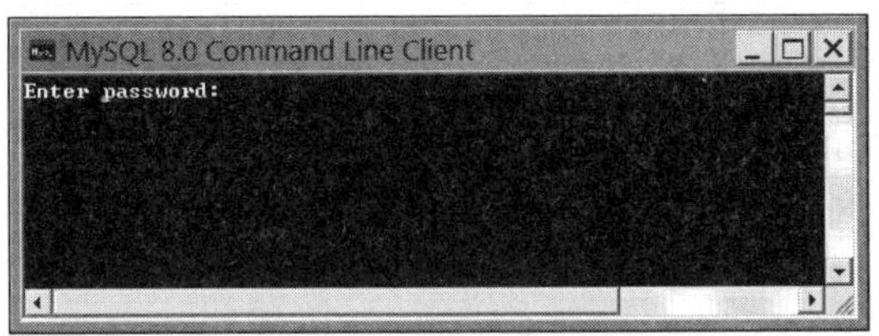

图 1.55　Command Line Client

输入 MySQL 的登录密码 qf1234，然后按 Enter 键，即可登录 MySQL 数据库，如图 1.56 所示。

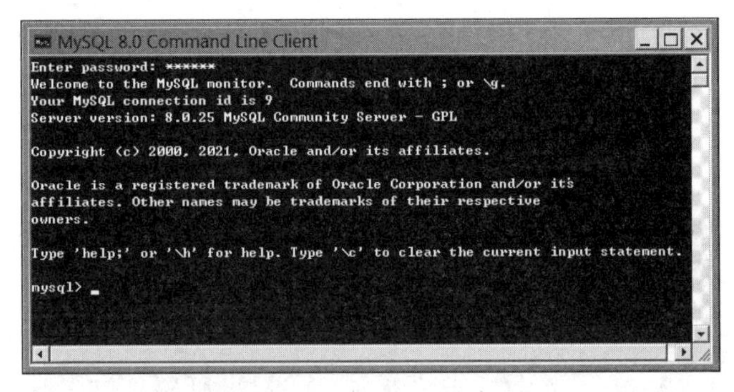

图 1.56　登录 MySQL 数据库

在使用完毕之后，退出 MySQL 数据库的方式与退出 DOS 命令行的方式一致，此处不再演示。

1.5.4　MySQL 的相关命令

MySQL 的帮助信息可以帮助初学者更加熟练地掌握 MySQL 的相关操作。首先登录 MySQL 数据库，然后在命令行窗口中执行 help 命令或者\h 命令，即可显示 MySQL 的帮助信息，如图 1.57 所示。

图 1.57 列出了 MySQL 的常用命令，这些命令既可以使用一个单词来表示，也可以通过"\字母"的方式来表示。为了让初学者更好地掌握 MySQL 的相关命令，接下来通过表格来列举 MySQL 的常用命令，如表 1.1 所示。

表 1.1　MySQL 常用命令

命　令	简　写	具体含义
?	(\?)	显示帮助信息
clear	(\c)	明确当前输入语句
connect	(\r)	连接到服务器，可选参数为数据库和主机
delimiter	(\d)	设置语句分隔符
ego	(\G)	发送命令到 MySQL 服务器并显示结果
exit	(\q)	退出 MySQL
go	(\g)	发送命令到 MySQL 服务器

续表

命　　令	简　　写	具体含义
help	(\h)	显示帮助信息
notee	(\t)	不写输出文件
print	(\p)	打印当前命令
prompt	(\R)	改变 MySQL 提示信息
quit	(\q)	退出 MySQL
rehash	(\#)	重建完成散列
source	(\.)	执行一个 SQL 脚本文件,以一个文件名作为参数
status	(\s)	从服务器获取 MySQL 的状态信息
system	(\!)	执行系统 shell 命令
tee	(\T)	设置输出文件,并将信息添加到所有给定的输出文件
use	(\u)	切换到某个数据库,数据库名称作为参数
charset	(\C)	切换到另一个字符集
warnings	(\W)	每一条语句之后显示警告
nowarnings	(\w)	每一条语句之后不显示警告

图 1.57　MySQL 相关命令

为了让初学者更快地掌握这些命令,接下来以 source 命令为例进行演示。source 是一个很实用的命令,它可以执行一个 SQL 脚本。在演示前先创建一个 SQL 脚本,此处在 D 盘创建一个名为 test.sql 的 SQL 脚本,具体内容如下。

```
SELECT now();
```

SELECTnow()表示查询当前时间。在 SQL 脚本编写完成后登录 MySQL,使用

source 命令执行该脚本。

```
mysql > source D:\test.sql
+---------------------+
| now()               |
+---------------------+
| 2021-07-23 09:40:48 |
+---------------------+
1 row in set (0.00 sec)
```

由上述结果可知，数据库通过 source 命令执行了 D 盘的 test.sql 脚本，成功查询出系统的当前时间。

1.6 MySQL 客户端工具

MySQL 数据库本身自带命令行管理工具，也有图形化管理工具 MySQL Workbench，但其自带的工具在功能上和易用性上一般比不上第三方开发的工具，此处介绍一个 MySQL 的客户端工具——SQLyog。

SQLyog 是一个易于使用的、快速而简洁的图形化管理 MySQL 数据库的工具，它能够在任何地点有效地管理数据库。

登录 SQLyog 官网可以下载 SQLyog 企业试用版，下载需要付费。此处下载的是免费的 SQLyog 社区版，其安装步骤很简单，只需要根据提示进行操作即可，此处就不再演示。安装完成后打开 SQLyog，如图 1.58 所示。

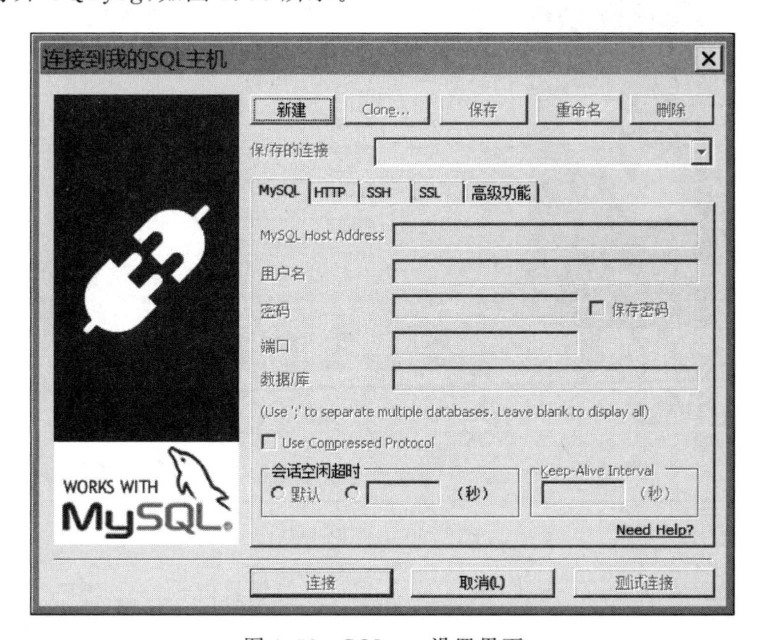

图 1.58　SQLyog 设置界面

单击"新建"按钮创建新连接，为新连接命名，此处可以自定义连接名称，本书此次将新连接命名为 connection，如图 1.59 所示。

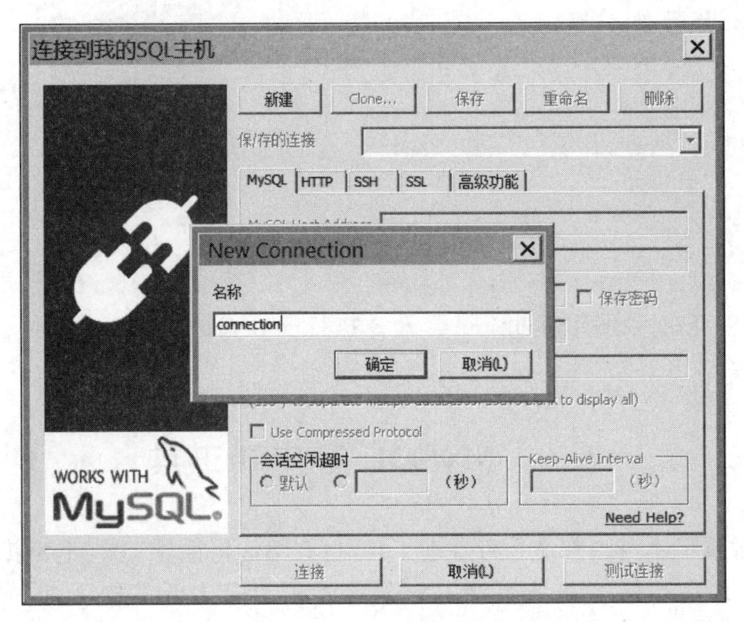

图 1.59　为新连接命名

命名完成后单击“确定”按钮,输入连接数据库的基本信息、数据库的登录用户名和密码,如图 1.60 所示。

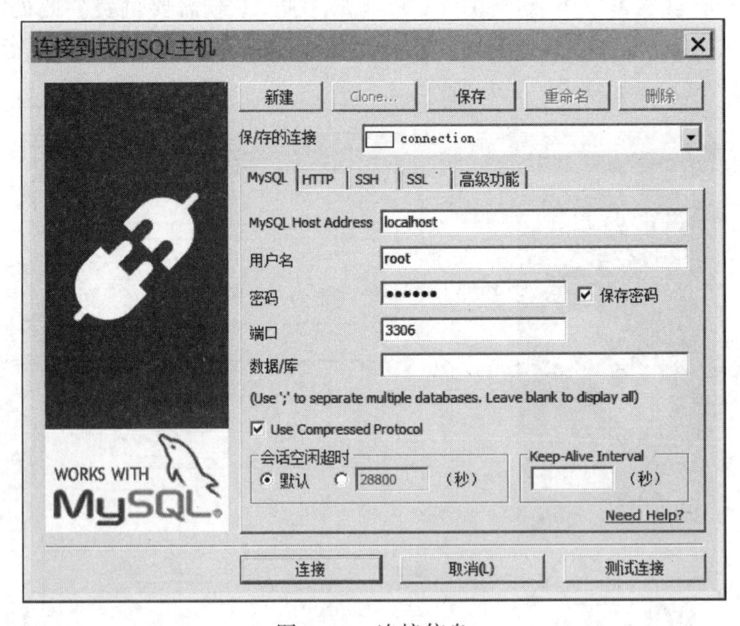

图 1.60　连接信息

此时可以单击“测试连接”按钮,测试是否可以成功连接数据库,如图 1.61 所示。

当测试连接显示“连接成功”时,证明可以成功连接到 MySQL 数据库,这时单击“连接”按钮,进入 SQLyog 主界面,如图 1.62 所示。

左侧导航栏中就是 MySQL 数据库中所有的库,可以直接进行图形化操作。熟练应用客户端工具会大大提高开发效率。

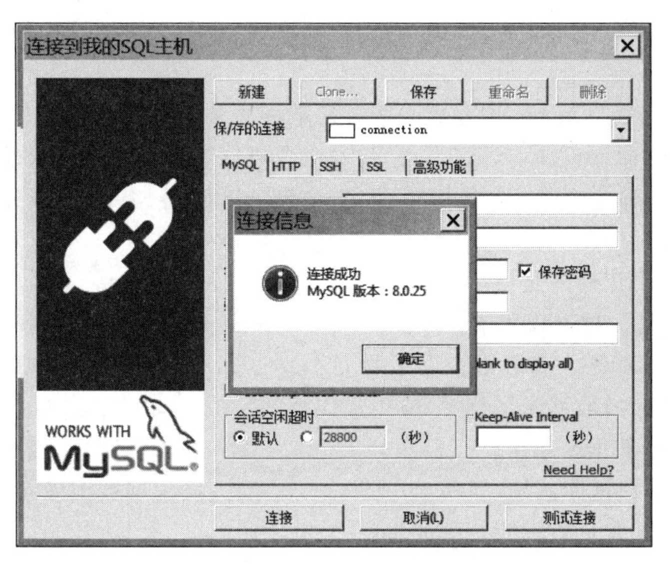

图 1.61　测试连接

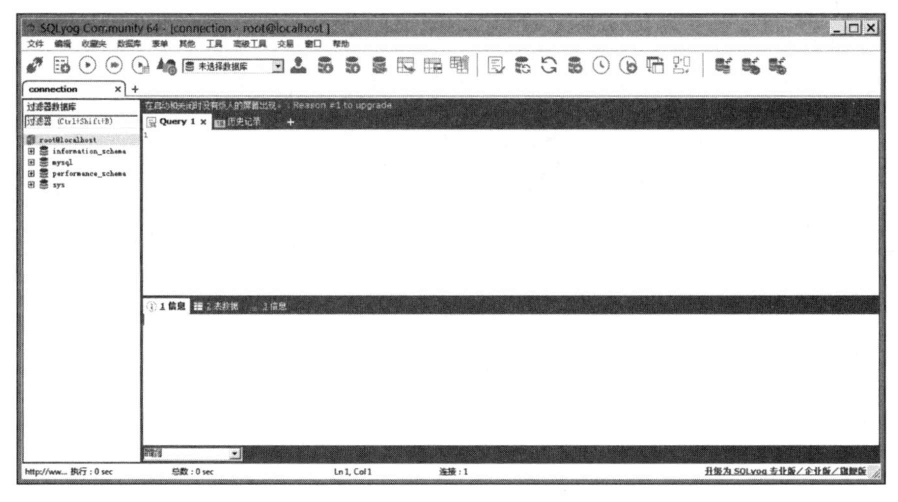

图 1.62　SQLyog 主界面

1.7　本章小结

本章主要讲解了数据库的概念、MySQL 在不同系统中的安装和简单使用方法。通过本章的学习，读者不仅要对数据库有初步的认识，而且要掌握 MySQL 的安装与使用，熟悉 MySQL 的登录和退出命令。

1.8　习　　题

1. 填空题

（1）________是建立在计算机存储设备上，按照数据结构来组织、存储和管理数据的仓库。

(2) Structure Query Language(结构化查询语言)是专为数据库而建立的操作命令集，是一种功能齐全的________。

(3) MySQL 安装目录 bin 中存放一些客户端程序和________。

(4) 打开 DOS 命令行窗口，输入________命令可以启动 MySQL 服务。

(5) 打开 DOS 命令行窗口，输入________命令可以停止 MySQL 服务。

2. 选择题

(1) 下列描述中正确的是(　　)。

A. SQL 是一种过程化语言　　B. SQL 采用集合操作方式

C. SQL 不能嵌入高级语言程序中　　D. SQL 是一种 DBMS

(2) 在下列类型的数据库系统中，应用最广泛的是(　　)。

A. 分布型数据库系统　　B. 逻辑型数据库系统

C. 关系型数据库系统　　D. 层次型数据库系统

(3) 下列不属于常见数据库产品的是(　　)。

A. Oracle　　B. MySQL

C. DB2　　D. Nginx

(4) 下列不属于 MySQL 安装目录的是(　　)。

A. lib　　B. bin

C. include　　D. sbin

(5) 在 DOS 命令行窗口，输入(　　)命令，再输入密码，可以登录 MySQL 数据库。

A. mysql -uroot -p　　B. net start mysql

C. mysql -u -p　　D. net mysql start

3. 思考题

(1) 请简述数据库和数据库管理系统的区别。

(2) 请简述 SQL 的优点。

(3) 请简述 SQL 的组成部分。

(4) 请列举一些常见的数据库产品。

第2章 数据库和数据表的基本操作

本章学习目标

- 熟练掌握 MySQL 支持的数据类型；
- 熟练掌握数据库的基本操作；
- 熟练掌握数据表的基本操作。

在软件开发和日常管理中，若想轻松实现数据的管理，必然要学会数据库和数据表。数据库是 MySQL 的重要容器，数据表是数据库的基本存储单位。使用 MySQL 之前首先要创建数据库和数据表，然后对数据进行增、删、改、查等操作。本章将讲解 MySQL 支持的数据类型、数据库的基本操作以及数据表的基本操作。

2.1 存储引擎

存储引擎在字面上可以这样理解，"存储"指的是存储数据，"引擎"指的是系统的核心部分，如在软件工程领域的"搜索引擎"和"游戏引擎"指的是相应程序和系统的核心组件。由此可知，存储引擎是 MySQL 数据库的核心。接下来讲解存储引擎的相关知识。

2.1.1 存储引擎概念

存储引擎是 MySQL 数据库的核心组件，是数据库底层软件组织，数据库使用存储引擎进行创建、查询、更新和删除数据。存储引擎是 MySQL 区别于其他数据库管理系统的最大特色，不同的存储引擎支持不同的存储机制、索引技巧、锁级别、事务等功能。关系型数据库的数据存储于表，表不仅存储数据，还有组织数据的存储结构，而这些数据的组织结构就是由存储引擎决定的。由此可知，存储引擎的作用是规定了数据存储时的存储结构。

存储引擎基于数据表，即同一个数据库中不同的数据表可以使用各自符合业务需求的存储引擎。MySQL Server 使用可插拔的存储引擎架构，使存储引擎能够加载到正在运行的 MySQL 服务器中，也使之能从服务器中卸载。

2.1.2 存储引擎的选择

MySQL 提供了多种存储类型，每种存储引擎具有不同的功能和特性，在实际应用中，可以根据对数据的处理需求选择不同的存储引擎，从而提高数据库的使用性能。

首先，查看 MySQL 支持哪些存储引擎，具体 SQL 语句如下。

```
SHOW [STORAGE] ENGINES;
```

在上述 SQL 语句中，STORAGE 可以省略，返回结果如图 2.1 所示。

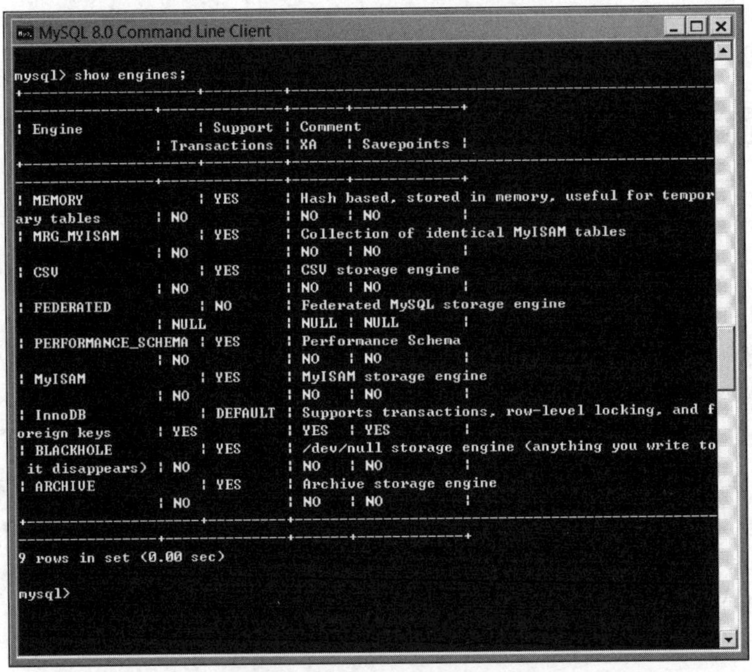

```
mysql> show engines;
+--------------------+---------+--------------------------------------------------------------
--+--------------+------+------------+
| Engine             | Support | Comment
  | Transactions | XA   | Savepoints |
+--------------------+---------+--------------------------------------------------------------
--+--------------+------+------------+
| MEMORY             | YES     | Hash based, stored in memory, useful for tempor
ary tables       | NO   | NO   |
| MRG_MYISAM         | YES     | Collection of identical MyISAM tables
  | NO           | NO   | NO         |
| CSV                | YES     | CSV storage engine
  | NO           | NO   | NO         |
| FEDERATED          | NO      | Federated MySQL storage engine
  | NULL         | NULL | NULL       |
| PERFORMANCE_SCHEMA | YES     | Performance Schema
  | NO           | NO   | NO         |
| MyISAM             | YES     | MyISAM storage engine
  | NO           | NO   | NO         |
| InnoDB             | DEFAULT | Supports transactions, row-level locking, and f
oreign keys      | YES  | YES  |
| BLACKHOLE          | YES     | /dev/null storage engine (anything you write to
 it disappears)  | NO   | NO   |
| ARCHIVE            | YES     | Archive storage engine
  | NO           | NO   | NO         |
+--------------------+---------+--------------------------------------------------------------
--+--------------+------+------------+
9 rows in set (0.00 sec)

mysql>
```

图 2.1　MySQL 支持的存储引擎

在图 2.1 中，Support 列中的值表示是否可以使用引擎，YES 表示引擎受支持并处于活动状态，DEFAULT 表示引擎受支持并且是默认引擎，NO 表示不支持引擎。当前版本的 MySQL 所支持的存储引擎具体如表 2.1 所示。

表 2.1　MySQL 支持的存储引擎

存储引擎	默认的支持级别	是否支持事务	是否支持分布式事务	是否支持保存点	简要说明
InnoDB	DEFAULT	YES	YES	YES	支持事务、行级锁和外键
MyISAM	YES	NO	NO	NO	支持表锁、全文索引
MRG_MYISAM	YES	NO	NO	NO	相同 MyISAM 表的集合
MEMORY	YES	NO	NO	NO	内存存储，速度快但数据容易丢失，适用于临时表
CSV	YES	NO	NO	NO	数据以文本方式存储在文件中
BLACKHOLE	YES	NO	NO	NO	黑洞引擎，写入的数据都会消失，适合作为中继存储
ARCHIVE	YES	NO	NO	NO	适用存储海量数据，有压缩功能，但不支持索引
PERFORMANCE_SCHEMA	YES	NO	NO	NO	适用于性能架构
FEDERATED	NO	NULL	NULL	NULL	用于访问远程的 MySQL 数据库

下面分别对表 2.1 中的存储引擎进行介绍。

1. InnoDB 存储引擎

InnoDB 是一种兼顾高可靠性和高性能的通用存储引擎。在 MySQL 5.5 以上的版本中，InnoDB 是默认最通用的 MySQL 存储引擎。如果不指定存储引擎，即 CREATE TABLE 语句不带 ENGINE 子句时会创建一个 InnoDB 表。InnoDB 存储引擎的主要特性如下。

(1) InnoDB 是事务型数据库的首选引擎，支持事务安全表(ACID)，是为 MySQL 提供具有提交、回滚和崩溃恢复能力的事务安全(ACID 兼容)存储引擎。

(2) InnoDB 将用户数据存储在聚集索引中，以减少基于主键的常见查询的 I/O。

(3) InnoDB 支持 FOREIGN KEY 引用完整性，每个表的主键不能为空且支持主键自增长，维护了数据完整性约束。

2. MyISAM 存储引擎

MyISAM 存储引擎是基于 ISAM 存储引擎发展起来的，是 MySQL 5.5 以下的版本中默认的存储引擎。MyISAM 存储引擎不支持事务、外键和表锁设计，支持全文索引。在 MySQL 8.0 版本中，MyISAM 存储引擎不提供分区支持，在 MySQL8.0 以下的版本中创建的分区 MyISAM 表不能在 MySQL 8.0 版本中使用。

3. MRG_MYISAM 存储引擎

MRG_MYISAM 存储引擎又称为 MERGE 存储引擎，可以被当作一个相同的 MyISAM 表的集合。它的内部没有数据，真正的数据依然是在 MyISAM 引擎的表中，但是可以直接对其进行查询、删除、更新等操作。其中，"相同"意味着所有表具有同样的列和索引信息。另外，所有合并的表要求具有相同顺序的列和索引，并且只能对 MyISAM 存储引擎的表进行合并，对索引读取较慢。该存储引擎可以快速拆分大型只读表，搜索效率高，且删除 mrg 表不会影响实际表的数据。

4. MEMORY 存储引擎

MEMORY 存储引擎通过在内存中创建临时表来存储数据，所有数据都存放在内存中，且行的长度固定。这两个特点使得该存储引擎插入、更新和查询效率极高，但是由于所存储的数据保存在内存中，如果 mysqld 进程发生异常或重启、计算机关机、服务器断电等都会造成这些数据的消失。MEMORY 存储引擎主要用于内容变化不频繁或作为统计操作的中间结果表，便于高效地对中间结果进行分析并得到最终的统计结果。

5. CSV 存储引擎

CSV(Comma-Separated Values，逗号分隔值)存储引擎是在逻辑上由逗号分隔数据的存储引擎。使用该引擎时，服务器会创建以表名开头并带有".CSV"扩展名的纯文本数据文件，该文件中的每个文本行就是一条数据。该类型的存储引擎不支持索引，即使用该种类型的表没有主键列，另外也不允许表中的字段为 null。因为 CSV 表没有索引，所以通常在正常操作期间将数据保存在 InnoDB 表中，只在导入或导出阶段使用 CSV 表。

6. BLACKHOLE 存储引擎

BLACKHOLE(黑洞)存储引擎就像一个"黑洞"一样，写入的所有数据都会消失，它接受但不存储任何数据，主要用于日志记录或同步归档的中继存储，也可以应用于主备复制中的分发主库。

7. ARCHIVE 存储引擎

ARCHIVE 存储引擎拥有很好的压缩机制，它使用 zlib 压缩库，压缩比非常高。该存储引擎拥有高效的插入速度，支持 INSERT、REPLACE 和 SELECT 操作，但不支持

UPDATE 和 DELETE 操作，不支持事务，也不支持索引(MySQL 8.0 版本不支持索引)，所以查询性能较差一些。该存储引擎经常作为仓库使用和数据归档，存储大量独立的、作为历史记录的数据，如记录日志信息这些不修改或很少修改的数据。ARCHIVEC 存储引擎使用行锁来实现高并发插入操作，但是它不支持事务，其设计目的只是提供高速的插入和压缩功能。

8. PERFORMANCE_SCHEMA 存储引擎

PERFORMANCE_SCHEMA 存储引擎主要用于收集数据库服务器性能参数。这种引擎提供以下功能：提供进程等待的详细信息，包括锁、互斥变量、文件信息；保存历史的事件汇总信息，为提供 MySQL 服务器性能做出详细的判断；对于新增和删除监控事件点都非常容易，并且可以随意改变 MySQL 服务器的监控周期。

9. FEDERATED 存储引擎

FEDERATED 存储引擎可以访问远程数据库的表中的数据，而不是本地的表。这个特性给某些开发应用带来了便利，用户可以直接在本地构建一个 FEDERATED 表来连接远程数据表，配置完成后本地表的数据可以直接跟远程数据表同步。实际上，该存储引擎里面存储的不是真实数据，所存储的数据都是连接到其他 MySQL 服务器上获取到的数据。FEDERATED 存储引擎可以将不同的 MySQL 服务器联系起来，逻辑上组成一个完整的数据库，适合数据库分布式应用。

2.2 MySQL 支持的数据类型

了解 MySQL 支持的数据类型，在面对具体应用时，用户可根据相应的特点来选择合适的数据类型。争取在满足应用的基础上，用较小的存储代价换来较高的数据库性能。MySQL 支持所有标准的 SQL 数据类型，主要包括数值类型、字符串类型和日期时间类型，本节将详细讲解这 3 种数据类型。

2.2.1 数值类型

MySQL 支持所有标准 SQL 中的数值数据类型。这些类型包括严格数值数据类型(INTEGER、SMALLINT、DECIMAL 和 NUMERIC)和近似数值数据类型(FLOAT、REAL、和 DOUBLE PRECISION)。作为一个可扩展标准，MySQL 也支持整数类型 TINYINT、MEDIUMINT 和 BIGINT。MySQL 中不同数值类型所对应的字节数和取值范围是不同的，具体如表 2.2 所示。

表 2.2 MySQL 数值类型

数据类型	字节数	无符号数的取值范围	有符号数的取值范围
TINYINT	1	0～255	－128～127
SMALLINT	2	0～65535	－32768～32767
MEDIUMINT	3	0～16777215	－8388608～8388607
INT/INTEGER	4	0～4294967295	－2147483648～2147483647
BIGINT	8	0～18446744073709551615	－9223372036854775808～9223372036854775807

续表

数 据 类 型	字节数	无符号数的取值范围	有符号数的取值范围
FLOAT	4	0 和 1.175494351E-38～3.402823466E+38	-3.402823644E+38～-1.175494351E-38
DOUBLE	8	0 和 2.2250738585072014E-308～1.7976931348623157E+308	-1.7976931348623157E+308～2.2250738585072014E-308
DECIMAL(M,D)	变长，整数部分和小数部分分开计算	0 和 2.2250738585072014E-308～1.7976931348623157E+308	-1.7976931348623157E+308～2.2250738585072014E-308

在表 2.2 中，占用字节数最少的是 TINYINT 类型，占用字节数最多的是 BIGINT 类型和 DOUBLE 类型，DECIMAL 类型的取值范围与 DOUBLE 类型相同。

MySQL 支持的 5 种主要整数类型是 TINYINT、SMALLINT、MEDIUMINT、INT 和 BIGINT 类型。这 5 种类型在很大程度上是相同的，只是它们存储值的大小是不同的。

MySQL 支持的 3 种浮点类型是 FLOAT、DOUBLE 和 DECIMAL 类型。其中，FLOAT 类型用于表示单精度浮点数值，而 DOUBLE 类型用于表示双精度浮点数值。

2.2.2 字符串类型

MySQL 提供了 8 种基本的字符串类型，分别为 CHAR、VARCHAR、BLOB、TEXT、BINARY、VARBINARY、ENUM 和 SET 类型。字符串类型可以存储的范围从简单的一个字符到巨大的文本块或二进制字符串数据，常见的字符串类型所对应的字节数和取值范围如表 2.3 所示。

表 2.3 MySQL 字符串类型及扩展类型

数 据 类 型	字 节 数	类 型 描 述
CHAR	0～255	定长字符串
VARCHAR	0～65535	可变长字符串
TINYBLOB	0～255	不超过 255 个字符的二进制字符串
TINYTEXT	0～255	短文本字符串
BLOB	0～65535	二进制形式的长文本数据
TEXT	0～65535	长文本数据
MEDIUMBLOB	0～16777215	二进制形式的中等长度文本数据
MEDIUMTEXT	0～16777215	中等长度文本数据
LOGNGBLOB	0～4294967295	二进制形式的极大文本数据
LONGTEXT	0～4294967295	极大文本数据
BINARY(M)	0～M	允许长度为 0～M 字节的定长字节字符集
VARBINARY(M)	0～M	允许长度为 0～M 字节的变长字节字符集

表 2.3 列出了 8 种基本的字符串类型及扩展类型，其中有些类型比较相似，下面详细讲解一些容易混淆的类型。

1. CHAR 和 VARCHAR 类型

CHAR 类型存放的字符串长度是固定的。例如，数据的类型为 char(20)，表示该数据占用 20 字节。若实际数据为 5 字节，短于定义长度的 CHAR 类型则会用空格作填补；若实际数据为 30 字节，则会将实际数据截短为 20 字节。

VARCHAR 类型是 CHAR 类型的一个变体。VARCHAR 类型存储的字符串长度是可变的。例如,数据的类型为 varchar(20),表示存储字符串的最大值为 20 字节且只使用存储字符串实际需要的长度(增加一个额外字节来存储字符串本身的长度)来存储值。如果存储的字符串是“123”,则仅占 4 字节,短于定义长度的 VARCHAR 类型不会被空格填补,但长于定义长度的值仍然会被截短。

由于 VARCHAR 类型可以根据实际内容动态改变存储值的长度,所以在实际应用中一般使用 VARCHAR 类型定义字符串,以节省存储空间、提高存储效率。

2. BLOB 和 TEXT 类型

MySQL 提供了 BLOB 和 TEXT 两种类型来应对字段长度超过 255 字节的情况。BLOB 和 TEXT 中又分别包括三种不同的类型,即 BLOB、MEDIUMBLOB、LONGBLOB 类型和 TEXT、MEDIUMTEXT、LONGTEXT 类型。它们之间的主要区别是存储文本长度和存储字节不同,用户应该根据实际情况选择能够满足需求的最小存储类型。

BLOB 类型和 TEXT 类型的相同点具体如下。

(1) 在 BLOB 或 TEXT 列的存储或检索过程中不存在大小写转换。当运行在非严格模式下时,如果为 BLOB 或 TEXT 列分配一个超过该列类型的最大长度值,该值会被截取。如果截掉的字符不是空格,将会产生一条警告信息。

(2) BLOB 和 TEXT 列都不能有默认值。

(3) 当保存或检索 BLOB 和 TEXT 列的值时不删除尾部空格。

(4) 对于 BLOB 和 TEXT 列的索引,必须指定索引前缀的长度。

BLOB 类型和 TEXT 类型的不同点具体如下。

(1) BLOB 是大小写敏感的,而 TEXT 值是大小写不敏感的。

(2) BLOB 被视为二进制字符串,而 TEXT 被视为非二进制字符串。

(3) BLOB 列没有字符集,而 TEXT 列有一个字符集,并且根据字符集的校对规则对值进行排序和比较。

(4) 在大多数情况下,可以将 BLOB 列视为足够大的 VARBINARY 列,可以将 TEXT 列视为 VARCHAR 列。

(5) BLOB 能用来保存二进制数据,如照片;而 TEXT 只能保存字符数据,如一篇文章或日记。

2.2.3 日期和时间类型

MySQL 提供了 5 种日期和时间类型,分别为 YEAR、DATE、TIME、DATETIME 和 TIMESTAMP 类型。其中,YEAR 类型表示年份,DATE 类型表示日期,TIME 类型表示时间,DATETIME 和 TIMESTAMP 表示日期和时间。日期和时间类型同样有对应的字节数和取值范围等,如表 2.4 所示。

表 2.4 MySQL 日期和时间类型

数据类型	字节数	取值范围	日期格式	零值
YEAR	1	1901～2155	YYYY	0000
DATE	4	1000-01-01～9999-12-3	YYYY-MM-DD	0000-00-00

续表

数据类型	字节数	取值范围	日期格式	零　值
TIME	3	−838:59:59～838:59:59	HH:MM:SS	00:00:00
DATETIME	8	1000-01-01 00:00:00～9999-12-31 23:59:59	YYYY-MM-DD HH:MM:SS	0000-00-00 00:00:00
TIMESTAMP	4	1970-01-01 00:00:01～2038-01-19 03:14:07	YYYY-MM-DD HH:MM:SS	0000-00-00 00:00:00

在表 2.4 中，每种日期和时间类型都有一个有效范围。如果插入的值超过这个范围，系统会报错，并将 0 值插入数据库中，不同的日期和时间类型有不同的 0 值，在表 2.3 中已经详细列出。下面详细讲解表 2.3 中的几种数据类型。

1. YEAR 类型

YEAR 类型用于表示年份，在 MySQL 中以 YYYY 的形式来显示 YEAR 类型的值，为 YEAR 类型的字段赋值的表示方法如下。

(1) 使用 4 位字符串和数字表示，输入格式为'YYYY'或 YYYY，取值范围是 1901～2155。如果输入超过了取值范围，就会插入 0000。例如，输入'2008'或 2008，可直接保存 2008。

(2) 使用两位字符串表示，'00'～'69'转换为 2000～2069，'70'～'99'转换为 1970～1999。例如，输入'35'，YEAR 值会转换成 2035；输入'90'，YEAR 值会转换成 1990。

(3) 使用两位数字表示，1～69 转换为 2001～2069，70～99 转换为 1970～1999。

另外，在对 YEAR 类型字段进行相关操作时，最好使用 4 位字符串或者数字表示，不要使用两位的字符串和数字。

此处要严格区分 0 和'0'：如果向 YEAR 类型的字段插入 0，存入该字段的年份是 0000；如果向 YEAR 类型的字段插入'0'，存入的年份是 2000。

2. TIME 类型

TIME 类型用于表示为“时:分:秒”。对于 TIME 类型赋值，标准格式是“HH:MM:SS”。其中，HH 表示时(取值范围为 0～23)，MM 表示分(取值范围为 0～59)，SS 表示秒(取值范围是 0～59)。虽然小时的范围是 0～23，但是为了表示某些特殊时间间隔，MySQL 将 TIME 的小时范围扩大了，而且支持负值。TIME 类型的字段赋值表示方法如下。

(1) 表示'D HH:MM:SS'格式的字符串，其中，D 表示天数(取值范围是 0～34)。在输入数据保存时，小时的值等于 D×24＋HH。例如，输入'2 6:20:50'，TIME 类型会转换为 54:20:50。当然，在输入时可以不严格按照这个格式，可以是'HH:MM:SS'、'HH:MM'、'D HH:MM'、'D HH'、'SS'等形式。例如，输入'20'，TIME 类型会自动转换为 00:00:20。

(2) 表示'HHMMSS'格式的字符串或 HHMMSS 格式的数值，系统能够自动转化为标准格式。例如，输入'123456'，TIME 类型会转换成 12:34:56；输入 0 或者'0'，TIME 类型会转换为 00:00:00。

(3) 使用 current_time 或者 current_time()输入当前系统时间，这些属于 MySQL 的函数，会在以后的章节进行讲解。

还需注意的是，一个合法的 TIME 值如果超出了 TIME 的范围，将被截取为范围内最接近的端点。例如，'880:00:00'将会被转换为 838:59:59。另外，无效的 TIME 值在命令行下无法被插入表中。

3. DATE 类型

DATE 类型用于表示日期。在 MySQL 中以 YYYY-MM-DD 的格式来显示 DATE 类型的值。其中,YYYY 表示年,MM 表示月,DD 表示日。DATE 类型的字段赋值表示方法如下。

(1) 表示'YYYY-MM-DD'或'YYYYMMDD'格式的字符串。例如,输入'2008-2-8',DATE 类型将转换为 2008-02-08;输入'40080308',DATE 类型将转换为 4008-03-08。

(2) MySQL 中还支持一些不严格的语法格式,任何标点都可以用来做间隔符,分隔符"-"可以用"@"和"."等标点替代。例如,输入'2011.3.8',DATE 类型将转换为 2011-03-08。

(3) 表示'YY-MM-DD'或者'YYMMDD'格式的字符串,其中'YY'转换成对应年份的规则与 YEAR 类型类似。例如,输入'35-01-02',DATE 类型将转换为 2035-01-02;输入'800102',DATE 类型将转换为 1980-01-02。

(4) 使用 current_date 或 current_date()输入当前系统日期,这些属于 MySQL 的函数,将会在以后的章节中讲解。

在实际应用中,如果只需要记录日期,选择 DATE 类型是最合适的,因为 DATE 类型只占用 4 字节。需要注意的是,在日期中最好使用标准格式"-"做分隔符,时间用":"做分隔符,中间用空格隔开,格式如 2020-08-18 02:30:48。当然,如果有特殊需要,可以使用"/"和"*"等特殊字符做分隔符。

4. DATETIME 类型

DATETIME 类型用于表示日期和时间。在 MySQL 中,DATETIME 类型的标准格式为'YYYY-MM-DD HH:MM:SS'。从其形式上可以看出,DATETIME 类型不但由 DATE 类型和 TIME 类型组合而成,而且具体赋值方法也相似。DATETIME 类型的字段赋值表示方法如下。

(1) 表示'YYYY-MM-DD HH:MM:SS'或'YYYYMMDDHHMMSS'格式的字符串,这种方式可以表达的范围是'1000-01-01 00:00:00'~'9999-12-31 23:59:59'。例如,输入'2008-08-08 08:08:08',DATETIME 类型会自动转换为 2008-08-08 08:08:08;输入'20080808080808',同样转换为 2008-08-08 08:08:08。

(2) DATETIME 类型可以使用任何标点作为间隔符,这与 TIME 类型不同,TIME 类型只能用':'隔开。例如,输入'2008@08@08 08*08*08',数据库中 DATETIME 类型统一转换为 2008-08-08 08:08:08。

(3) 表示'YY-MM-DD HH:MM:SS'或'YYMMDDHHMMSS'格式的字符串,其中'YY'的取值为'00'~'69'转换为 2000~2069,取值为'70'~'99'转换为 1970~1999,与 YEAR 类型和 DATE 类型相同。例如,输入'69-01-01 11:11:11',数据库中插入 2069-01-01 11:11:11;输入'70-01-01 11:11:11',数据库中插入 1970-01-01 11:11:11。

(4) 使用 now()来输入当前系统日期和时间,它属于 MySQL 的函数,将会在后面的章节中讲解。

DATETIME 类型用来记录日期和时间,其作用等价于 DATE 类型和 TIME 类型的组合。如果需要同时记录日期和时间,选择 DATETIME 类型是个不错的选择。

5. TIMESTAMP 类型

TIMESTAMP 类型用于表示日期和时间。TIMESTAMP 类型的范围是'1970-01-01

08:00:01'～'2038-01-19 11:14:07'。TIMESTAMP 的取值范围比较小，没有 DATETIME 的取值范围大，因此输入值时一定要保证在 TIMESTAMP 的范围之内。

MySQL 中也是以'YYYY-MM-DD HH:MM:SS'的形式显示 TIMESTAMP 类型的值。从其形式可以看出，TIMESTAMP 类型与 DATETIME 类型显示的格式是一样的，给 TIMESTAMP 类型的字段赋值的表示方法基本与 DATETIME 类型相同。

TIMESTAMP 类型插入当前时间的方法如下。

(1) 使用 CURRENT_TIMESTAMP 函数。

(2) 输入 NULL，系统自动输入当前的 TIMESTAMP。

(3) 无任何输入，系统自动输入当前的 TIMESTAMP。

值得注意的是，TIMESTAMP 的数值是与时区相关的。

2.3 数据库的基本操作

本节详细讲解数据库的相关操作，包括数据库的创建、查看、使用、修改和删除。

2.3.1 创建和查看数据库

将数据存储到数据库中，首先要创建一个指定名称的数据库，其语法格式如下。

```
CREATE DATABASE 数据库名称;
```

此处需要注意，数据库名称是唯一的、不可重复的。

下面通过具体示例演示如何创建数据库，如例 2-1 所示。

【例 2-1】 创建一个名为 qf_test 的数据库。

```
mysql > CREATE DATABASE qf_test;
Query OK, 1 row affected (0.01 sec)
```

由上述结果可知，SQL 语句运行成功。为了验证数据库系统中是否创建了名称为 qf_test 的数据库，需要通过 SQL 语句查看数据库，具体如下所示。

```
SHOW DATABASES;
```

下面通过具体案例演示如何查看数据库，如例 2-2 所示。

【例 2-2】 查看所有已存在的数据库。

```
mysql > SHOW DATABASES;
+-----------------+
| Database        |
+-----------------+
| information_schema |
| mysql           |
| performance_schema |
| qf_test         |
| sys             |
+-----------------+
5 rows in set (0.02 sec)
```

由上述结果可知,数据库系统中总共存在 5 个数据库。其中有 4 个是 MySQL 自动创建的数据库,另外一个名为 qf_test 的数据库是例 2-1 创建的。

创建好数据库之后,用户还可以查看已经创建的数据库信息,语法格式如下。

```
SHOW CREATE DATABASE 数据库名称;
```

下面通过具体示例演示如何查看已经创建的数据库信息,如例 2-3 所示。

【例 2-3】 查看创建的数据库 qf_test 的信息。

```
mysql > SHOW CREATE DATABASE qf_test;
+----------+------------------------------------
-------------------------------------+
| Database  | Create Database                   |
+----------+------------------------------------
-------------------------------------+
| qf_test   | CREATE DATABASE `qf_test`
/ * !40100 DEFAULT CHARACTER SET utf8mb4 COLLAT/ |
+----------+-------------------------------------
-------------------------------------+
1 row in set (0.00 sec)
```

由上述结果可知,数据库 qf_test 的创建信息得到显示。此处需要注意,从 MySQL 8.0 版本开始,创建数据库时使用 utf8mb4 作为 MySQL 的默认字符集。

创建数据库时,除了可以用默认字符集,还可以指定字符集。例如,创建一个名为 qf_test2 的数据库,编码指定为 gbk(Chinese Internal Code Specification,汉字编码字符集),具体如下所示。

```
mysql > CREATE DATABASE qf_test2 CHARACTER SET gbk;
Query OK, 1 row affected (0.00 sec)
```

由上述结果可知,成功创建数据库。接着查看数据库 qf_test2 中的信息,具体如下所示。

```
mysql > SHOW CREATE DATABASE qf_test2;
+----------+------------------------------------
-------------------------------------+
| Database  | Create Database                    |
+----------+------------------------------------
-------------------------------------+
| qf_test   | CREATE DATABASE `qf_test2`
/ * !40100 DEFAULT CHARACTER SET gbk  * / / * !80016 DEFAULT ENCRYPTION = 'N'  * / |
+----------+-------------------------------------
-------------------------------------+
1 row in set (0.00 sec)
```

由上述结果可知,新创建的数据库为 qf_test2,其字符集为 gbk。

2.3.2 使用数据库

在创建数据库之后,如果想在此数据库中进行操作,则需要切换到该数据库,其语法格式如下。

```
USE 数据库名;
```

下面通过具体示例演示如何切换数据库,如例 2-4 所示。

【例 2-4】 切换到数据库 qf_test。

```
mysql > USE qf_test;
Database changed
```

上述执行结果为 Database changed,证明已经切换到数据库 qf_test。另外,在使用数据库时,还可以查看当前使用的是哪个数据库,具体如下所示。

```
mysql > SELECT database();
+------------+
| database() |
+------------+
| qf_test    |
+------------+
1 row in set (0.00 sec)
```

由上述结果可知,当前使用的是数据库 qf_test。

2.3.3 修改数据库

在 2.3.1 节中讲解了数据库的创建和查看,在数据库创建时可使用自定义或者默认字符集。数据库创建完成之后,若想修改数据库的字符编码,可以使用 ALTER DATABASE 语句实现,其语法格式如下。

```
ALTER DATABASE 数据库名称 DEFAULT CHARACTER
SET 编码方式 COLLATE 编码方式_bin;
```

接下来通过具体示例演示如何修改数据库的字符编码,如例 2-5 所示。

【例 2-5】 将数据库 qf_test 的字符编码修改为 gbk。

```
mysql > ALTER DATABASE qf_test DEFAULT CHARACTER
SET gbk COLLATE gbk_bin;
Query OK, 1 row affected (0.01 sec)
```

由上述结果可知,修改命令执行完成。接着查看数据库 qf_test 的字符编码,具体如下所示。

```
mysql > SHOW CREATE DATABASE qf_test;
+--------+--------------------------------
------------------------------+
| Database | Create Database              |
+--------+--------------------------------
------------------------------+
| qf_test  | CREATE DATABASE `qf_test`
/*!40100 DEFAULT CHARACTER SET gbk */ /*!80016 DEFAULT ENCRYPTION = 'N' */ |
+--------+--------------------------------
------------------------------+
1 row in set (0.00 sec)
```

由上述结果可知,数据库 qf_test 的字符编码为 gbk,说明数据库的字符编码修改成功。

2.3.4 删除数据库

在实际应用中,若数据库已经没有存储价值时,用户需要把数据库删除。数据库被删除后,数据库中所有的数据都会被清除,即数据库分配的空间被收回。删除数据库的语法格式如下。

```
DROP DATABASE 数据库名称;
```

下面通过具体示例演示如何删除数据库,如例 2-6 所示。

【例 2-6】 将数据库 qf_test 删除。

```
mysql > DROP DATABASE qf_test;
Query OK, 0 rows affected (0.01 sec)
```

由上述结果可知,删除命令执行完成。为了验证数据库是否被删除,可以查看数据库系统中的所有库,具体如下所示。

```
mysql > SHOW DATABASES;
+--------------------+
| Database           |
+--------------------+
| information_schema |
| mysql              |
| performance_schema |
| qf_test2           |
| sys                |
+--------------------+
5 rows in set (0.00 sec)
```

由上述结果可知,数据库系统中已经不存在名称为 qf_test 的数据库,证明数据库的删除操作成功完成。

2.4 数据表的基本操作

在 MySQL 数据库里,数据表是由行和列组成的最主要的数据存储对象。本节将详细讲解对数据表的操作,包括数据表的创建、查看、修改和删除。

2.4.1 创建数据表

数据库创建成功后,即可在已经创建的数据库中创建数据表。在创建表之前,使用 USE 切换到操作的数据库,其语法格式如下。

```
USE 数据库名
```

创建数据表的语法格式如下。

```
CREATE table 表名(
字段名 1 数据类型,
字段名 2 数据类型,
    ……
    字段名 n 数据类型
);
```

其中,"表名"表示所创建数据表的名称,"字段名"表示数据表的列名。

下面通过具体示例演示如何创建数据表,如例 2-7 所示。

【例 2-7】 在数据库 qf_test 中创建一个学生表 stu,如表 2.5 所示。

表 2.5 stu 表

字段名称	数据类型	说明
stu_id	INT(10)	学生编号
stu_name	VARCHAR(50)	学生姓名
stu_age	INT(10)	学生年龄

首先,创建数据库 qf_test,具体如下所示。

```
mysql > CREATE DATABASE qf_test;
Query OK, 1 row affected (0.01 sec)
```

然后使用该数据库,具体如下所示。

```
mysql > USE qf_test;
Database changed
```

创建数据表 stu,具体如下所示。

```
mysql > CREATE TABLE stu(
    -> stu_id INT(10),
    -> stu_name VARCHAR(50),
    -> stu_age INT(10)
    -> );
Query OK, 0 rows affected (0.08 sec)
```

由上述结果可知,数据表 stu 创建完成。为了验证数据表 stu 是否被创建成功,使用 SHOW TABLES 语句即可查看,具体如下所示。

```
mysql > SHOW TABLES;
+-----------------+
| Tables_in_qf_test |
+-----------------+
| stu             |
+-----------------+
1 row in set (0.00 sec)
```

由上述结果可知,数据库 qf_test 中已经成功创建 stu 表。

2.4.2 查看数据表

在 MySQL 中,数据表创建完成后,有两种方法可以查看数据表的结构,一种是使用

SHOW 语句,另一种是使用 DESCRIBE 语句。

1. 使用 SHOW 语句

通过 SHOW 语句查看数据表,其语法格式如下。

```
SHOW CREATE TABLE 表名;
```

上述方式实际上显示的是创建数据表时字段的定义信息,这种方式又被称为以行的方式显示表结构。

下面通过具体示例演示如何使用 SHOW 语句查看数据表的信息,如例 2-8 所示。

【例 2-8】 查看前面创建的 stu 表。

```
mysql > SHOW CREATE TABLE stu;
+----+---------------------------------------------
------------------------------------------------------------
-----------------------------------------
-----------------------+
| Table | Create Table
                     |
+----+-------------------------------------------------
-------------------------------------------------------------
-----------------------------------
-----------------------+
| stu    | CREATE TABLE `stu` (
  `stu_id` int(10) DEFAULT NULL,
  `stu_name` varchar(50) DEFAULT NULL,
  `stu_age` int(10) DEFAULT NULL
) ENGINE = InnoDB DEFAULT CHARSET = utf8 |
+----+----------------------------------------------------
-------------------------------------------------------------------
------------------------------
-----------------------+
1 row in set (0.02 sec)
```

由上述结果可知,SHOW CREATE TABLE 语句不仅可以查看表中的列,还可以查看表的字符编码等信息。可以看出显示的格式乱,不便观察,此时可以在查询语句后加上参数“\G”进行格式化,具体如下所示。

```
mysql > SHOW CREATE TABLE stu\G;
**************************** 1. row ****************************
      Table: stu
Create Table: CREATE TABLE `stu`(
  `stu_id` int(10) DEFAULT NULL,
  `stu_name` varchar(50) DEFAULT NULL,
  `stu_age` int(10) DEFAULT NULL
) ENGINE = InnoDB DEFAULT CHARSET = utf8
1 row in set (0.00 sec)
```

由上述结果可知,加上参数“\G”后的格式更加工整。这种方式被称为以列的方式显示表结构。

2. 使用 DESCRIBE 语句

使用 DESCRIBE 语句查看表中列的相关信息，其语法格式如下。

```
DESCRIBE 表名;
```

下面通过具体示例演示如何使用 DESCRIBE 语句查看表的信息，如例 2-9 所示。

【例 2-9】 使用 DESCRIBE 语句查看 stu 表。

```
mysql > DESCRIBE stu;
+--------+-----------+-----+---+-------+-----+
| Field    | Type         | Null  | Key | Default  | Extra |
+--------+-----------+-----+---+-------+-----+
| stu_id   | int(10)      | YES  |     | NULL     |       |
| stu_name | varchar(50)  | YES  |     | NULL     |       |
| stu_age  | int(10)      | YES  |     | NULL     |       |
+--------+-----------+-----+---+-------+-----+
3 rows in set (0.01 sec)
```

由上述结果可知，表中所有列的相关信息得到显示。在实际应用中，一般使用 DESCRIBE 语句的简写形式 DESC 来查询表的信息，具体如下所示。

```
mysql > DESC stu;
+--------+-----------+----+---+--------+-----+
| Field    | Type         | Null | Key | Default  | Extra |
+--------+-----------+----+---+--------+-----+
| stu_id   | int(10)      | YES |     | NULL     |       |
| stu_name | varchar(50)  | YES |     | NULL     |       |
| stu_age  | int(10)      | YES |     | NULL     |       |
+--------+-----------+----+---+--------+-----+
3 rows in set (0.01 sec)
```

由上述结果可知，这两种查询方式的结果是一样的。

2.4.3 修改数据表

2.4.1 节和 2.4.2 节讲解了数据表的创建和查看，在实际开发中，在数据表创建完成后，经常会遇到需要对数据表的表名、字段名、字段的数据类型等进行修改的情况。下面对数据表的修改进行详细讲解。

1. 修改表名

在同一数据库中，数据表的名称是唯一的，不同的数据表通过名称进行区分。修改表名的语法格式如下。

```
ALTER TABLE 原表名 RENAME [TO] 新表名;
```

其中，关键字 TO 是可选的，不会影响 SQL 语句的执行，一般忽略不写。

下面通过具体示例演示如何修改表名，如例 2-10 所示。

【例 2-10】 将例 2-7 创建的 stu 表的表名修改为 student。

```
mysql > ALTER TABLE stu RENAME student;
Query OK, 0 rows affected (0.15 sec)
```

由上述结果可知,表名修改完成。为了验证 stu 表的表名是否被修改为 student,使用 SHOW TABLES 查看库中的所有的表,具体如下所示。

```
mysql > SHOW TABLES;
+-----------------+
| Tables_in_qf_test  |
+-----------------+
| student            |
+-----------------+
1 row in set (0.00 sec)
```

由上述结果可知,stu 表名被成功修改为 student。

2. 修改字段

数据表中的字段是通过字段名划分的,当数据表中的字段有变更需求时,用户可对字段进行修改。修改字段的语法格式如下。

```
ALTER TABLE 表名 CHANGE 原字段名 新字段名 新数据类型;
```

下面通过具体示例演示如何修改字段,如例 2-11 所示。

【例 2-11】 将 student 表中的 stu_age 字段修改为 stu_sex,数据类型为 VARCHAR(10)。

```
mysql > ALTER TABLE student CHANGE stu_age stu_sex VARCHAR(10);
Query OK, 0 rows affected (0.24 sec)
Records: 0 Duplicates: 0 Warnings: 0
```

由上述结果可知,字段修改完成。为了验证字段是否被修改,用户可以使用 DESC 语句查看 student 表,具体如下所示。

```
mysql > DESC student;
+--------+----------+----+----+-------+-----+
| Field    | Type        | Null | Key | Default | Extra |
+--------+----------+----+----+-------+-----+
| stu_id   | int(10)     | YES  |     | NULL    |       |
| stu_name | varchar(50) | YES  |     | NULL    |       |
| stu_sex  | varchar(10) | YES  |     | NULL    |       |
+--------+----------+----+----+-------+-----+
3 rows in set (0.01 sec)
```

由上述结果可知,student 表中的 stu_age 字段被成功修改为 stu_sex。

3. 修改字段的数据类型

上面讲解了如何修改表中的字段,但有时并不需要修改字段名,只需修改字段的数据类型。修改表中字段数据类型的语法格式如下。

```
ALTER TABLE 表名 MODIFY 字段名 数据类型;
```

下面通过具体示例演示如何修改字段的数据类型,如例 2-12 所示。

【例 2-12】 将 student 表中的 stu_sex 字段的数据类型修改为 CHAR。

```
mysql > ALTER TABLE student MODIFY stu_sex CHAR;
Query OK, 0 rows affected (0.17 sec)
Records: 0 Duplicates: 0 Warnings: 0
```

由上述结果可知,字段的数据类型修改完成。为了验证数据类型是否被修改,使用 DESC 语句查看 student 表,具体如下所示。

```
mysql > DESC student;
+--------+-----------+----+----+--------+------+
| Field  | Type      | Null | Key | Default | Extra |
+--------+-----------+----+----+--------+------+
| stu_id | int(10)   | YES |    | NULL   |      |
| stu_name| varchar(50) | YES |  | NULL   |      |
| stu_sex | char(1)  | YES |    | NULL   |      |
+--------+-----------+----+----+--------+------+
3 rows in set (0.01 sec)
```

由上述结果可知,student 表中的 stu_sex 字段的数据类型被成功修改为 CHAR 类型。

4. 添加字段

在实际开发的过程中,随着需求的逐渐增加,数据库中的内容随之增加,其中也包括字段,因此在相应的数据表中就需要添加字段。在 MySQL 中添加字段的语法格式如下。

```
ALTER TABLE 表名 ADD 新字段名 数据类型;
```

下面通过具体示例演示如何添加字段,如例 2-13 所示。

【例 2-13】 在 student 表中添加 stu_hobby 字段,数据类型为 VARCHAR(50)。

```
mysql > ALTER TABLE student ADD stu_hobby VARCHAR(50);
Query OK, 0 rows affected (0.18 sec)
Records: 0 Duplicates: 0 Warnings: 0
```

由上述结果可知,字段添加成功。为了验证 stu_hobby 字段是否添加成功,使用 DESC 语句查看 student 表,具体如下所示。

```
mysql > DESC student;
+--------+-----------+----+----+--------+------+
| Field  | Type      | Null | Key | Default | Extra |
+--------+-----------+----+----+--------+------+
| stu_id | int(10)   | YES |    | NULL   |      |
| stu_name| varchar(50) | YES |  | NULL   |      |
| stu_sex | char(1)  | YES |    | NULL   |      |
| stu_hobby| varchar(50) | YES | | NULL   |      |
+--------+-----------+----+----+--------+------+
4 rows in set (0.01 sec)
```

由上述结果可知,在 student 表中添加了 stu_hobby 字段,并且该字段的数据类型为 VARCHAR(50)。

5. 删除字段

删除字段是指将某个字段从数据表中删除,MySQL 中删除字段的语法格式如下。

```
ALTER TABLE 表名 DROP 字段名;
```

下面通过具体示例演示如何删除字段,如例 2-14 所示。

【例 2-14】 将 student 表中 stu_hobby 字段删除。

```
mysql > ALTER TABLE student DROP stu_hobby;
Query OK, 0 rows affected (0.20 sec)
Records: 0 Duplicates: 0 Warnings: 0
```

由上述结果可知,字段删除完成。为了验证 stu_hobby 字段是否被删除,使用 DESC 查看 student 表,具体如下所示。

```
mysql > DESC student;
+--------+-----------+----+----+--------+------+
| Field  | Type      | Null | Key | Default | Extra |
+--------+-----------+----+----+--------+------+
| stu_id | int(10)   | YES |    | NULL   |      |
| stu_name | varchar(50) | YES |    | NULL   |      |
| stu_sex | char(1)   | YES |    | NULL   |      |
+--------+-----------+----+----+--------+------+
3 rows in set (0.01 sec)
```

由上述结果可知,student 表中删除了 stu_hobby 字段。

6. 修改字段的排列位置

字段在表中的排列位置在创建表时就已经被确定,若要修改字段的排列位置,可以使用 ALTER TABLE 语句。在 MySQL 中修改字段排列位置的语法格式如下。

```
ALTER TABLE 表名 MODIFY 字段名 1 数据类型 FIRST|AFTER 字段名 2;
```

其中,“字段名 1”表示需要修改位置的字段,“FIRST”是可选参数,表示将字段 1 修改为表的第一个字段,“AFTER 字段名 2”表示将字段 1 插入到字段 2 的后面。

下面通过具体示例演示如何修改字段的排列位置,如例 2-15 所示。

【例 2-15】 将 student 表中的 stu_name 字段放到 stu_sex 字段后面。

```
mysql > ALTER TABLE student MODIFY
    -> stu_name VARCHAR(50) AFTER stu_sex;
Query OK, 0 rows affected (0.20 sec)
Records: 0 Duplicates: 0 Warnings: 0
```

由上述结果可知,字段位置修改完成。为了验证字段的位置是否被修改,使用 DESC 语句查看 student 表,具体如下所示。

```
mysql > DESC student;
+--------+-----------+----+----+--------+------+
| Field  | Type      | Null | Key | Default | Extra |
+--------+-----------+----+----+--------+------+
| stu_id | int(10)   | YES |    | NULL   |      |
```

```
| stu_sex  | char(1)      | YES |     | NULL    |       |
| stu_name | varchar(50)  | YES |     | NULL    |       |
+----------+--------------+-----+-----+---------+-------+
3 rows in set (0.01 sec)
```

由上述结果可知,student 表中的 stu_name 字段排列在 stu_sex 字段之后。

2.4.4 删除数据表

删除数据表是从数据库将数据表删除,同时删除表中存储的数据。在 MySQL 中使用 DROP TABLE 语句删除数据表,语法格式如下。

```
DROP TABLE 表名;
```

下面通过具体示例演示如何删除数据表,如例 2-16 所示。

【例 2-16】 将 student 表删除。

```
mysql > DROP TABLE student;
Query OK, 0 rows affected (0.09 sec)
```

由上述结果可知,student 表删除完成。为了验证数据表 student 是否被删除,使用 SHOW TABLES 语句查看数据库中所有的表,具体如下所示。

```
mysql > SHOW TABLES;
Empty set (0.00 sec)
```

由上述结果可知,数据库为空,student 表删除成功。

2.5 本章小结

本章介绍了 MySQL 支持的数据类型,详细地讲解了对数据库和数据表的基本操作,读者应该掌握数据库中数据表的创建、查看、修改和删除。学习完本章内容,读者需动手进行实践,做到学以致用,为后面学习奠定好基础。

2.6 习题

1. 填空题

(1) MySQL 中不同数值类型所对应的字节数和________是不同的。

(2) MySQL 中支持的 5 个主要整数类型是 TINYINT、SMALLINT、MEDIUMINT、INT 和________。

(3) CHAR 类型用于________,并且必须在圆括号内用一个大小修饰符来定义。

(4) VARCHAR 类型可以根据实际内容________存储值的长度。

(5) DATETIME 类型使用 8 字节来表示________。

2. 选择题

(1) 下列不属于数值类型的是(　　)。

A. DECIMAL　　B. ENUM

C. BIGINT　　D. FLOAT

(2) 下列不属于字符串类型的是(　　)。

A. REAL　　B. CHAR

C. BLOB　　D. VARCHAR

(3) 下列不属于日期时间类型的是(　　)。

A. DATE　　B. YEAR

C. NUMBERIC　　D. TIMESTAMP

(4) 下列创建数据库的操作正确的是(　　)。

A. CREATE qf_test;　　B. CREATE DATABASE qf_test;

C. DATABASE qf_test;　　D. qf_test CREATE;

(5) 下列属于创建数据表的关键字是(　　)。

A. CREATE TABLE　　B. SHOW CREATE TABLE

C. DESCRIBE　　D. ALTER TABLE

3. 思考题

(1) 简述 MySQL 支持的数值类型。

(2) 简述 MySQL 支持的字符串类型。

(3) 简述 MySQL 支持的日期时间类型。

(4) 简述如何创建和查看数据库。

(5) 简述如何创建数据表。

第3章 表中数据的基本操作

本章学习目标

- 熟练掌握插入数据的方法；
- 熟练掌握修改数据的方法；
- 熟练掌握删除数据的方法。

通过第2章的学习，读者对数据库和数据表的基础操作有了一定了解，若是想操作数据库中的数据，还需进一步学习对数据的基本操作。本章将详细讲解对于数据库中的数据的基本操作，包括插入数据、更新数据和删除数据。

3.1 插入数据

在实际应用中，用户可能会为表添加一条或多条数据，而插入数据的方式有多种。数据库既然是存储数据的地方，那么数据表中的数据是如何添加的呢？接下来将讲解向数据表中插入数据的方法，主要包括为所有字段插入数据、为指定列插入数据、批量插入数据等方式。

3.1.1 为所有字段插入数据

INSERT语句有两种语法形式，一种是INSERT…VALUES语句，另一种是INSERT…SET语句。接下来讲解如何使用两种方式为所有字段插入数据。

1. 使用INSERT…VALUES语句

标准的INSERT语法要为每个插入值指定相应的字段。通过使用INSERT语句指定所有字段名可以向表中插入数据，标准的语法格式如下。

```
INSERT INTO 表名(字段名 1,字段名 2,……) VALUES(值 1,值 2,……);
```

其中，"字段名1"和"字段名2"是数据表中的字段名称，"值1"和"值2"是对应字段需要添加的数据，每个值的顺序、类型必须与字段名相对应。此处需要注意，除了数值和NULL值之外，字符、日期和时间数据类型的值必须使用单引号。

在讲解示例之前，首先在数据库qf_test2中创建一个员工表emp，表结构如表3.1所示。

表3.1 emp表

字段	数据类型	说明
id	INT	员工编号
name	VARCHAR(100)	员工姓名

续表

字　段	数据类型	说　明
gender	VARCHAR(10)	员工性别
birthday	DATE	员工生日
salary	DECIMAL(10,2)	员工工资
entry_date	DATE	员工入职日期
resume_text	VARCHAR(200)	员工简介

首先,创建数据库 qf_test2,SQL 语句具体如下所示。

```
CREATE DATABASE qf_test2;
```

然后使用该数据库,具体如下所示。

```
mysql > USE qf_test2;
Database changed
```

接着创建数据表 emp,具体如下所示。

```
mysql > CREATE TABLE emp(
    ->     id INT,
    ->     name VARCHAR(100),
    ->     gender VARCHAR(10),
    ->     birthday DATE,
    ->     salary DECIMAL(10,2),
    ->     entry_date DATE,
    ->     resume_text VARCHAR(200)
    -> );
Query OK, 0 rows affected (0.13 sec)
```

由上述结果可知,数据表创建完成。为了验证表 emp 是否被创建,使用 DESC 语句查看库中的 emp 表,具体如下所示。

```
mysql > DESC emp;
+-------------+---------------+------+-----+---------+-------+
| Field       | Type          | Null | Key | Default | Extra |
+-------------+---------------+------+-----+---------+-------+
| id          | int(11)       | YES  |     | NULL    |       |
| name        | varchar(100)  | YES  |     | NULL    |       |
| gender      | varchar(10)   | YES  |     | NULL    |       |
| birthday    | date          | YES  |     | NULL    |       |
| salary      | decimal(10,2) | YES  |     | NULL    |       |
| entry_date  | date          | YES  |     | NULL    |       |
| resume_text | varchar(200)  | YES  |     | NULL    |       |
+-------------+---------------+------+-----+---------+-------+
7 rows in set (0.01 sec)
```

由上述结果可知,emp 表被成功创建。

下面通过具体示例演示使用 INSERT…VALUES 语句指定所有字段名并插入对应的值,如例 3-1 所示。

【例 3-1】 通过 INSERT…VALUES 语句插入数据。

```
mysql> INSERT INTO emp(
    -> id,name,gender,birthday,salary,entry_date,resume_text
    -> ) VALUES(
    -> 1,'lilei','male','1991-05-10',4000, '2013-06-10','none'
    -> );
Query OK, 1 row affected (0.07 sec)
```

由上述结果可知,插入数据完成。为了进一步验证,使用 SELECT 语句查看 emp 表中的数据,具体如下所示。

```
mysql> SELECT * FROM emp;
+---+-----+------+-----------+-------+-----------+----------+
| id | name | gender | birthday   | salary  | entry_date  | resume_text |
+---+-----+------+-----------+-------+-----------+----------+
|  1 | lilei | male   | 1991-05-10 | 4000.00 | 2013-06-10 | none        |
+---+-----+------+-----------+-------+-----------+----------+
1 row in set (0.00 sec)
```

由上述结果可知,emp 表中的数据成功插入。因为表中只插入了一条记录,所以只查询到了一条结果。

emp 表中的数据具体如表 3.2 所示。

表 3.2 emp 表中的数据

id	name	gender	birthday	salary	entry_date	resume_text
1	lilei	male	1991-05-10	4000.00	2013-06-10	none

在插入数据时,INSERT 语句中的字段列表顺序并不一定要与表定义中的字段顺序相同,但 VALUES 中的值一定要和 INSERT 语句中的字段列表顺序对应。现在使用 INSERT…VALUES 语句不按表定义中的字段顺序插入数据,具体如下所示。

```
mysql> INSERT INTO emp(
    -> resume_text,entry_date,salary,birthday,gender,name,id
    -> ) VALUES(
    -> 'none','2014-10-20',6000,'1988-03-15','female','lucy',2
    -> );
Query OK, 1 row affected (0.03 sec)
```

由上述结果可知,插入数据完成。为了进一步验证,使用 SELECT 语句查看 emp 表中的数据,具体如下所示。

```
mysql> SELECT * FROM emp;
+---+-----+------+-----------+-------+-----------+----------+
| id | name | gender | birthday   | salary  | entry_date  | resume_text |
+---+-----+------+-----------+-------+-----------+----------+
|  1 | lilei | male   | 1991-05-10 | 4000.00 | 2013-06-10 | none        |
|  2 | lucy  | female | 1988-03-15 | 6000.00 | 2014-10-20 | none        |
+---+-----+------+-----------+-------+-----------+----------+
2 rows in set (0.00 sec)
```

由上述结果可知,emp 表中的第二条数据成功插入。emp 表中的数据具体如表 3.3 所示。

表 3.3　emp 表中的数据

id	name	gender	birthday	salary	entry_date	resume_text
1	lilei	male	1991-05-10	4000.00	2013-06-10	none
2	lucy	female	1988-03-15	6000.00	2014-10-20	none

由此可以看出,INSERT 语句中字段列表顺序可以与表定义的字段顺序不一致,但一般不建议这样做。

通常情况下,在 INSERT…VALUES 语句中为所有列插入数据时可以不指定字段名,其语法格式如下。

```
INSERT INTO 表名 VALUES (值 1,值 2,……);
```

其中,"值 1"和"值 2"表示每个字段需要添加的数据,每个值的顺序、类型必须与表定义的字段顺序、类型都一致。

下面通过具体示例演示在 INSERT…VALUES 语句中不指定字段名插入数据,如例 3-2 所示。

【例 3-2】　前面在数据库 qf_test2 中创建了员工表 emp,本例通过使用 INSERT…VALUES 语句不指定字段名的方式插入数据。

```
mysql > INSERT INTO emp VALUES(
    -> 3,'king','female','1993 - 06 - 15',7000,'2014 - 07 - 10','none'
    -> );
Query OK, 1 row affected (0.07 sec)
```

由上述结果可知,插入数据完成。为了验证数据是否被插入,使用 SELECT 语句查看 emp 表中的数据,具体如下所示。

```
mysql > SELECT * FROM emp;
+---+-----+------+-----------+-------+-----------+----------+
| id | name  | gender | birthday       | salary  | entry_date     | resume_text |
+---+-----+------+-----------+-------+-----------+----------+
|  1 | lilei | male   | 1991 - 05 - 10 | 4000.00 | 2013 - 06 - 10 | none        |
|  2 | lucy  | female | 1988 - 03 - 15 | 6000.00 | 2014 - 10 - 20 | none        |
|  3 | king  | female | 1993 - 06 - 15 | 7000.00 | 2014 - 07 - 10 | none        |
+---+-----+------+-----------+-------+-----------+----------+
3 rows in set (0.01 sec)
```

由上述结果可知,emp 表中的数据成功插入。emp 表中的数据具体如表 3.4 所示。

表 3.4　emp 表中的数据

id	name	gender	birthday	salary	entry_date	resume_text
1	lilei	male	1991-05-10	4000.00	2013-06-10	none
2	lucy	female	1988-03-15	6000.00	2014-10-20	none
3	king	female	1993-06-15	7000.00	2014-07-10	none

使用不指定字段名的方式来插入数据，VALUES中值的顺序必须与表定义的字段顺序对应，否则会出现错误。接着进行错误演示，具体如下所示。

```
mysql > INSERT INTO emp VALUES(
    -> 'none','2013',5000,'1992 - 01 - 01','female','lilei',4
    -> );
Query OK, 1 row affected, 3 warnings (0.03 sec)
```

由上述结果可知，插入数据完成，与之前不同的是，在执行完成后有3个警告(3 warnings)。使用SELECT语句查看emp表中的数据，具体如下所示。

```
mysql > SELECT * FROM emp;
+---+-----+-------+-----------+--------+-----------+----------+
| id | name | gender | birthday    | salary  | entry_date   | resume_text |
+---+-----+-------+-----------+--------+-----------+----------+
|  1 | lilei | male   | 1991 - 05 - 10 | 4000.00 | 2013 - 06 - 10 | none        |
|  2 | lucy  | female | 1988 - 03 - 15 | 6000.00 | 2014 - 10 - 20 | none        |
|  3 | king  | female | 1993 - 06 - 15 | 7000.00 | 2014 - 07 - 10 | none        |
|  0 | 2013  | 5000   | 1992 - 01 - 01 | 0.00    | 0000 - 00 - 00 | 4           |
+---+-----+-------+-----------+--------+-----------+----------+
4 rows in set (0.00 sec)
```

由上述结果可知，插入的第4条数据明显与字段不对应。emp表中的数据具体如表3.5所示。

表3.5　emp表中的数据

id	name	gender	birthday	salary	entry_date	resume_text
1	lilei	male	1991-05-10	4000.00	2013-06-10	none
2	lucy	female	1988-03-15	6000.00	2014-10-20	none
3	king	female	1993-06-15	7000.00	2014-07-10	none
0	2013	5000	1992-01-01	0.00	0000-00-00	4

2. 使用INSERT…SET语句

通过使用INSERT…SET语句指定所有字段名和对应的值可以向表中插入数据，其语法格式如下。

```
INSERT INTO 表名 SET 字段名 1 = 值 1,字段名 2 = 值 2, …… ;
```

其中，"字段名1"和"字段名2"是数据表中的字段名称，"值1"和"值2"是对应字段需要添加的数据，每个值的类型与字段名相对应。INSERT…SET语句用于直接给表中的字段名指定对应的列值。实际上，在SET字句中指定要插入数据的字段名，等号后面为指定的数据，而对于未指定的字段名，列值为该字段的默认值。

下面通过具体示例演示在INSERT…SET语句中指定字段名插入数据，如例3-3所示。

【例3-3】 前面在数据库qf_test2中创建了员工表emp，本例通过使用INSERT…SET语句指定字段名的方式插入数据。

```
mysql > INSERT INTO emp SET
    -> id = 5,name = 'Mike',gender = 'male',birthday = '1996 - 09 - 18',salary = 6000,entry_date =
'2017 - 09 - 10',resume_text = 'none';
Query OK, 1 row affected (0.03 sec)
```

由上述结果可知,插入数据完成。为了验证数据是否被插入,使用 SELECT 语句查看 emp 表中的数据。

```
mysql > SELECT * FROM emp;
+---+-----+------+-----------+-------+-----------+----------+
| id | name | gender | birthday    | salary | entry_date   | resume_text |
+---+-----+------+-----------+-------+-----------+----------+
|  1 | lilei | male   | 1991 - 05 - 10 | 4000.00 | 2013 - 06 - 10 | none        |
|  2 | lucy  | female | 1988 - 03 - 15 | 6000.00 | 2014 - 10 - 20 | none        |
|  3 | king  | female | 1993 - 06 - 15 | 7000.00 | 2014 - 07 - 10 | none        |
|  0 | 2013  | 5000   | 1992 - 01 - 01 | 0.00    | 0000 - 00 - 00 | 4           |
|  5 | Mike  | male   | 1997 - 09 - 18 | 6000.00 | 2020 - 09 - 10 | none        |
+---+-----+------+-----------+-------+-----------+----------+
3 rows in set (0.01 sec)
```

由上述结果可知,emp 表中的数据成功插入。emp 表中的数据具体如表 3.6 所示。

表 3.6 emp 表中的数据

id	name	gender	birthday	salary	entry_date	resume_text
1	lilei	male	1991-05-10	4000.00	2013-06-10	none
2	lucy	female	1988-03-15	6000.00	2014-10-20	none
3	king	female	1993-06-15	7000.00	2014-07-10	none
0	2013	5000	1992-01-01	0.00	0000-00-00	4
5	Mike	male	1997-09-18	6000.00	2020-09-10	none

使用 INSERT…SET 语句可以指定所有字段插入数据,也可以指定部分字段插入数据,且方法相同,故在 3.1.2 节中不再讲解。需要注意的是,使用 INSERT…SET 语句的方式比较灵活。

3.1.2 为指定列插入数据

为指定列插入数据是指在一些情况下,只向部分字段插入数据,而其他字段的值为默认值即可。为指定列插入数据的语法格式如下。

```
INSERT INTO 表名(字段名 1,字段名 2,……) VALUES(值 1,值 2,……);
```

其中,“字段名 1”和“字段名 2”等表示数据表中的字段名称,“值 1”和“值 2”表示每个字段需要添加的数据,每个值的顺序、类型必须与字段名对应。

下面通过具体示例演示使用 INSERT 语句为指定列插入数据,具体如例 3-4 所示。

【例 3-4】 为 emp 表插入数据,且只插入前 4 个字段的数据。

```
mysql > INSERT INTO emp(
    -> id,name,gender,birthday
```

```
    -> ) VALUES(
    -> 6,'mary','female','1995-07-10'
    -> );
Query OK, 1 row affected (0.07 sec)
```

由上述结果可知,插入数据完成。为了进一步验证,使用 SELECT 语句查看 emp 表中的数据,具体如下所示。

```
mysql> SELECT * FROM emp;
+---+------+------+-----------+-------+-----------+----------+
| id | name  | gender | birthday     | salary  | entry_date   | resume_text |
+---+------+------+-----------+-------+-----------+----------+
|  1 | lilei | male   | 1991-05-10 | 4000.00 | 2013-06-10 | none        |
|  2 | lucy  | female | 1988-03-15 | 6000.00 | 2014-10-20 | none        |
|  3 | king  | female | 1993-06-15 | 7000.00 | 2014-07-10 | none        |
|  0 | 2013  | 5000   | 1992-01-01 | 0.00    | 0000-00-00 | 4           |
|  5 | Mike  | male   | 1997-09-18 | 6000.00 | 2020-09-10 | none        |
|  6 | mary  | female | 1995-07-10 | NULL    | NULL       | NULL        |
+---+------+------+-----------+-------+-----------+----------+
5 rows in set (0.00 sec)
```

由上述结果可知,插入的第 6 条数据只有前 4 个字段有值,其他字段都是 NULL,即这些字段的默认值为 NULL。通过 SHOW CREATE TABLE 语句可以查看字段的默认值,具体如下所示。

```
mysql> SHOW CREATE TABLE emp\G;
*************************** 1. row ***************************
       Table: emp
Create Table: CREATE TABLE `emp` (
  `id` int(11) DEFAULT NULL,
  `name` varchar(100) DEFAULT NULL,
  `gender` varchar(10) DEFAULT NULL,
  `birthday` date DEFAULT NULL,
  `salary` decimal(10,2) DEFAULT NULL,
  `entry_date` date DEFAULT NULL,
  `resume_text` varchar(200) DEFAULT NULL
) ENGINE = InnoDB DEFAULT CHARSET = utf8
1 row in set (0.01 sec)
```

由上述结果可知,salary、entry_date 和 resume_text 字段的默认值都是 NULL。另外,为指定列添加数据时,指定字段无须与数据表中定义的顺序一致,只要和 VALUES 中的值顺序一致即可。emp 表中的数据具体如表 3.7 所示。

表 3.7 emp 表中的数据

id	name	gender	birthday	salary	entry_date	resume_text
1	lilei	male	1991-05-10	4000.00	2013-06-10	none
2	lucy	female	1988-03-15	6000.00	2014-10-20	none
3	king	female	1993-06-15	7000.00	2014-07-10	none
0	2013	5000	1992-01-01	0.00	0000-00-00	4

续表

id	name	gender	birthday	salary	entry_date	resume_text
5	Mike	male	1997-09-18	6000.00	2020-09-10	none
6	mary	female	1995-07-10	NULL	NULL	NULL

接着演示指定的字段顺序与表定义的字段顺序不同时向 emp 插入数据，仍然只插入前 4 个字段的数据，具体如下所示。

```
mysql > INSERT INTO emp(
    -> birthday,gender,name,id
    -> ) VALUES(
    -> '1996 - 01 - 01','male','rin',7
    -> );
Query OK, 1 row affected (0.04 sec)
```

由上述结果可知，插入数据完成。为了进一步验证，使用 SELECT 语句查看 emp 表中的数据，具体如下所示。

```
mysql > SELECT * FROM emp;
+---+-----+------+-----------+-------+-----------+----------+
| id | name | gender | birthday   | salary | entry_date | resume_text |
+---+-----+------+-----------+-------+-----------+----------+
|  1 | lilei | male   | 1991 - 05 - 10 | 4000.00 | 2013 - 06 - 10 | none      |
|  2 | lucy  | female | 1988 - 03 - 15 | 6000.00 | 2014 - 10 - 20 | none      |
|  3 | king  | female | 1993 - 06 - 15 | 7000.00 | 2014 - 07 - 10 | none      |
|  0 | 2013  | 5000   | 1992 - 01 - 01 | 0.00    | 0000 - 00 - 00 | 4         |
|  5 | Mike  | male   | 1997 - 09 - 18 | 6000.00 | 2020 - 09 - 10 | none      |
|  6 | mary  | female | 1995 - 07 - 10 | NULL    | NULL           | NULL      |
|  7 | rin   | male   | 1996 - 01 - 01 | NULL    | NULL           | NULL      |
+---+-----+------+-----------+-------+-----------+----------+
6 rows in set (0.00 sec)
```

由上述结果可知，虽然指定字段的顺序和表定义的字段顺序不同，但指定字段的顺序和 VALUES 中的值对应，数据仍然插入成功。emp 表中的数据具体如表 3.8 所示。

表 3.8　emp 表中的数据

id	name	gender	birthday	salary	entry_date	resume_text
1	lilei	male	1991-05-10	4000.00	2013-06-10	none
2	lucy	female	1988-03-15	6000.00	2014-10-20	none
3	king	female	1993-06-15	7000.00	2014-07-10	none
0	2013	5000	1992-01-01	0.00	0000-00-00	4
5	Mike	male	1997-09-18	6000.00	2020-09-10	none
6	mary	female	1995-07-10	NULL	NULL	NULL
7	rin	male	1996-01-01	NULL	NULL	NULL

3.1.3　批量插入数据

在实际开发中，用户可能会遇到向相同数据表中插入多条记录的情况，如果用 INSERT 语句一条一条地插入数据，显然是相当麻烦的。为了提高工作效率，用户可以选择批量插入数据的方法。接下来讲解为所有列批量插入数据和为指定列批量插入数据。

1. 为所有列批量插入数据

事实上,使用一条 INSERT 语句就可以实现向数据库批量插入数据。与 3.1.2 节中插入一条数据类似,在批量插入时,语句中罗列多组 VALUES 对应的值即可,其语法格式如下。

```
INSERT INTO 表名[(字段名 1,字段名 2,……)]
VALUES(值 1,值 2,……),(值 1,值 2,……),……,(值 1,值 2,……);
```

其中,"字段名 1"和"字段名 2"表示数据表中的字段名称是可选的,"值 1"和"值 2"表示每个字段要添加的数据,每个值的顺序、类型必须与字段名对应。此处需要注意,每组数据要用括号括起来,每组括号用逗号间隔。

在讲解示例之前,首先在数据库 qf_test2 中创建一个教师表 teacher,如表 3.9 所示。

表 3.9 teacher 表

字　段	数据类型	说　明
id	INT	教师编号
name	VARCHAR(50)	教师姓名
age	INT	教师年龄

首先使用数据库 qf_test2。

```
mysql> USE qf_test2;
Database changed
```

然后创建数据表 teacher,具体如下所示。

```
mysql> CREATE TABLE teacher(
    ->     id INT,
    ->     name VARCHAR(50),
    ->     age INT
    ->);
Query OK, 0 rows affected (0.16 sec)
```

由上述结果可知,表被创建完成。为了验证表是否被创建,使用 DESC 语句查看库中的 teacher 表,具体如下所示。

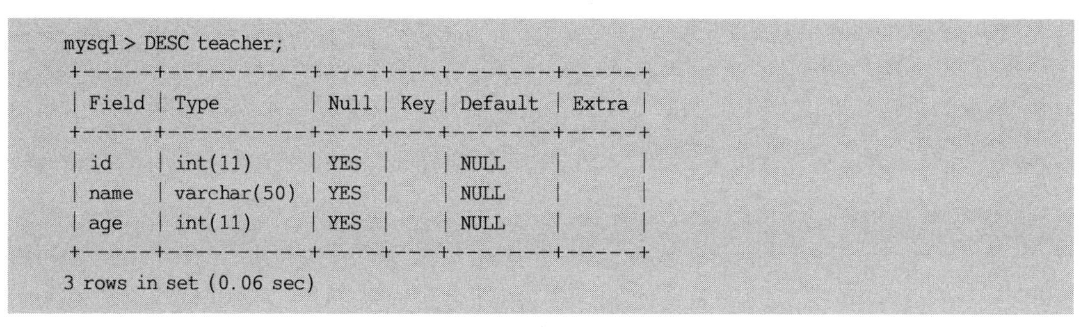

```
mysql> DESC teacher;
+-----+-----------+----+---+-------+-----+
| Field | Type        | Null | Key | Default | Extra |
+-----+-----------+----+---+-------+-----+
| id    | int(11)     | YES  |     | NULL    |       |
| name  | varchar(50) | YES  |     | NULL    |       |
| age   | int(11)     | YES  |     | NULL    |       |
+-----+-----------+----+---+-------+-----+
3 rows in set (0.06 sec)
```

由上述结果可知,teacher 表被成功创建。

下面通过具体示例演示如何为所有列批量插入数据,具体如例 3-5 所示。

【例 3-5】 通过 INSERT 语句为所有列批量插入数据。

```
mysql > INSERT INTO teacher(id,name,age)
    -> VALUES(1,'AA',20),(2,'BB',21);
Query OK, 2 rows affected (0.04 sec)
Records: 2 Duplicates: 0 Warnings: 0
```

由上述结果可知,插入数据完成,通过一条 SQL 语句在表中添加了两条数据。

此处需要注意,通过 INSERT 语句同时插入多条记录时,MySQL 在返回结果中插入了一些之前返回结果中没有的信息,这些字符串的意思如下所示。

(1) Records:表明插入了几条记录。

(2) Duplicates:表明插入时被忽略的记录,可能是由于这些记录包含了重复的主键值。

(3) Warnings:表明有问题的主键值,如发生数据类型转换。

为了验证例 3-5 中的数据是否被添加,使用 SELECT 语句查看 teacher 表中的数据,具体如下所示。

```
mysql > SELECT * FROM teacher;
+---+----+-----+
| id | name | age  |
+---+----+-----+
| 1  | AA   |  20  |
| 2  | BB   |  21  |
+---+----+-----+
2 rows in set (0.00 sec)
```

由上述结果可知,teacher 表中的数据批量插入成功。

teacher 表中的数据具体如表 3.10 所示。

表 3.10 teacher 表中的数据

id	name	age
1	AA	20
2	BB	21

另外,SQL 语句中的字段名是可以省略的,下面演示省略字段名的情况,具体如下所示。

```
mysql > INSERT INTO teacher
    -> VALUES(3,'CC',22),(4,'DD',23);
Query OK, 2 rows affected (0.03 sec)
Records: 2 Duplicates: 0 Warnings: 0
```

由上述结果可知,插入数据完成,在省略字段名的情况下,通过一条 SQL 语句插入了两条数据。为了验证数据是否被插入,使用 SELECT 语句查看 teacher 表中的数据,具体如下所示。

```
mysql > SELECT * FROM teacher;
+---+----+-----+
| id | name | age  |
+---+----+-----+
| 1  | AA   |  20  |
| 2  | BB   |  21  |
```

```
| 3  | CC   |  22  |
| 4  | DD   |  23  |
+---+----+-----+
4 rows in set (0.00 sec)
```

由上述结果可知，teacher 表中的数据批量插入成功。teacher 表中的数据具体如表 3.11 所示。

表 3.11 teacher 表中的数据

id	name	age	id	name	age
1	AA	20	3	CC	22
2	BB	21	4	DD	23

2. 为指定列批量插入数据

在数据批量插入时，同样可以指定某几列，其他列自动使用默认值，这与 3.1.2 节中为指定列插入一条数据类似。

下面通过具体示例演示如何为指定列批量插入数据，具体如例 3-6 所示。

【例 3-6】 向 teacher 表批量插入数据，且只插入前两列数据。

```
mysql > INSERT INTO teacher(id,name)
    -> VALUES(5,'EE'),(6,'FF');
Query OK, 2 rows affected (0.13 sec)
Records: 2 Duplicates: 0 Warnings: 0
```

由上述结果可知，插入数据完成，例 3-5 中只指定前两个字段，通过一条 SQL 语句插入了两条数据。为了验证数据是否被插入，使用 SELECT 语句查看 teacher 表中的数据，具体如下所示。

```
mysql > SELECT * FROM teacher;
+---+----+-----+
| id | name | age  |
+---+----+-----+
| 1  | AA   |  20  |
| 2  | BB   |  21  |
| 3  | CC   |  22  |
| 4  | DD   |  23  |
| 5  | EE   | NULL |
| 6  | FF   | NULL |
+---+----+-----+
6 rows in set (0.00 sec)
```

由上述结果可知，teacher 表中的数据批量插入成功，第 3 列使用的是默认值。teacher 表中的数据具体如表 3.12 所示。

表 3.12 teacher 表中的数据

id	name	age	id	name	age
1	AA	20	4	DD	23
2	BB	21	5	EE	NULL
3	CC	22	6	FF	NULL

3.2 更新数据

前面讲解了如何插入数据,在数据插入之后,如果想变更数据,则需要更新数据表中的数据。在 MySQL 中使用 UPDATE 语句可以更新表中的数据,其语法格式如下。

```
UPDATE 表名
SET 字段名 1 = 值 1 [,字段名 2 = 值 2, …… ]
[WHERE 条件表达式];
```

其中,“字段名”用于指定需要更新的字段名称,“值”用于表示字段更新的新数据。如果要更新多个字段的值,可以用逗号分隔多个字段和值。“WHERE 条件表达式”是可选的,用于指定更新数据需要满足的条件。

UPDATE 语句可以更新表中的部分数据或全部数据,下面对这两种情况详细讲解。

1. 更新全部数据

当 UPDATE 语句中不使用 WHERE 条件语句时,会将表中所有数据的指定字段全部更新。下面通过具体示例演示如何使用 UPDATE 语句更新全部数据,具体如例 3-7 所示。

【例 3-7】 将 teacher 表中的所有表示年龄的 age 字段更新为 30。

```
mysql > UPDATE teacher SET age = 30;
Query OK, 6 rows affected (0.04 sec)
Rows matched: 6 Changed: 6 Warnings: 0
```

由上述结果可知,执行完成后提示了“Changed: 6”,说明成功更新了 6 条数据。为了验证表中的数据是否被更新,使用 SELECT 语句查看 teacher 表中的数据,具体如下所示。

```
mysql > SELECT * FROM teacher;
+---+----+-----+
| id | name | age  |
+---+----+-----+
|  1 | AA  |  30  |
|  2 | BB  |  30  |
|  3 | CC  |  30  |
|  4 | DD  |  30  |
|  5 | EE  |  30  |
|  6 | FF  |  30  |
+---+----+-----+
6 rows in set (0.00 sec)
```

由上述结果可知,teacher 表中所有的 age 字段都更新为了 30,说明更新成功。teacher 表中的数据具体如表 3.13 所示。

表 3.13 teacher 表中的数据

id	name	age	id	name	age
1	AA	30	4	DD	30
2	BB	30	5	EE	30
3	CC	30	6	FF	30

2. 更新部分数据

在实际开发应用中，大多数需求是更新表中的部分数据，用户可以使用 UPDATE 语句修改基于 WHERE 子句的指定记录中的数据。

下面通过具体示例演示如何使用 UPDATE 语句更新部分数据，具体如例 3-8 所示。

【例 3-8】 将 emp 表中姓名为 lilei 的员工工资修改为 5000 元。

```
mysql> UPDATE emp SET salary = 5000 WHERE name = 'lilei';
Query OK, 1 row affected (0.03 sec)
Rows matched: 1 Changed: 1 Warnings: 0
```

由上述结果可知，执行完成后提示了"Changed:1"，说明成功更新了一条数据。为了验证表中数据是否被更新，使用 SELECT 语句查看 emp 表中的数据，具体如下所示。

```
mysql> SELECT * FROM emp;
+---+-----+------+-----------+-------+-----------+----------+
| id | name | gender | birthday    | salary  | entry_date   | resume_text |
+---+-----+------+-----------+-------+-----------+----------+
| 1  | lilei | male   | 1991-05-10 | 5000.00 | 2013-06-10 | none        |
| 2  | lucy  | female | 1988-03-15 | 6000.00 | 2014-10-20 | none        |
| 3  | king  | female | 1993-06-15 | 7000.00 | 2014-07-10 | none        |
| 0  | 2013  | 5000   | 1992-01-01 | 0.00    | 0000-00-00 | 4           |
| 5  | Mike  | male   | 1997-09-18 | 6000.00 | 2020-09-10 | none        |
| 6  | mary  | female | 1995-07-10 | NULL    | NULL       | NULL        |
| 7  | rin   | male   | 1996-01-01 | NULL    | NULL       | NULL        |
+---+-----+------+-----------+-------+-----------+----------+
6 rows in set (0.00 sec)
```

由上述结果可知，emp 表中姓名为 lilei 的员工工资被成功修改为 5000 元。emp 表中的数据具体如表 3.14 所示。

表 3.14 emp 表中的数据

id	name	gender	birthday	salary	entry_date	resume_text
1	lilei	male	1991-05-10	5000.00	2013-06-10	none
2	lucy	female	1988-03-15	6000.00	2014-10-20	none
3	king	female	1993-06-15	7000.00	2014-07-10	none
0	2013	5000	1992-01-01	0.00	0000-00-00	4
5	Mike	male	1997-09-18	6000.00	2020-09-10	none
6	mary	female	1995-07-10	NULL	NULL	NULL
7	rin	male	1996-01-01	NULL	NULL	NULL

接着将 emp 表中 id 为 2 的员工工资修改为 8000 元，将 resume_text 修改为 excellent。

```
mysql> UPDATE emp
    -> SET salary = 8000, resume_text = 'excellent'
    -> WHERE id = 2;
Query OK, 1 row affected (0.04 sec)
Rows matched: 1 Changed: 1 Warnings: 0
```

上述结果提示"Changed: 1"，说明成功更新了一条数据。为了验证表中数据是否被更新,使用 SELECT 语句查看 emp 表中的数据,具体如下所示。

```
mysql > SELECT * FROM emp;
+---+-----+-------+-----------+--------+-----------+----------+
| id | name | gender | birthday    | salary  | entry_date   | resume_text |
+---+-----+-------+-----------+--------+-----------+----------+
| 1 | lilei | male   | 1991 - 05 - 10 | 5000.00 | 2013 - 06 - 10 | none        |
| 2 | lucy  | female | 1988 - 03 - 15 | 8000.00 | 2014 - 10 - 20 | excellent   |
| 3 | king  | female | 1993 - 06 - 15 | 7000.00 | 2014 - 07 - 10 | none        |
| 0 | 2013  | 5000   | 1992 - 01 - 01 | 0.00    | 0000 - 00 - 00 | 4           |
| 5 | Mike  | male   | 1997 - 09 - 18 | 6000.00 | 2020 - 09 - 10 | none        |
| 5 | mary  | female | 1995 - 07 - 10 | NULL    | NULL           | NULL        |
| 7 | rin   | male   | 1996 - 01 - 01 | NULL    | NULL           | NULL        |
+---+-----+-------+-----------+--------+-----------+----------+
6 rows in set (0.00 sec)
```

由上述结果可知,emp 表中 id 为 2 的员工工资被成功修改为 8000,resume_text 被成功修改为 excellent。emp 表中的数据具体如表 3.15 所示。

表 3.15　emp 表中的数据

id	name	gender	birthday	salary	entry_date	resume_text
1	lilei	male	1991-05-10	5000.00	2013-06-10	none
2	lucy	female	1988-03-15	8000.00	2014-10-20	excellent
3	king	female	1993-06-15	7000.00	2014-07-10	none
0	2013	5000	1992-01-01	0.00	0000-00-00	4
5	Mike	male	1997-09-18	6000.00	2020-09-10	none
6	mary	female	1995-07-10	NULL	NULL	NULL
7	rin	male	1996-01-01	NULL	NULL	NULL

接着将 emp 表中所有女性的工资在原有基础上增加 1000 元,具体如下所示。

```
mysql > UPDATE emp
    -> SET salary = salary + 1000
    -> WHERE gender = 'female';
Query OK, 2 rows affected (0.07 sec)
Rows matched: 2 Changed: 2 Warnings: 0
```

上述结果提示"Changed: 2",说明成功更新了两条数据。为了验证表中数据是否被更新,使用 SELECT 语句查看 emp 表中的数据,具体如下所示。

```
mysql > SELECT * FROM emp;
+---+-----+-------+-----------+--------+-----------+----------+
| id | name | gender | birthday    | salary  | entry_date   | resume_text |
+---+-----+-------+-----------+--------+-----------+----------+
| 1 | lilei | male   | 1991 - 05 - 10 | 5000.00 | 2013 - 06 - 10 | none        |
| 2 | lucy  | female | 1988 - 03 - 15 | 9000.00 | 2014 - 10 - 20 | excellent   |
| 3 | king  | female | 1993 - 06 - 15 | 8000.00 | 2014 - 07 - 10 | none        |
| 0 | 2013  | 5000   | 1992 - 01 - 01 | 0.00    | 0000 - 00 - 00 | 4           |
| 5 | Mike  | male   | 1997 - 09 - 18 | 6000.00 | 2020 - 09 - 10 | none        |
| 5 | mary  | male   | 1995 - 07 - 10 | NULL    | NULL           | NULL        |
| 7 | rin   | male   | 1996 - 01 - 01 | NULL    | NULL           | NULL        |
+---+-----+-------+-----------+--------+-----------+----------+
6 rows in set (0.00 sec)
```

由上述结果可知，emp 表中所有 gender 字段值为 female 的员工的工资增加了 1000 元。emp 表中的数据具体如表 3.16 所示。

表 3.16　emp 表中的数据

id	name	gender	birthday	salary	entry_date	resume_text
1	lilei	male	1991-05-10	5000.00	2013-06-10	none
2	lucy	female	1988-03-15	9000.00	2014-10-20	excellent
3	king	female	1993-06-15	8000.00	2014-07-10	none
0	2013	5000	1992-01-01	0.00	0000-00-00	4
5	Mike	male	1997-09-18	6000.00	2020-09-10	none
6	mary	female	1995-07-10	NULL	NULL	NULL
7	rin	male	1996-01-01	NULL	NULL	NULL

3.3　删除数据

删除数据也是数据库的常见操作，如对于前面的员工表 emp，如果员工离职，那么需要从 emp 表中将离职的员工信息删除。本节将详细讲解如何在数据库中删除数据。

3.3.1　使用 DELETE 删除数据

DELETE 语句可能是 SQL 支持的所有数据修改语句中最简单的语句，使用 DELETE 语句删除表中的数据的语法格式如下。

```
DELETE FROM 表名 [WHERE 条件表达式];
```

其中，WHERE 条件语句是可选的，用于指定删除满足条件的数据。通过 DELETE 语句可以实现删除全部数据或删除部分数据，下面分别针对这两种情况进行详细地讲解。

1. 删除全部数据

当 DELETE 语句中不使用 WHERE 条件语句时，表中的所有数据将会被删除，具体如例 3-9 所示。

【例 3-9】 将 teacher 表中的所有数据都删除。

```
mysql > DELETE FROM teacher;
Query OK, 6 rows affected (0.03 sec)
```

由上述结果可知，数据删除完成。为了验证表中数据是否被删除，使用 SELECT 语句查看 teacher 表中的数据，具体如下所示。

```
mysql > SELECT * FROM teacher;
Empty set (0.00 sec)
```

由上述结果可知，teacher 表中数据为空，说明数据删除成功。

2. 删除部分数据

前面讲解了删除全部数据的方法，但在实际开发中的大多数需求是删除表中的部分数据，使用 WHERE 子句可以指定删除数据的条件，具体如例 3-10 所示。

【例 3-10】 将 emp 表中姓名为 rin 的员工记录删除。

```
mysql > DELETE FROM emp WHERE name = 'rin';
Query OK, 1 row affected (0.03 sec)
```

由上述结果可知,数据删除完成。为了验证数据是否被删除,使用 SELECT 语句查看 emp 表中的数据,具体如下所示。

```
mysql > SELECT * FROM emp;
+---+-----+------+-----------+-------+-----------+----------+
| id | name | gender | birthday   | salary  | entry_date  | resume_text |
+---+-----+------+-----------+-------+-----------+----------+
| 1  | lilei | male   | 1991-05-10 | 5000.00 | 2013-06-10 | none        |
| 2  | lucy  | female | 1988-03-15 | 9000.00 | 2014-10-20 | excellent   |
| 3  | king  | female | 1993-06-15 | 8000.00 | 2014-07-10 | none        |
| 0  | 2013  | 5000   | 1992-01-01 | 0.00    | 0000-00-00 | 4           |
| 5  | Mike  | male   | 1997-09-18 | 6000.00 | 2020-09-10 | none        |
| 6  | mary  | male   | 1995-07-10 | NULL    | NULL       | NULL        |
+---+-----+------+-----------+-------+-----------+----------+
5 rows in set (0.00 sec)
```

由上述结果可知,emp 表中姓名为 rin 的员工记录已经删除。

接着将 emp 表中工资小于 8500 的女员工删除,具体如下所示。

```
mysql > DELETE FROM emp
    -> WHERE gender = 'female' AND salary < 8500;
Query OK, 1 row affected (0.07 sec)
```

由上述结果可知,数据删除完成。为了验证数据是否被删除,使用 SELECT 语句查看 emp 表中的数据,具体如下所示。

```
mysql > SELECT * FROM emp;
+---+-----+------+-----------+-------+-----------+----------+
| id | name | gender | birthday   | salary  | entry_date  | resume_text |
+---+-----+------+-----------+-------+-----------+----------+
| 1  | lilei | male   | 1991-05-10 | 5000.00 | 2013-06-10 | none        |
| 2  | lucy  | female | 1988-03-15 | 9000.00 | 2014-10-20 | excellent   |
| 0  | 2013  | 5000   | 1992-01-01 | 0.00    | 0000-00-00 | 4           |
| 5  | Mike  | male   | 1997-09-18 | 6000.00 | 2020-09-10 | none        |
| 6  | mary  | male   | 1995-07-10 | NULL    | NULL       | NULL        |
+---+-----+------+-----------+-------+-----------+----------+
4 rows in set (0.00 sec)
```

由上述结果可知,emp 表中工资低于 8500 元的女员工记录已经被删除。

3.3.2 使用 TRUNCATE 删除数据

在 MySQL 中还可以用 TRUNCATE 语句删除表中的所有数据。TRUNCATE 是一个能够快速清空资料表内所有资料的 SQL 语法,能针对具有自动递增值的字段做计数重置归零并重新计算的作用。TRUNCATE 语句的语法格式如下。

```
TRUNCATE [TABLE] 表名;
```

如上所示的语法非常简单，TRUNCATE TABLE 在功能上与不带 WHERE 子句的 DELETE 语句相同，二者均删除表中的全部行。但 TRUNCATE TABLE 比 DELETE 速度快，且使用的系统和事务日志资源少。

接着通过具体示例演示如何使用 TRUNCATE 语句，具体如例 3-11 所示。

【例 3-11】 使用 TRUNCATE 语句将 emp 表中所有数据删除。

```
mysql > TRUNCATE TABLE emp;
Query OK, 0 rows affected (0.18 sec)
```

由上述结果可知，所有数据删除完成。为了验证数据是否被删除，使用 SELECT 语句查看 emp 表中的数据，具体如下所示。

```
mysql > SELECT * FROM emp;
Empty set (0.00 sec)
```

由上述结果可知，emp 表中全部数据被成功删除。

TRUNCATE 语句和 DELETE 语句都能实现删除表中的所有数据，但两者有一定的区别，它们的区别如下。

(1) TRUNCATE 语句是 DDL 语句，而 DELETE 语句是 DML 语句。

(2) TRUNCATE 语句只能作用于表，DELETE、DROP 语句可作用于表、视图等。

(3) TRUNCATE 语句用于删除表中所有的数据，而 DELETE 语句后面一般跟 WHERE 子句指定条件，用于删除部分数据。

(4) 使用 TRUNCATE 语句删除表中的数据后，再次向表中添加记录时，自增的字段默认值重置为 1；而使用 DELETE 语句删除表中的数据后，再次向表中添加记录时，自增的字段值为删除时该字段的最大值加 1。

MYSQL 中 TRUNCATE 和 DELETE 的区别如表 3.17 所示。

表 3.17 TRUNCATE 和 DELETE 的区别

	TRUNCATE	DELETE
条件删除	不支持	支持
事务回滚	不支持	支持
清理速度	快	慢
高水位重置	是	否

此处需要注意，当用户不再需要某个数据表时，用 DROP 语句；当用户仍要保留某个数据表，但要删除所有记录时，用 TRUNCATE 语句；当用户要删除部分记录时，用 DELETE 语句。

3.4 本章小结

本章主要针对如何操作数据表中的数据进行讲解，讲解了插入数据、更新数据和删除数据。希望读者掌握 MySQL 数据表中数据的基本操作，不要死记硬背，而应该多练习，在实践中快速掌握所学知识。

3.5 习　　题

1. 填空题

(1) 向数据表中插入数据有多种方式,包括为所有列插入数据、为指定列插入数据、________等。

(2) 在通常情况下,向数据表中插入数据应包括表中________。

(3) 在使用 INSERT 语句为所有列插入数据时,也可以不指定________。

(4) 使用________语句可以实现数据的批量插入。

(5) 在 MySQL 中可以使用________语句删除表中数据。

2. 思考题

(1) 简述如何为所有列插入数据。

(2) 简述如何为指定列插入数据。

(3) 简述如何批量插入数据。

(4) 简述如何更新指定列的数据。

(5) 简述 DELETE 和 TRUNCATE 的区别。

3.6 实验:电影心愿表的操作

1. 实验目的及要求

掌握使用 SQL 语句插入数据、修改数据、删除数据的操作。

2. 实验要求

(1) 在 mytest 数据库中创建一张电影心愿表(MovieWishTable)。

(2) 表中包括 4 个字段,分别为电影编号(id)、电影名(movie)、观看状态(status,1 表示已观看,0 表示未观看)、评分(score,1～10 分,0 表示未观看),表结构如表 3.18 所示。

表 3.18 电影心愿表结构

字　段	数据类型	说　明
id	INT	电影编号
movie	VARCHAR(100)	电影名
status	INT(1)	观看状态,1 表示已观看,0 表示未观看
score	FlOAT(2)	评分

(3) 为电影心愿表插入 6 条数据,如表 3.19 所示。

表 3.19 电影心愿表数据信息

电影编号(id)	电影名(movie)	观看状态(status)	评分(score)
1	《放牛班的春天》	1	8.5
2	《当幸福来敲门》	0	0
3	《肖申克的救赎》	0	0

续表

电影编号(id)	电影名(movie)	观看状态(status)	评分(score)
4	《我和我的祖国》	1	9.6
5	《建党伟业》	1	9.2
6	《战狼 2》	1	8.5

(4) 将编号等于 2 的观看状态更新为 1,评分为 8.0。

(5) 删除编号等于 6 的电影心愿表信息。(DELETE、TRUNCATE)

3. 实验步骤

(1) 选择数据库。

若 mytest 数据库不存在,则创建 mytest 数据库,具体如下所示。

```
mysql > create database mytest;
Query OK, 1 row affected
```

若 mytest 数据库存在,则选择 mytest 数据库,具体如下所示。

```
mysql > use mytest;
Database changed
```

(2) 创建电影心愿表。

创建电影心愿表 MovieWishTable,具体操作如下所示。

```
mysql > create table MovieWishTable(id int,movie varchar(50),status int(1),score float(2));
Query OK, 0 rows affected
```

查看该表的表结构,具体如下所示。

```
mysql > desc MovieWishTable;
+-------+-------------+------+-----+---------+-------+
| Field  | Type         | Null | Key | Default | Extra |
+-------+-------------+------+-----+---------+-------+
| id     | int(11)      | YES  |     | NULL    |       |
| movie  | varchar(50)  | YES  |     | NULL    |       |
| status | int(1)       | YES  |     | NULL    |       |
| score  | float        | YES  |     | NULL    |       |
+-------+-------------+------+-----+---------+-------+
4 rows in set
```

(3) 插入数据。

根据实验需求向 MovieWishTable 表中插入 6 条数据,具体如下所示。

```
mysql > insert into MovieWishTable values
    -> (1,'«放牛班的春天»',1,8.5),
    -> (2,'«当幸福来敲门»',0,0),
    -> (3,'«肖申克的救赎»',0,0),
    -> (4,'«我和我的祖国»',1,9.6),
    -> (5,'«建党伟业»',1,9.2),
    -> (6,'«战狼 2»',1,8.5);
Query OK, 6 rows affected
Records: 6 Duplicates: 0 Warnings: 0
```

由上述结果可知,数据插入完成。使用 SELECT 语句验证表中数据,具体如下所示。

```
mysql > select * from MovieWishTable;
+---+--------------+------+-----+
| id | movie          | status | score |
+---+--------------+------+-----+
| 1 | «放牛班的春天» |   1   |  8.5 |
| 2 | «当幸福来敲门» |   0   |    0 |
| 3 | «肖申克的救赎» |   0   |    0 |
| 4 | «我和我的祖国» |   1   |  9.6 |
| 5 | «建党伟业»     |   1   |  9.2 |
| 6 | «战狼 2»       |   1   |  8.5 |
+---+--------------+------+-----+
6 rows in set
```

(4) 修改数据。

将编号等于 2 的电影观看状态更新为 1,评分设置为 8.0,具体如下所示。

```
mysql > update MovieWishTable set status = 1,score = 8.0
 where id = 2;
Query OK, 1 row affected
Rows matched: 1 Changed: 1 Warnings: 0
```

由上述结果可知,数据修改完成。使用 SELECT 语句验证 id=2 的信息,具体如下所示。

```
mysql > select * from MovieWishTable where id = 2;
+---+-------------+------+-----+
| id | movie         | status | score |
+---+-------------+------+-----+
| 2 | «当幸福来敲门» |   1   |    8 |
+---+-------------+------+-----+
```

(5) 删除数据。

此处使用 DELETE 语句删除编号等于 6 的电影心愿单信息,具体如下所示。

```
mysql > delete from MovieWishTable where id = 6;
Query OK, 1 row affected
```

由上述结果可知,数据删除完成,读者也可使用 TRUNCATE 语句进行删除数据。使用 SELECT 语句查看表中所有数据,具体如下所示。

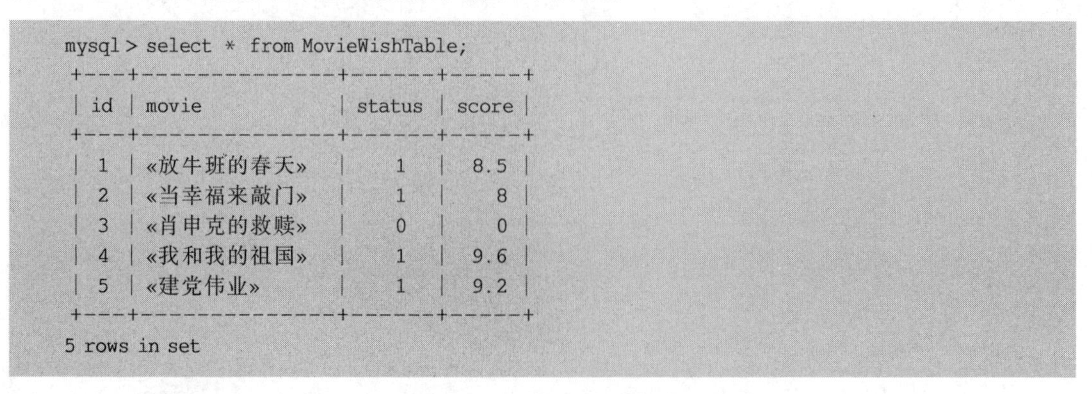

```
mysql > select * from MovieWishTable;
+---+--------------+------+-----+
| id | movie          | status | score |
+---+--------------+------+-----+
| 1 | «放牛班的春天» |   1   |  8.5 |
| 2 | «当幸福来敲门» |   1   |    8 |
| 3 | «肖申克的救赎» |   0   |    0 |
| 4 | «我和我的祖国» |   1   |  9.6 |
| 5 | «建党伟业»     |   1   |  9.2 |
+---+--------------+------+-----+
5 rows in set
```

第4章 单表查询

本章学习目标

- 熟练掌握基础查询；
- 熟练掌握条件查询；
- 掌握高级查询。

查询是使用 SQL 命令对数据库里的数据进行提取查看。在数据库创建完成后，SQL 命令中最常用的语句就是 SELECT 语句，用于查看数据库里保存的数据，如查看各种报表、查询账单、搜索商品等，这些都是查询操作。查询又分为单表查询和多表查询，本章将详细讲解单表查询的相关内容。

4.1 基础查询

基础查询是使用 SELECT 语句对数据库中的数据进行查询。SELECT 语句代表了 SQL 里的数据查询语言(DQL)，是数据库查询的基本语句。本节将讲解使用 SELECT 语句查询所有字段和查询指定字段的方法。

4.1.1 创建数据表和表结构的说明

在讲解查询前，首先创建 3 张数据表并插入数据(学生表 stu、员工表 emp 和部门表 dept)用于后面的例题演示，其中学生表 stu 如表 4.1 所示。

表 4.1 stu 表

字段	字段类型	说明
sid	CHAR(6)	学生学号
sname	VARCHAR(50)	学生姓名
age	TINYINT	学生年龄
gender	VARCHAR(50)	学生性别

在表 4.1 中列出了学生表的字段、字段类型和说明。创建学生表的 SQL 语句如下所示。

```
CREATE TABLE stu (
sid CHAR(6) COMMENT '学生学号',
sname VARCHAR(50) COMMENT '学生姓名',
age TINYINT UNSIGNED COMMENT '学生年龄',
gender VARCHAR(50) COMMENT '学生性别'
);
```

在创建完成学生表之后向表中插入数据,SQL 语句如下所示。

```
INSERT INTO stu VALUES('S_1001', 'liuYi', 25, 'male');
INSERT INTO stu VALUES('S_1002', 'chenEr', 19, 'female');
INSERT INTO stu VALUES('S_1003', 'zhangSan', 20, 'male');
INSERT INTO stu VALUES('S_1004', 'liSi', 18, 'female');
INSERT INTO stu VALUES('S_1005', 'wangWu', 21, 'male');
INSERT INTO stu VALUES('S_1006', 'zhaoLiu', 22, 'female');
INSERT INTO stu VALUES('S_1007', 'sunQi', 23, 'male');
INSERT INTO stu VALUES('S_1008', 'zhouBa', 24, 'female');
INSERT INTO stu VALUES('S_1009', 'wuJiu', 25, 'male');
INSERT INTO stu VALUES('S_1010', 'zhengShi', 20, 'female');
INSERT INTO stu VALUES('S_1011', 'xxx', NULL, NULL);
```

接着创建员工表 emp,表结构如表 4.2 所示。

表 4.2 emp 表

字 段	字 段 类 型	说 明
empno	INT	员工编号
ename	VARCHAR(50)	员工姓名
job	VARCHAR(50)	员工工作
mgr	INT	领导编号
hiredate	DATE	入职日期
sal	DECIMAL(7,2)	月薪
comm	DECIMAL(7,2)	奖金
deptno	INT	部门编号

在表 4.2 中列出了员工表的字段、字段类型和说明。创建员工表的 SQL 语句如下所示。

```
CREATE TABLE emp(
empno INT COMMENT '员工编号',
ename VARCHAR(50) COMMENT '员工姓名',
job VARCHAR(50) COMMENT '员工工作',
mgr INT COMMENT '领导编号',
hiredate DATE COMMENT '入职日期',
sal DECIMAL(7,2) COMMENT '月薪',
comm decimal(7,2) COMMENT '奖金',
deptno INT COMMENT '部门编号'
);
```

在创建完成员工表之后向表中插入数据。SQL 语句如下所示。

```
INSERT INTO emp values
(7369,'SMITH','CLERK',7902,'1980 - 12 - 17',800,NULL,20);
INSERT INTO emp values
(7499,'ALLEN','SALESMAN',7698,'1981 - 02 - 20',1600,300,30);
INSERT INTO emp values
(7521,'WARD','SALESMAN',7698,'1981 - 02 - 22',1250,500,30);
INSERT INTO emp values
```

```
(7566,'JONES','MANAGER',7839,'1981-04-02',2975,NULL,20);
INSERT INTO emp values
(7654,'MARTIN','SALESMAN',7698,'1981-09-28',1250,1400,30);
INSERT INTO emp values
(7698,'BLAKE','MANAGER',7839,'1981-05-01',2850,NULL,30);
INSERT INTO emp values
(7782,'CLARK','MANAGER',7839,'1981-06-09',2450,NULL,10);
INSERT INTO emp values
(7788,'SCOTT','ANALYST',7566,'1987-04-19',3000,NULL,20);
INSERT INTO emp values
(7839,'KING','PRESIDENT',NULL,'1981-11-17',5000,NULL,10);
INSERT INTO emp values
(7844,'TURNER','SALESMAN',7698,'1981-09-08',1500,0,30);
INSERT INTO emp values
(7876,'ADAMS','CLERK',7788,'1987-05-23',1100,NULL,20);
INSERT INTO emp values
(7900,'JAMES','CLERK',7698,'1981-12-03',950,NULL,30);
INSERT INTO emp values
(7902,'FORD','ANALYST',7566,'1981-12-03',3000,NULL,20);
INSERT INTO emp values
(7934,'MILLER','CLERK',7782,'1982-01-23',1300,NULL,10);
```

最后创建部门表 dept，表结构如表 4.3 所示。

表 4.3 dept 表

字 段	字段类型	说 明
deptno	INT	部门编码
dname	VARCHAR(50)	部门名称
loc	VARCHAR(50)	部门所在地点

在表 4.3 中列出了部门表的字段、字段类型和说明。创建部门表的 SQL 语句如下所示。

```
CREATE TABLE dept(
deptno INT COMMENT '部门编码',
dname varchar(14) COMMENT '部门名称',
loc varchar(13) COMMENT '部门所在地点'
);
```

在创建完成部门表之后向表中插入数据，SQL 语句如下所示。

```
INSERT INTO dept values(10, 'ACCOUNTING', 'NEW YORK');
INSERT INTO dept values(20, 'RESEARCH', 'DALLAS');
INSERT INTO dept values(30, 'SALES', 'CHICAGO');
INSERT INTO dept values(40, 'OPERATIONS', 'BOSTON');
```

至此，3 张表创建完成，本章后面的演示例题会用到这 3 张表。

4.1.2 查询所有字段

查询所有字段就是查询表中的所有数据，在 MySQL 中使用 SELECT 语句查询表中的数据,其语法格式如下。

```
SELECT 字段名 1,字段名 2, ……,字段名 n FROM 表名;
```


其中,"字段名"表示表中的字段名,"表名"表示查询数据的表名称。SELECT 语句的作用是生成一个临时表,该临时表又被称为结果集。如果忘记了字段名称,用户可以使用 DESC 命令查看表的结构以找到所有字段名。

接着通过具体示例演示如何查询所有字段,如例 4-1 所示。

【例 4-1】 查询 stu 表中的所有数据。

```
mysql > SELECT sid, sname, age, gender FROM stu;
+------+--------+----+------+
| sid    | sname    | age | gender |
+------+--------+----+------+
| S_1001 | liuYi     |  25 | male   |
| S_1002 | chenEr    |  19 | female |
| S_1003 | zhangSan  |  20 | male   |
| S_1004 | liSi      |  18 | female |
| S_1005 | wangWu    |  21 | male   |
| S_1006 | zhaoLiu   |  22 | female |
| S_1007 | sunQi     |  23 | male   |
| S_1008 | zhouBa    |  24 | female |
| S_1009 | wuJiu     |  25 | male   |
| S_1010 | zhengShi  |  20 | female |
| S_1011 | xxx       | NULL | NULL  |
+------+--------+----+------+
11 rows in set (0.00 sec)
```

由上述结果可知,stu 表中的全部数据都被查询并显示出来。如果在查询时指定的字段顺序与数据表中的字段顺序不一致,那么查询出来的结果集会按照指定字段的顺序显示。

例 4-1 讲解了查询表中所有数据的方法,stu 表中共有 4 个字段,如果表中有更多的字段,用这种方式来查询明显比较繁琐,要指定很多个字段,出错的几率也比较大。为此,MySQL 中提供了通配符"*",该通配符可以代替所有的字段名,便于书写 SQL 语句,语法格式如下。

```
SELECT * FROM 表名;
```

其中,通配符"*"代替了所有的字段名。

下面通过具体示例演示通配符的使用方法,如例 4-2 所示。

【例 4-2】 利用通配符"*"查询 stu 表中的所有数据。

```
mysql > SELECT * FROM stu;
+------+--------+----+------+
| sid    | sname    | age | gender |
+------+--------+----+------+
| S_1001 | liuYi     |  25 | male   |
| S_1002 | chenEr    |  19 | female |
| S_1003 | zhangSan  |  20 | male   |
```

```
| S_1004 | liSi     |   18 | female |
| S_1005 | wangWu   |   21 | male   |
| S_1006 | zhaoLiu  |   22 | female |
| S_1007 | sunQi    |   23 | male   |
| S_1008 | zhouBa   |   24 | female |
| S_1009 | wuJiu    |   25 | male   |
| S_1010 | zhengShi |   20 | female |
| S_1011 | xxx      | NULL | NULL   |
+--------+----------+------+--------+
11 rows in set (0.00 sec)
```

由上述结果可知,使用通配符“ * ”同样可以查出表中所有数据,字段顺序按照定义表时的字段顺序显示。

4.1.3 查询指定字段

使用 SELECT 声明指定字段,根据指定的字段查询表中的部分数据,其语法格式如下。

```
SELECT 字段名 1,字段名 2,…… FROM 表名;
```

其中,“字段名 1”“字段名 2”等表示指定的字段名,即需要查询的表中字段。

接着通过具体示例演示如何查询指定字段,如例 4-3 所示。

【例 4-3】 查询 stu 表中所有的 sid 和 sname。

```
mysql > SELECT sid, sname FROM stu;
+--------+----------+
| sid    | sname    |
+--------+----------+
| S_1001 | liuYi    |
| S_1002 | chenEr   |
| S_1003 | zhangSan |
| S_1004 | liSi     |
| S_1005 | wangWu   |
| S_1006 | zhaoLiu  |
| S_1007 | sunQi    |
| S_1008 | zhouBa   |
| S_1009 | wuJiu    |
| S_1010 | zhengShi |
| S_1011 | xxx      |
+--------+----------+
11 rows in set (0.00 sec)
```

由上述结果可知,在查询出的结果集中只有 sid 和 sname 两个字段,说明指定字段查询成功。

4.2 条件查询

在实际的业务场景中,经常要根据业务条件筛选出目标数据,这个过程又称为数据查询的过滤。过滤时所需要的各种条件是获取目标数据的必要步骤,如在某个年龄段的学生、在某个部门的员工等,下面将详细讲解条件查询。

4.2.1 带关系运算符的查询

数据库中包含大量的数据,根据查询要求,用户可以在 SELECT 语句中使用 WHERE 子句指定查询条件,从而查询出筛选后的数据,其语法格式如下。

```
SELECT 字段名 1,字段名 2,…… FROM 表名
WHERE 条件表达式;
```

其中,"字段名 1""字段名 2"等表示需要查询的字段名称,"WHERE 条件表达式"表示过滤筛选数据的条件。MySQL 提供了一系列关系运算符,这些关系运算符可以作为条件表达式过滤数据,常见的关系运算符如表 4.4 所示。

表 4.4 关系运算符

关系运算符	含 义	关系运算符	含 义
=	等于	<=	小于或等于
!=或者<>	不等于	>	大于
<	小于	>=	大于或等于

在表 4.4 中列出了常见的关系运算符,需要注意的是"!="和"<>"都表示不等于,但个别数据库不支持"!=",因此建议使用"<>"。

下面通过具体示例演示带关系运算符的查询,如例 4-4 所示。

【例 4-4】 查询性别为女的所有学生的信息。

```
mysql > SELECT * FROM stu
    -> WHERE gender = 'female';
+------+--------+----+------+
| sid    | sname    | age  | gender |
+------+--------+----+------+
| S_1002 | chenEr   |  19 | female |
| S_1004 | liSi     |  18 | female |
| S_1006 | zhaoLiu  |  22 | female |
| S_1008 | zhouBa   |  24 | female |
| S_1010 | zhengShi |  20 | female |
+------+--------+----+------+
5 rows in set (0.02 sec)
```

由上述结果可知,查询结果是所有女学生的信息。此处需要注意,gender 字段为字符串类型,需要使用单引号。

接着查询 sid 为 S_1008 的学生姓名,具体如下所示。

```
mysql > SELECT sname FROM stu
    -> WHERE sid = 'S_1008';
+------+
| sname  |
+------+
| zhouBa |
+------+
1 row in set (0.00 sec)
```

由上述结果可知，sid 为 S_1008 的学生姓名为 zhouBa，这应用到了前面学习的查询指定字段的方法。

接着查询年龄大于或等于 21 岁的学生的信息，具体如下所示。

```
mysql> SELECT * FROM stu
    -> WHERE age>=21;
+------+--------+----+------+
| sid    | sname    | age | gender |
+------+--------+----+------+
| S_1001 | liuYi    | 25  | male   |
| S_1005 | wangWu   | 21  | male   |
| S_1006 | zhaoLiu  | 22  | female |
| S_1007 | sunQi    | 23  | male   |
| S_1008 | zhouBa   | 24  | female |
| S_1009 | wuJiu    | 25  | male   |
+------+--------+----+------+
6 rows in set (0.00 sec)
```

由上述结果可知，查询结果中的 6 名学生为年龄大于或等于 21 岁的学生。此处需要注意，age 字段为整数类型，不需要单引号。

4.2.2 带 AND 关键字的查询

当需要多个条件进行数据过滤时，在 MySQL 中可以使用 AND 关键字连接查询条件，其语法格式如下。

```
SELECT 字段名 1,字段名 2,…… FROM 表名
WHERE 条件表达式 1 AND 条件表达式 2 ……;
```

其中，“字段名 1”“字段名 2”等表示需要查询的字段名称，在 WHERE 子句中可以写多个条件表达式，表达式之间用 AND 连接。

下面通过具体示例演示带 AND 关键字的查询，如例 4-5 所示。

【例 4-5】 查询年龄大于 20 岁的男学生的信息。

```
mysql> SELECT * FROM stu
    -> WHERE age>20 AND gender='male';
+------+--------+----+------+
| sid    | sname    | age | gender |
+------+--------+----+------+
| S_1001 | liuYi    | 25  | male   |
| S_1005 | wangWu   | 21  | male   |
| S_1007 | sunQi    | 23  | male   |
| S_1009 | wuJiu    | 25  | male   |
+--------+--------+------+--------+
4 rows in set (0.02 sec)
```

由上述结果可知，查询结果中的 4 名学生的年龄大于 20 岁且都为男学生。

接着查询 sid 不等于 S_1007 且年龄大于或等于 20 岁的男学生的姓名，具体如下所示。

```
mysql > SELECT sname FROM stu
    -> WHERE sid <>'S_1007' AND age > = 20 AND gender = 'male';
+---------+
| sname    |
+---------+
| liuYi    |
| zhangSan |
| wangWu   |
| wuJiu    |
+---------+
4 rows in set (0.00 sec)
```

由上述结果可知，查询出同时满足 3 个条件的学生姓名。由此可以看出，多个查询条件只需要多个 AND 连接即可。

4.2.3 带 OR 关键字的查询

4.2.2 节讲解了使用 AND 关键字连接多个查询条件，在过滤时要满足所有查询条件。MySQL 还提供了 OR 关键字，使用 OR 关键字也可以连接多个查询条件，但是在过滤时只要满足任意一个查询条件即可，其语法格式如下。

```
SELECT 字段 1 名,字段名 2, …… FROM 表名
WHERE 条件表达式 1 OR 条件表达式 2 ……;
```

其中，“字段名 1”“字段名 2”等表示需要查询的字段名称，在“WHERE 条件表达式”之间用 OR 连接。

下面通过具体示例演示带 OR 关键字的查询，如例 4-6 所示。

【例 4-6】 查询学号为 S_1002 或姓名为 sunQi 的学生信息。

```
mysql > SELECT * FROM stu
    -> WHERE sid = 'S_1002' OR sname = 'sunQi';
+-------+-------+----+------+
| sid    | sname  | age | gender |
+-------+-------+----+------+
| S_1002 | chenEr |  19 | female |
| S_1007 | sunQi  |  23 | male   |
+-------+-------+----+------+
2 rows in set (0.00 sec)
```

由上述结果可知，共查询出两条学生信息，一条 sid 为 S_1002 的记录，另一条 sname 为 sunQi 的记录。

接着查询学号为 S_1005 或姓名为 zhaoLiu 并且年龄小于 24 岁的学生信息，具体如下所示。

```
mysql > SELECT * FROM stu
    -> WHERE (sid = 'S_1005' OR sname = 'zhaoLiu') AND age < 24;
```

```
+-------+--------+----+------+
| sid   | sname  | age | gender |
+-------+--------+----+------+
| S_1005 | wangWu  |  21 | male   |
| S_1006 | zhaoLiu |  22 | female |
+-------+--------+----+------+
2 rows in set (0.00 sec)
```

由上述结果可知,共有两条学生记录满足该条件,这是 OR 与 AND 结合使用的结果。

4.2.4 带 IN 或 NOT IN 关键字的查询

MySQL 提供了 IN 或 NOT IN 关键字来查询满足指定范围内的条件的数据,将所有查询的条件用括号括起来,查询条件之间用逗号隔开,只要满足其中一个条件即为匹配项,其语法格式如下。

```
SELECT 字段名 1,字段名 2,…… FROM 表名
WHERE 字段名 [NOT] IN(元素 1,元素 2,……);
```

其中,"字段名 1""字段名 2"等表示需要查询的字段名称;WHERE 子句中"字段名"表示需要过滤的字段;NOT 是可选的,表示不在集合范围中;"元素 1""元素 2"等是集合中的元素。

接着通过具体示例演示带 IN 或 NOT IN 关键字的查询,如例 4-7 所示。

【例 4-7】 查询学号为 S_1001、S_1002 和 S_1003 的学生信息。

```
mysql> SELECT * FROM stu
    -> WHERE sid IN('S_1001','S_1002','S_1003');
+-------+---------+----+------+
| sid   | sname    | age | gender |
+-------+---------+----+------+
| S_1001 | liuYi    |  25 | male   |
| S_1002 | chenEr   |  19 | female |
| S_1003 | zhangSan |  20 | male   |
+-------+---------+----+------+
3 rows in set (0.00 sec)
```

由上述结果可知,使用 IN 关键字查出了学号为 S_1001、S_1002 和 S_1003 的学生信息。相反地,用户可以使用 NOT 关键字查询不在条件范围内的记录。

接着查询学号不为 S_1001、S_1002 和 S_1003 的学生信息,具体如下所示。

```
mysql> SELECT * FROM stu
    -> WHERE sid NOT IN('S_1001','S_1002','S_1003');
+-------+---------+----+------+
| sid   | sname    | age | gender |
+-------+---------+----+------+
| S_1004 | liSi     |  18 | female |
| S_1005 | wangWu   |  21 | male   |
| S_1006 | zhaoLiu  |  22 | female |
| S_1007 | sunQi    |  23 | male   |
```

```
| S_1008 | zhouBa    |  24  | female |
| S_1009 | wuJiu     |  25  | male   |
| S_1010 | zhengShi  |  20  | female |
| S_1011 | xxx       | NULL | NULL   |
+--------+----------+------+--------+
8 rows in set (0.00 sec)
```

由上述结果可知,使用 NOT IN 关键字查出了学号不为 S_1001、S_1002 和 S_1003 的学生信息,查询的结果与例 4-7 的查询结果正好相反。

4.2.5 带 IS NULL 或 IS NOT NULL 关键字的查询

在数据表中可能存在空值,空值与 0 不同,也不同于空字符串。在 MySQL 中使用 IS NULL 或 IS NOT NULL 关键字判断数据是否为空值,其语法格式如下。

```
SELECT 字段名 1,字段名 2,…… FROM 表名
WHERE 字段名 IS [NOT] NULL;
```

其中,“字段名 1”“字段名 2”等表示需要查询的字段名称,WHERE 子句后的“字段名”表示需要过滤的字段,NOT 是可选的,使用 NOT 关键字可以判断不为 NULL。

接着通过具体示例演示带 IS NULL 或 IS NOT NULL 关键字的查询,如例 4-8 所示。

【例 4-8】 查询年龄为 NULL 的学生信息。

```
mysql> SELECT * FROM stu
    -> WHERE age IS NULL;
+--------+----------+------+--------+
| sid    | sname    | age  | gender |
+--------+----------+------+--------+
| S_1011 | xxx      | NULL | NULL   |
+--------+----------+------+--------+
1 row in set (0.00 sec)
```

由上述结果可知,使用 IS NULL 关键字查出了年龄为 NULL 的学生信息。

关键字 IS NULL 的求反是 IS NOT NULL,表示测试值不为 NULL。接着查询年龄不为 NULL 的学生信息。

```
mysql> SELECT * FROM stu
    -> WHERE age IS NOT NULL;
+--------+----------+------+--------+
| sid    | sname    | age  | gender |
+--------+----------+------+--------+
| S_1001 | liuYi    |  25  | male   |
| S_1002 | chenEr   |  19  | female |
| S_1003 | zhangSan |  20  | male   |
| S_1004 | liSi     |  18  | female |
| S_1005 | wangWu   |  21  | male   |
| S_1006 | zhaoLiu  |  22  | female |
| S_1007 | sunQi    |  23  | male   |
| S_1008 | zhouBa   |  24  | female |
| S_1009 | wuJiu    |  25  | male   |
```

```
| S_1010   | zhengShi    | 20    | female   |
+---------+-----------+-------+---------+
10 rows in set (0.00 sec)
```

由上述结果可知,使用 IS NOT NULL 关键字查询出了年龄不为 NULL 的学生信息。

4.2.6 带 BETWEEN AND 关键字的查询

BETWEEN AND 关键字用于判断某个字段的值是否在指定范围内,若不在指定范围内,则会被过滤掉,其语法格式如下。

```
SELECT 字段名 1,字段名 2,…… FROM 表名
WHERE 字段名 [NOT] BETWEEN 值 1 AND 值 2;
```

其中,"字段名 1""字段名 2"等表示需要查询的字段名称;WHERE 子句后的"字段名"表示需要过滤的字段;NOT 是可选的,使用 NOT 表示指定范围之外的值;"值 1"和"值 2"表示范围,"值 1"为范围的起始值,"值 2"为范围的结束值。

下面通过具体示例演示带 BETWEEN AND 关键字的查询,如例 4-9 所示。

【例 4-9】 查询年龄在 23~25 岁的学生信息。

```
mysql> SELECT * FROM stu
    -> WHERE age BETWEEN 23 AND 25;
+-------+--------+----+------+
| sid   | sname  | age | gender |
+-------+--------+----+------+
| S_1001 | liuYi  |  25 | male   |
| S_1007 | sunQi  |  23 | male   |
| S_1008 | zhouBa |  24 | female |
| S_1009 | wuJiu  |  25 | male   |
+-------+--------+----+------+
4 rows in set (0.00 sec)
```

由上述结果可知,使用 BETWEEN AND 关键字查出了年龄在 23~25 岁的学生信息。

BETWEEN AND 关键字前可以加关键字 NOT,表示不在范围内的值,如果字段值不满足指定范围内的值,则会返回这些记录。接着查询年龄不在 23~25 岁的学生信息,具体如下所示。

```
mysql> SELECT * FROM stu
    -> WHERE age NOT BETWEEN 23 AND 25;
+-------+--------+----+------+
| sid   | sname  | age | gender |
+-------+--------+----+------+
| S_1002 | chenEr   | 19 | female |
| S_1003 | zhangSan | 20 | male   |
| S_1004 | liSi     | 18 | female |
| S_1005 | wangWu   | 21 | male   |
| S_1006 | zhaoLiu  | 22 | female |
| S_1010 | zhengShi | 20 | female |
+---------+-----------+-------+---------+
6 rows in set (0.00 sec)
```

由上述结果可知,使用 NOT BETWEEN AND 关键字查出了年龄不在 23～25 岁的学生信息。

4.2.7 带 LIKE 关键字的查询

前面讲解了对某一字段精确的查询,但在某些情形可能需要进行模糊查询,如查询名称中带有某个字母的学生。关键字 LIKE 利用通配符把要查询的值与类似的值进行比较,其语法格式如下。

```
SELECT 字段名 1,字段名 2,…… FROM 表名
WHERE 字段名 [NOT] LIKE '匹配字符串';
```

其中,"字段名 1""字段名 2"等表示需要查询的字段名称；WHERE 子句中的"字段名"表示需要过滤的字段；NOT 是可选的,使用 NOT 则表示查询与字符串不匹配的值；"匹配字符串"用来指定要匹配的字符串,这个字符串可以是一个普通字符串,也可以是包含下画线(_)和百分号(%)的通配符字符串,其中下画线表示任意一个字符,百分号表示任意 0～n 个字符,这些符号可以复合使用。

接着通过具体示例演示带 LIKE 关键字的查询,如例 4-10 所示。

【例 4-10】 查询姓名由 5 个字母构成的学生信息。

```
mysql > SELECT * FROM stu
    -> WHERE sname LIKE '_____';
+------+--------+----+------+
| sid    | sname    | age | gender |
+------+--------+----+------+
| S_1001 | liuYi    |  25 | male   |
| S_1007 | sunQi    |  23 | male   |
| S_1009 | wuJiu    |  25 | male   |
+------+--------+----+------+
3 rows in set (0.00 sec)
```

由上述结果可知,查询结果中的学生姓名都为 5 个字母,在查询语句中用 5 个下画线代表了 5 个字母。

接着查询姓名由 5 个字母构成,并且第 5 个字母为 i 的学生信息,具体如下所示。

```
mysql > SELECT * FROM stu
    -> WHERE sname LIKE '____i';
+------+--------+----+------+
| sid    | sname    | age | gender |
+------+--------+----+------+
| S_1001 | liuYi    |  25 | male   |
| S_1007 | sunQi    |  23 | male   |
+------+--------+----+------+
2 rows in set (0.00 sec)
```

由上述结果可知,查询结果中的学生姓名都为 5 个字母,且第 5 个字母为 i。在查询语句中用 4 个下画线代表了前 4 个字母为任意字符,用 i 代表第 5 个字符为 i。

接着查询姓名以 z 开头的学生信息,具体如下所示。

```
mysql > SELECT * FROM stu
    -> WHERE sname LIKE 'z%';
+------+--------+----+------+
| sid    | sname      | age  | gender |
+------+--------+----+------+
| S_1003 | zhangSan  |  20  | male    |
| S_1006 | zhaoLiu   |  22  | female  |
| S_1008 | zhouBa    |  24  | female  |
| S_1010 | zhengShi  |  20  | female  |
+------+--------+----+------+
4 rows in set (0.00 sec)
```

由上述结果可知，查询结果中的学生姓名都以 z 开头。%要求 MySQL 返回所有以字母 b 开头的数据，不管 b 后面有多少个字符。

接着查询姓名中第 2 个字母为 i 的学生信息，具体如下所示。

```
mysql > SELECT * FROM stu
    -> WHERE sname LIKE '_i%';
+------+--------+----+------+
| sid    | sname      | age  | gender |
+------+--------+----+------+
| S_1001 | liuYi     |  25  | male    |
| S_1004 | liSi      |  18  | female  |
+------+--------+----+------+
2 rows in set (0.00 sec)
```

由上述结果可知，查询结果中的学生姓名第 2 个字母都为 i。在查询语句中用下画线代表第 1 个字符为任意字符，用 i 代表第 2 个字符为 i，用%代表后面是任意字符。

接着查询姓名中包含字母 a 的学生信息，具体如下所示。

```
mysql > SELECT * FROM stu
    -> WHERE sname LIKE '%a%';
+------+--------+----+------+
| sid    | sname      | age  | gender |
+------+--------+----+------+
| S_1003 | zhangSan  |  20  | male    |
| S_1005 | wangWu    |  21  | male    |
| S_1006 | zhaoLiu   |  22  | female  |
| S_1008 | zhouBa    |  24  | female  |
+------+--------+----+------+
4 rows in set (0.00 sec)
```

由上述结果可知，查询结果中显示学生姓名都包含字母 a。在查询语句中用字母 a 代表名称中含有字母 a，用两个%代表字母 a 的前面和后面都有任意字符。由此可知，%用于匹配在指定位置的任意数目的字符。

4.2.8 带 DISTINCT 关键字的查询

用户出于对数据分析的要求，有时需要去掉重复的记录值，如查询科目的种类。对于这样的需求显然不希望看到重复的科目，因此需要去掉重复的数据。在 SELECT 语句中可以使用 DISTINCT 关键字指示 MySQL 去除重复数据,其语法格式如下。

```
SELECT DISTINCT 字段名 FROM 表名;
```


其中,“字段名”表示需要过滤重复记录的字段。

下面通过具体示例演示带 DISTINCT 关键字的查询,如例 4-11 所示。

【例 4-11】 查询所有员工的月薪,并且去除重复。

```
mysql > SELECT DISTINCT sal FROM emp;
+--------+
| sal    |
+--------+
|  800.00 |
| 1600.00 |
| 1250.00 |
| 2975.00 |
| 2850.00 |
| 2450.00 |
| 3000.00 |
| 5000.00 |
| 1500.00 |
| 1100.00 |
|  950.00 |
| 1300.00 |
+--------+
12 rows in set (0.06 sec)
```

由上述结果可知,查询结果中有 12 条记录,表示所有员工的月薪,且月薪中没有重复数据。

4.3 高级查询

4.1 节和 4.2 节讲解了基础查询和条件查询,在实际应用中已经可以处理大部分的需求。数据查询不只是呈现数据库中存储的数据,还应该根据业务需要对其中的数据进行筛选和规定数据的显示格式。本节将讲解 MySQL 的高级查询,主要讲解排序查询、聚合函数、分组查询、HAVING 子句和 LIMIT 分页以处理更加复杂的业务。

4.3.1 排序查询

1. 单列排序

对于前面学习的数据查询,在查询完成后,结果集中的数据是按默认顺序排序的。MySQL 可以通过在 SELECT 语句中使用 ORDER BY 子句对查询结果进行排序,其语法格式如下。

```
SELECT 字段名 1,字段名 2,…… FROM 表名
ORDER BY 字段名 1 [ASC|DESC],字段名 2 [ASC|DESC]……;
```

其中,“字段名 1”“字段名 2”等表示需要查询的字段名称,ORDER BY 关键字后的字段名表

示指定排序的字段,ASC 和 DESC 参数是可选的。其中 ASC 代表按升序排序,DESC 代表按降序排序,如果不写该参数,则默认按升序排序。

接着通过具体示例演示单列排序,如例 4-12 所示。

【例 4-12】 查询所有学生记录,按年龄升序排序。

```
mysql> SELECT * FROM stu
    -> ORDER BY age ASC;
+------+--------+----+------+
| sid    | sname     | age  | gender  |
+------+--------+----+------+
| S_1011 | xxx       | NULL | NULL    |
| S_1004 | liSi      |   18 | female  |
| S_1002 | chenEr    |   19 | female  |
| S_1003 | zhangSan  |   20 | male    |
| S_1010 | zhengShi  |   20 | female  |
| S_1005 | wangWu    |   21 | male    |
| S_1006 | zhaoLiu   |   22 | female  |
| S_1007 | SunQi     |   23 | male    |
| S_1008 | zhouBa    |   24 | female  |
| S_1009 | wuJiu     |   25 | male    |
| S_1001 | liuYi     |   25 | male    |
+------+--------+----+------+
11 rows in set (0.00 sec)
```

由上述结果可知,查询结果中的学生信息按照 age 字段升序排序。如果省略 ASC,则使用默认排序方式。

接着查询所有学生记录,按年龄默认排序,具体如下所示。

```
mysql> SELECT * FROM stu
    -> ORDER BY age;
+------+--------+----+------+
| sid    | sname     | age  | gender  |
+------+--------+----+------+
| S_1011 | xxx       | NULL | NULL    |
| S_1004 | liSi      |   18 | female  |
| S_1002 | chenEr    |   19 | female  |
| S_1003 | zhangSan  |   20 | male    |
| S_1010 | zhengShi  |   20 | female  |
| S_1005 | wangWu    |   21 | male    |
| S_1006 | zhaoLiu   |   22 | female  |
| S_1007 | sunQi     |   23 | male    |
| S_1008 | zhouBa    |   24 | female  |
| S_1009 | wuJiu     |   25 | male    |
| S_1001 | liuYi     |   25 | male    |
+------+--------+----+------+
11 rows in set (0.00 sec)
```

由上述结果可知,查询的结果集与书写 ASC 参数时的一样,但对于这个参数一般建议写上,以便于后期维护代码时查看。

接着查询所有学生记录,按 sid 降序排序,具体如下所示。

```
mysql > SELECT * FROM stu
    -> ORDER BY sid DESC;
+------+--------+----+------+
| sid    | sname      | age  | gender |
+------+--------+----+------+
| S_1011 | xxx        | NULL | NULL   |
| S_1010 | zhengShi   |   20 | female |
| S_1009 | wuJiu      |   25 | male   |
| S_1008 | zhouBa     |   24 | female |
| S_1007 | sunQi      |   23 | male   |
| S_1006 | zhaoLiu    |   22 | female |
| S_1005 | wangWu     |   21 | male   |
| S_1004 | liSi       |   18 | female |
| S_1003 | zhangSan   |   20 | male   |
| S_1002 | chenEr     |   19 | female |
| S_1001 | liuYi      |   25 | male   |
+------+--------+----+------+
11 rows in set (0.00 sec)
```

由上述结果可知,查询结果中的学生信息按照 sid 字段降序排序。

2. 多列排序

按照某一个列值排序是最简单的排序,随着业务的复杂性增加,还可能出现根据多列值进行排序。例如,按照某个字段排序时,该字段的值可能会出现相同的情况,此时按照另一个字段排序。

下面通过具体示例演示多列排序,如例 4-13 所示。

【例 4-13】 查询所有员工信息,按员工月薪降序排序,如果月薪相同,按员工编号升序排序。

```
mysql > SELECT * FROM emp
    -> ORDER BY sal DESC,empno ASC;
+-----+------+--------+-----+-----------+-------+------+------+
| empno | ename  | job       | mgr  | hiredate       | sal     | comm    | deptno |
+-----+------+--------+-----+-----------+-------+------+------+
| 7839  | KING   | PRESIDENT | NULL | 1981 - 11 - 17 | 5000.00 |  NULL   |  10    |
| 7788  | SCOTT  | ANALYST   | 7566 | 1987 - 04 - 19 | 3000.00 |  NULL   |  20    |
| 7902  | FORD   | ANALYST   | 7566 | 1981 - 12 - 03 | 3000.00 |  NULL   |  20    |
| 7566  | JONES  | MANAGER   | 7839 | 1981 - 04 - 02 | 2975.00 |  NULL   |  20    |
| 7698  | BLAKE  | MANAGER   | 7839 | 1981 - 05 - 01 | 2850.00 |  NULL   |  30    |
| 7782  | CLARK  | MANAGER   | 7839 | 1981 - 06 - 09 | 2450.00 |  NULL   |  10    |
| 7499  | ALLEN  | SALESMAN  | 7698 | 1981 - 02 - 20 | 1600.00 | 300.00  |  30    |
| 7844  | TURNER | SALESMAN  | 7698 | 1981 - 09 - 08 | 1500.00 |  0.00   |  30    |
| 7934  | MILLER | CLERK     | 7782 | 1982 - 01 - 23 | 1300.00 |  NULL   |  10    |
| 7521  | WARD   | SALESMAN  | 7698 | 1981 - 02 - 22 | 1250.00 | 500.00  |  30    |
| 7654  | MARTIN | SALESMAN  | 7698 | 1981 - 09 - 28 | 1250.00 | 1400.00 |  30    |
| 7876  | ADAMS  | CLERK     | 7788 | 1987 - 05 - 23 | 1100.00 |  NULL   |  20    |
| 7900  | JAMES  | CLERK     | 7698 | 1981 - 12 - 03 | 950.00  |  NULL   |  30    |
| 7369  | SMITH  | CLERK     | 7902 | 1980 - 12 - 17 | 800.00  |  NULL   |  20    |
+-----+------+--------+-----+-----------+-------+------+------+
14 rows in set (0.01 sec)
```

由上述结果可知,查询出的员工信息首先按工资降序排列,如果出现工资相同的情况,按照员工编号升序排列,这就是按多个字段进行排序的情况。

4.3.2 聚合函数

在实际应用中,可能并不需要返回实际数据,而是想获取对数据分析和总结后的信息,如工资的总和、年龄的最大值、奖金的最小值等。MySQL 提供了一系列实现数据统计的函数,即聚合函数,具体如表 4.5 所示。

表 4.5 聚合函数

函数名称	作　　用	函数名称	作　　用
COUNT()	返回某列的行数	MAX()	返回某列的最大值
SUM()	返回某列值的和	MIN()	返回某列的最小值
AVG()	返回某列的平均值		

在表 4.5 中列出了聚合函数的名称和作用,下面详细讲解这些函数的用法。

1. COUNT()函数

COUNT()函数的语法格式如下所示。

```
SELECT COUNT( * |1|列名) FROM 表名;
```

其中,COUNT()函数中有 3 个可选参数,具体使用方法如下所示。

(1) COUNT(*):返回行数,包含 NULL。

(2) COUNT(列名):返回指定列的值具有的行数,不包含 NULL。

(3) COUNT(1):它与 COUNT(*)返回的结果是一样的,如果数据表没有主键,则 COUNT(1)的执行效率会高一些。

接着通过具体示例演示 COUNT()函数的使用,如例 4-14 所示。

【例 4-14】 查询员工表中的记录数。

```
mysql > SELECT COUNT( * ) FROM emp;
+----------+
| COUNT( * )  |
+----------+
|      14     |
+----------+
1 row in set (0.15 sec)
```

由上述结果可知,emp 表中一共有 14 条记录。

接着用 COUNT(1)方式进行同样的查询,具体如下所示。

```
mysql > SELECT COUNT(1) FROM emp;
+---------+
| COUNT(1) |
+---------+
|    14    |
+---------+
1 row in set (0.00 sec)
```

由上述结果可知,COUNT(1)的查询结果和 COUNT(*)的查询结果一致,它们只是在某些情况下执行效率不同。

此处需要注意,查询出的结果集列名显示为 COUNT(1),不是很直观,这时可以为列名起别名。用户只需要在 COUNT(1)后面加上"AS 别名"即可,具体如下所示。


```
mysql > SELECT COUNT(1) AS totle FROM emp;
+-------+
| totle |
+-------+
|    14 |
+-------+
1 row in set (0.00 sec)
```

由上述结果可知,在结果集中不仅统计出了员工表的记录数,并且将列名设置为了 totle,这样做便于后期的维护和管理。另外,在取别名时 AS 是可以省略不写的,效果是一样的,具体如下所示。

```
mysql > SELECT COUNT(1) totle FROM emp;
+-------+
| totle |
+-------+
|    14 |
+-------+
1 row in set (0.00 sec)
```

由上述结果可知,AS 省略不写时结果是一样的。

接着查询员工表中有奖金的人数,具体如下所示。

```
mysql > SELECT COUNT(comm) AS total FROM emp;
+-------+
| totle |
+-------+
|     4 |
+-------+
1 row in set (0.02 sec)
```

由上述结果可知,员工表中有奖金的人数为 4。这是 COUNT(列名)的用法,返回特定列的值具有的行数,但此处不包含 NULL。为了进一步验证,可以查询员工表,具体如下所示。

```
mysql > SELECT * FROM emp;
+-----+------+--------+-----+----------+-------+------+------+
| empno | ename | job | mgr | hiredate | sal | comm | deptno |
+-----+------+--------+-----+----------+-------+------+------+
|  7369 | SMITH  | CLERK    | 7902 | 1980-12-17 |  800.00 |  NULL   | 20 |
|  7499 | ALLEN  | SALESMAN | 7698 | 1981-02-20 | 1600.00 | 300.00  | 30 |
|  7521 | WARD   | SALESMAN | 7698 | 1981-02-22 | 1250.00 | 500.00  | 30 |
|  7566 | JONES  | MANAGER  | 7839 | 1981-04-02 | 2975.00 |  NULL   | 20 |
|  7654 | MARTIN | SALESMAN | 7698 | 1981-09-28 | 1250.00 | 1400.00 | 30 |
|  7698 | BLAKE  | MANAGER  | 7839 | 1981-05-01 | 2850.00 |  NULL   | 30 |
|  7782 | CLARK  | MANAGER  | 7839 | 1981-06-09 | 2450.00 |  NULL   | 10 |
```

```
|  7788 | SCOTT  | ANALYST   | 7566 | 1987-04-19 | 3000.00 |  NULL |  20  |
|  7839 | KING   | PRESIDENT | NULL | 1981-11-17 | 5000.00 |  NULL |  10  |
|  7844 | TURNER | SALESMAN  | 7698 | 1981-09-08 | 1500.00 |  0.00 |  30  |
|  7876 | ADAMS  | CLERK     | 7788 | 1987-05-23 | 1100.00 |  NULL |  20  |
|  7900 | JAMES  | CLERK     | 7698 | 1981-12-03 |  950.00 |  NULL |  30  |
|  7902 | FORD   | ANALYST   | 7566 | 1981-12-03 | 3000.00 |  NULL |  20  |
|  7934 | MILLER | CLERK     | 7782 | 1982-01-23 | 1300.00 |  NULL |  10  |
+-----+------+--------+-----+-----------+-------+------+------+
14 rows in set (0.00 sec)
```

由上述结果可知，员工表中的 comm 字段为奖金，除了值为 NULL 的记录，其他记录总共是 4，并且可以发现统计的结果是包含 0.00 的。

接着查询员工表中月薪大于 2500 元的人数，查询结果的列名指定为 total，具体如下所示。

```
mysql> SELECT COUNT(*) AS total FROM emp
    -> WHERE sal > 2500;
+-------+
| totle |
+-------+
|   5   |
+-------+
1 row in set (0.03 sec)
```

由上述结果可知，员工表中月薪大于 2500 元的人数为 5。

接着查询员工表中有奖金的人数和有领导的人数，具体如下所示。

```
mysql> SELECT COUNT(comm),COUNT(mgr) FROM emp;
+-----------+----------+
| COUNT(comm) | COUNT(mgr) |
+-----------+----------+
|     4      |    13     |
+-----------+----------+
1 row in set (0.00 sec)
```

由上述结果可知，员工表中有奖金的人数为 4，有领导的人数为 13，这是多个 COUNT() 函数同时使用的情况。

接着查询员工表中月薪与奖金之和大于 2500 元的人数，具体如下所示。

```
mysql> SELECT COUNT(*) AS total FROM emp
    -> WHERE sal + comm > 2500;
+------+
| totle |
+------+
|   1   |
+------+
1 row in set (0.02 sec)
```

由上述结果可知，员工表中月薪与奖金之和大于 2500 元的人数为 1。为了进一步验证，查询员工表，具体如下所示。

```
mysql > SELECT * FROM emp;
+-----+------+--------+-----+-----------+-------+------+------+
| empno | ename | job      | mgr  | hiredate     | sal     | comm    | deptno |
+-----+------+--------+-----+-----------+-------+------+------+
|  7369 | SMITH  | CLERK     | 7902 | 1980 - 12 - 17 |  800.00 |  NULL   |  20   |
|  7499 | ALLEN  | SALESMAN  | 7698 | 1981 - 02 - 20 | 1600.00 | 300.00  |  30   |
|  7521 | WARD   | SALESMAN  | 7698 | 1981 - 02 - 22 | 1250.00 | 500.00  |  30   |
|  7566 | JONES  | MANAGER   | 7839 | 1981 - 04 - 02 | 2975.00 |  NULL   |  20   |
|  7654 | MARTIN | SALESMAN  | 7698 | 1981 - 09 - 28 | 1250.00 | 1400.00 |  30   |
|  7698 | BLAKE  | MANAGER   | 7839 | 1981 - 05 - 01 | 2850.00 |  NULL   |  30   |
|  7782 | CLARK  | MANAGER   | 7839 | 1981 - 06 - 09 | 2450.00 |  NULL   |  10   |
|  7788 | SCOTT  | ANALYST   | 7566 | 1987 - 04 - 19 | 3000.00 |  NULL   |  20   |
|  7839 | KING   | PRESIDENT | NULL | 1981 - 11 - 17 | 5000.00 |  NULL   |  10   |
|  7844 | TURNER | SALESMAN  | 7698 | 1981 - 09 - 08 | 1500.00 |  0.00   |  30   |
|  7876 | ADAMS  | CLERK     | 7788 | 1987 - 05 - 23 | 1100.00 |  NULL   |  20   |
|  7900 | JAMES  | CLERK     | 7698 | 1981 - 12 - 03 |  950.00 |  NULL   |  30   |
|  7902 | FORD   | ANALYST   | 7566 | 1981 - 12 - 03 | 3000.00 |  NULL   |  20   |
|  7934 | MILLER | CLERK     | 7782 | 1982 - 01 - 23 | 1300.00 |  NULL   |  10   |
+-----+------+--------+-----+-----------+-------+------+------+
14 rows in set (0.00 sec)
```

由上述结果可知,月薪与奖金之和大于 2500 元的人数远远超过 1 人,出现这种情况的原因是有些员工的奖金为 NULL,当数值类型与 NULL 相加时结果为 0。MySQL 提供了 IFNULL()函数,该函数可以解决这个问题,在 IFNULL()函数中可以判断字段是否为 NULL,若为 NULL,则可以将 NULL 替换为数值 0。下面利用 IFNULL()函数解决上述问题,具体如下所示。

```
mysql > SELECT COUNT( * ) AS total FROM emp
    - > WHERE sal + IFNULL(comm,0) > 2500;
| totle  |
+------+
|    6   |
+------+
1 row in set (0.02 sec)
```

由上述结果可知,员工表中月薪与奖金之和大于 2500 元的人数为 6,此时结果正确,在 IFNULL()函数中判断 comm 字段是否出现 NULL 值,如果出现,则替换为 0。

2. SUM()函数

SUM()函数是一个求总和的函数,用于计算指定列的数值和,如果指定列的类型不是数值类型,那么计算结果为 0,其语法格式如下。

```
SELECT SUM(字段名) FROM 表名;
```

下面通过具体示例演示 SUM()函数的使用,如例 4-15 所示。

【例 4-15】 查询员工表中所有员工的月薪和。

```
mysql > SELECT SUM(sal) FROM emp;
+--------+
| SUM(sal)  |
```

```
+---------+
| 29025.00 |
+---------+
1 row in set (0.00 sec)
```

由上述结果可知,员工表中所有员工的月薪和为 29025.00 元。

接着查询员工表中所有员工的月薪和及所有员工的奖金和,具体如下所示。

```
mysql > SELECT SUM(sal), SUM(comm) FROM emp;
+---------+---------+
| SUM(sal) | SUM(comm) |
+---------+---------+
| 29025.00 | 2200.00 |
+---------+---------+
1 row in set (0.00 sec)
```

由上述结果可知,同时查询出了所有员工的月薪和与奖金和,这就是多个 SUM()函数同时使用的情况。

接着查询员工表中所有员工的月薪加奖金的和,查询出的列名指定为 totle,具体如下所示。

```
mysql > SELECT SUM(sal + IFNULL(comm,0)) AS totle FROM emp;
+---------+
| totle    |
+---------+
| 31225.00 |
+---------+
1 row in set (0.00 sec)
```

由上述结果可知,员工表中所有员工的月薪加奖金的和为 31225.00 元。此处需要注意,奖金中有 NULL 值,因此需要用 IFNULL()函数进行判断,如果字段为 NULL 值,则替换为 0。

3. AVG()函数

AVG()函数用于计算一组指定列的平均值,如果指定列的类型不是数值类型,那么计算结果为 0,其语法格式如下。

```
SELECT AVG(字段名) FROM 表名;
```

下面通过具体示例演示 AVG()函数的使用,如例 4-16 所示。

【例 4-16】 查询员工表中所有员工的平均月薪。

```
mysql > SELECT AVG(sal) FROM emp;
+----------+
| AVG(sal)    |
+----------+
| 2073.214286 |
+----------+
1 row in set (0.00 sec)
```

由上述结果可知,员工表中所有员工的平均月薪为 2073.214286 元。

4. MAX()函数

MAX()函数用于计算一组指定列的最大值,NULL 值不在计算范围内,语法格式如下。

```
SELECT MAX(字段名) FROM 表名;
```

如果指定列是字符串类型,那么使用字符串排序运算,按照字符的 ASCII 码值大小从 a～z 进行比较,a 的 ASCII 码最小,z 的 ASCII 码最大。

下面通过具体示例演示 MAX()函数的使用,如例 4-17 所示。

【例 4-17】 查询员工表中员工的最高月薪。

```
mysql > SELECT MAX(sal) FROM emp;
+---------+
| MAX(sal) |
+---------+
| 5000.00  |
+---------+
1 row in set (0.01 sec)
```

由上述结果可知,员工表中员工的最高月薪为 5000 元。

5. MIN()函数

MIN()函数用于查询列中的最小值,NULL 值不在计算之内,如果指定列是字符串类型,那么使用字符串排序运算,其语法格式如下。

```
SELECT MIN(字段名) FROM 表名;
```

下面通过具体示例演示 MIN()函数的使用,如例 4-18 所示。

【例 4-18】 查询员工表中员工的最低月薪。

```
mysql > SELECT MIN(sal) FROM emp;
+---------+
| MIN(sal) |
+---------+
| 800.00   |
+---------+
1 row in set (0.00 sec)
```

由上述结果可知,员工表中员工的最低月薪为 800 元。

4.3.3 分组查询

分组查询是对数据按照某个或多个字段进行分组,以汇总相关数据,如查询每个部门的人数、查询每个部门的薪资总和等。在 SELECT 语句中可以使用 GROUP BY 关键字进行分组查询,其语法格式如下。

```
SELECT 字段名 1,字段名 2,…… FROM 表名
GROUP BY 字段名 1,字段名 2, ……;
```

其中,GROUP BY 后的“字段名”是对查询结果分组的依据。

接着通过具体示例演示 GROUP BY 的使用，如例 4-19 所示。

【例 4-19】 查询学生表中的学生信息，按照性别字段分组。

```
mysql> SELECT * FROM stu
    -> GROUP BY gender;
+-------+--------+----+------+
| sid   | sname  | age | gender |
+-------+--------+----+------+
| S_1001 | liuYi  |  25 | male   |
| S_1002 | chenEr |  19 | female |
| S_1011 | xxx    | NULL | NULL  |
+-------+--------+----+------+
3 rows in set (0.03 sec)
```

由上述结果可知，按照 gender 字段分组后的记录是 3 条，gender 字段的值分别为 male、female 和 NULL，这说明查询结果是按照 gender 字段不同的值进行分组的，但这并没有实际意义。GROUP BY 通常与聚合函数一起使用，具体如例 4-20 所示。

【例 4-20】 查询员工表中每个部门的部门编号和每个部门的工资和。

```
mysql> SELECT deptno, SUM(sal) FROM emp
    -> GROUP BY deptno;
+--------+----------+
| deptno | SUM(sal) |
+--------+----------+
|     20 | 10875.00 |
|     30 | 9400.00  |
|     10 | 8750.00  |
+--------+----------+
3 rows in set (0.00 sec)
```

由上述结果可知，按照每个部门进行分组，分别查出了每个部门的部门编号和每个部门的工资和，这是分组查询与 SUM()函数结合使用的情况。

接着查询员工表中每个部门的部门编号和每个部门的人数，具体如下所示。

```
mysql> SELECT deptno,COUNT( * ) FROM emp
    -> GROUP BY deptno;
+--------+----------+
| deptno | COUNT( * ) |
+--------+----------+
|     20 |        5 |
|     30 |        6 |
|     10 |        3 |
+--------+----------+
3 rows in set (0.00 sec)
```

由上述结果可知，按照每个部门进行分组，分别查出了每个部门的部门编号和每个部门的人数，这是分组查询与 COUNT()函数结合使用的情况。

接着查询员工表中每个部门的部门编号和每个部门工资大于 1500 元的人数，具体如下所示。

```
mysql > SELECT deptno,COUNT( * ) FROM emp
    -> WHERE sal > 1500
    -> GROUP BY deptno;
+--------+-----------+
| deptno | COUNT( * ) |
+--------+-----------+
|   30   |     2     |
|   20   |     3     |
|   10   |     2     |
+--------+-----------+
3 rows in set (0.00 sec)
```

由上述结果可知,按照每个部门进行分组,分别查出了每个部门的部门编号和每个部门工资大于 1500 元的人数,这时不仅需要使用聚合函数,还需要使用 WHERE 子句进行过滤。

4.3.4 HAVING 子句

前面学习了 WHERE 子句,HAVING 子句和 WHERE 子句相似,都是用来过滤数据的,但是 HAVING 在数据分组之后进行过滤来选择分组,而 WHERE 子句在分组之前用来选择记录。另外,WHERE 子句排除的记录不再包括在分组中。HAVING 子句的语法格式如下。

```
SELECT 字段名 1,字段名 2,…… FROM 表名
GROUP BY 字段名 1,字段名 2, ……[HAVING 条件表达式];
```

其中,HAVING 子句是可选的。此处需要注意,HAVING 关键字后面可以使用聚合函数,而 WHERE 子句后面不可以使用聚合函数。

下面通过具体示例演示 HAVING 子句的使用,如例 4-21 所示。

【例 4-21】 查询员工表中工资总和大于 9000 的部门编号及工资总和。

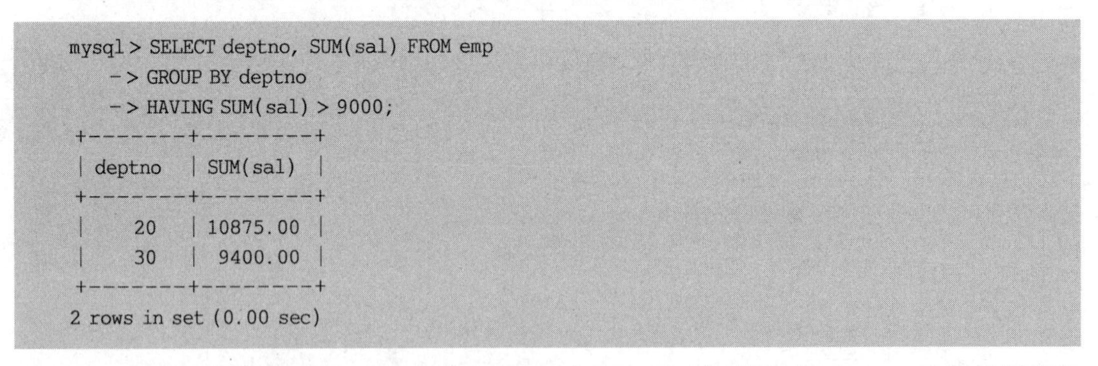

```
mysql > SELECT deptno, SUM(sal) FROM emp
    -> GROUP BY deptno
    -> HAVING SUM(sal) > 9000;
+--------+----------+
| deptno | SUM(sal) |
+--------+----------+
|   20   | 10875.00 |
|   30   |  9400.00 |
+--------+----------+
2 rows in set (0.00 sec)
```

由上述结果可知,按照每个部门进行分组,查询出了工资总和大于 9000 元的部门编号及工资总和。由于查询的是工资总和大于 9000 元的部门,需要在分组查询后进行过滤,所以在 HAVING 子句中使用 SUM()函数进行数据过滤。

4.3.5 LIMIT 分页

SELECT 语句返回所有匹配的数据,有可能是表中的所有行。但是在实际应用中,用

户可能只需要返回第一行或前几行。为了实现这个功能，MySQL 提供了 LIMIT 关键字用于限制 SELECT 语句返回指定的记录数，也可以通俗地理解为分页，如在网上浏览商品时商品不会全部显示，一般会分页显示。LIMIT 的语法格式如下。

```
SELECT 字段名 1,字段名 2,…… FROM 表名
LIMIT [m,]n;
```

其中，LIMIT 后面可以跟两个参数，第一个参数 m 是可选的，代表起始索引，若不指定该参数，则使用默认值 0，代表第一条记录；第二个参数 n 是必选的，代表从第 m+1 条记录开始取 n 条记录。

下面通过具体示例演示 LIMIT 的使用，如例 4-22 所示。

【例 4-22】 查询学生表中的前 5 条记录。

```
mysql > SELECT * FROM stu LIMIT 0,5;
+-------+---------+----+------+
| sid   | sname   | age | gender |
+-------+---------+----+------+
| S_1001 | liuYi   |  25 | male   |
| S_1002 | chenEr  |  19 | female |
| S_1003 | zhangSan |  20 | male   |
| S_1004 | liSi    |  18 | female |
| S_1005 | wangWu  |  21 | male   |
+-------+---------+----+------+
5 rows in set (0.00 sec)
```

由上述结果可知，LIMIT 关键字后指定从 0 开始取 5 条记录，查出了前 5 条学生记录。当从 0 开始查询时，0 也可以省略不写，具体如下所示。

```
mysql > SELECT * FROM stu LIMIT 5;
+-------+---------+----+------+
| sid   | sname   | age | gender |
+-------+---------+----+------+
| S_1001 | liuYi   |  25 | male   |
| S_1002 | chenEr  |  19 | female |
| S_1003 | zhangSan |  20 | male   |
| S_1004 | liSi    |  18 | female |
| S_1005 | wangWu  |  21 | male   |
+-------+---------+----+------+
5 rows in set (0.00 sec)
```

由上述结果可知，LIMIT 的第一个参数不写，是按默认值 0 来查询的。

接着查询学生表中从第 3 条开始的记录，总共查询 5 条记录，具体如下所示。

```
mysql > SELECT * FROM stu LIMIT 2,5;
+-------+---------+----+------+
| sid   | sname   | age | gender |
+-------+---------+----+------+
| S_1003 | zhangSan |  20 | male   |
| S_1004 | liSi    |  18 | female |
| S_1005 | wangWu  |  21 | male   |
```

```
| S_1006 | zhaoLiu  |  22 | female |
| S_1007 | sunQi    |  23 | male   |
+--------+----------+----+--------+
5 rows in set (0.00 sec)
```

由上述结果可知,LIMIT 后第一个参数指定为 2,代表从第 3 条记录开始查询,第二个参数 5 代表查询 5 条记录。

4.4 本章小结

本章介绍了基础查询、带条件的查询和复杂的高级查询。俗话说,温故而知新,对于这几种查询,读者需要多练习,总结查询的特点,以便于后续多表查询的学习。

4.5 习　题

1. 填空题

(1) MySQL 从数据表中查询数据的基础语句是________语句。

(2) SELECT 语句可以指定字段,根据指定的字段查询表中的________。

(3) 在 SELECT 语句中可以使用________子句指定查询条件,从而查询出筛选后的数据。

(4) ________函数返回某列的行数。

(5) MySQL 提供了________用于对查询结果进行排序。

2. 选择题

(1) 下列关系运算符中代表不等于的是(　　)。

A. <>　　B. >　　C. >=　　D. <

(2) 在 MySQL 中可以使用(　　)判断某个字段是否在指定集合中,如果不满足条件,则数据会被过滤掉。

A. AND　　B. OR　　C. IN　　D. LIKE

(3) 在 MySQL 中可以使用(　　)判断某个字段的值是否在指定范围内,若不在指定范围内,则会被过滤掉。

A. AND　　B. BETWEEN AND

C. IN　　D. LIKE

(4) 在 MySQL 中可以使用(　　)关键字进行模糊查询。

A. AND　　B. OR　　C. IN　　D. LIKE

(5) 在 MySQL 中可以使用(　　)去除重复数据。

A. DISTINCT　　B. OR　　C. IN　　D. LIKE

3. 思考题

(1) 简述基础查询的方式。

(2) 简述条件查询中有哪些关系运算符,它们分别代表什么含义。

(3) 简述条件查询中 AND 和 OR 关键字的区别。

(4) 简述条件查询中 LIKE 关键字有几种用途。

(5) 简述常用的聚合函数有哪些,它们分别有什么用途。

4.6 实验：游戏角色表的操作

1. 实验目的及要求

根据查询需求，掌握使用 SELECT 语句对单表的基础查询、条件查询和高级查询操作。

2. 实验要求

(1) 在 mytest 数据库中创建一张游戏角色表(roles)。

(2) 表中包含 5 个字段，分别为编号(id)、角色名(name)、性别(sex)、职业(profession)和年龄(age)。

(3) 为游戏角色表插入 12 条数据，如表 4.6 所示。

表 4.6 实验数据信息

编号(id)	角色名(name)	性别(sex)	职业(profession)	年龄(age)
L_1001	潘森	男	战士	33
L_1002	奥利安娜	女	法师	27
L_1003	安妮	女	法师	NULL
L_1004	沃里克	男	刺客	36
L_1005	索拉卡	女	辅助	26
L_1006	奥拉夫	男	战士	32
L_1007	赵信	男	刺客	24
L_1008	艾希	女	射手	22
L_1009	布兰德	男	法师	33
L_1010	希维尔	女	射手	18
L_1011	卡兹克	男	刺客	NULL
L_1012	阿利斯塔	男	坦克	31

(4) 查询表中的所有数据。

(5) 查询 roles 表中所有的 id 和 name。

(6) 查询年龄大于或等于 30 岁的角色信息。

(7) 查询编号不为 L_1002 且职业为女法师的角色信息。

(8) 查询编号为 L_1002 或姓名为艾希的角色信息。

(9) 查询编号为 L_1001、L_1002 和 L_1003 的角色信息。

(10) 查询编号不为 L_1001、L_1002 和 L_1003 的角色信息。

(11) 查询年龄为 NULL 的角色信息。

(12) 查询年龄不为 NULL 的角色信息。

(13) 查询年龄在 25～30 岁的角色信息。

(14) 查询角色名由“奥”构成的角色信息。

(15) 查询所有角色的职业，并去除重复项。

(16) 查询所有角色记录，按年龄升序排序。

(17) 查询角色表中职业为“刺客”的记录数，查询结果的列名指定为 total。

(18) 将角色表中的角色信息按照职业字段分组，查询各职业的人数。

(19) 查询角色表中按职业分组的男性角色数量。

(20) 查询角色表中第 3～8 条记录。

3. 实验步骤

(1) 选择数据库。

若 mytest 数据库不存在,则创建 mytest 数据库,具体如下所示。

```
mysql > create database mytest;
Query OK, 1 row affected
```

若 mytest 数据库存在,选择 mytest 数据库,具体如下所示。

```
mysql > use mytest;
Database changed
```

(2) 创建游戏角色表。

创建游戏角色表 roles,具体操作如下所示。

```
mysql > create table roles(
    -> id char(6),
    -> name varchar(50),
    -> sex enum("男","女"),
    -> profession varchar(50),
    -> age int);
Query OK, 0 rows affected
```

上述 SQL 语句中,enum 是指枚举类型,定义此处的性别只有男、女两个选择。查看该表结构,具体如下所示。

```
mysql > desc roles;
+----------+-------------+----+----+-------+-----+
| Field    | Type        |Null| Key| Default| Extra|
+----------+-------------+----+----+-------+-----+
| id       | char(6)     | YES |    | NULL  |     |
| name     | varchar(50) | YES |    | NULL  |     |
| sex      | enum('男','女') | YES |    | NULL  |     |
| profession | varchar(50) | YES |    | NULL  |     |
| age      | int(11)     | YES |    | NULL  |     |
+----------+-------------+----+----+-------+-----+
5 rows in set
```

(3) 为游戏角色表插入数据。

根据实验要求向 roles 表中插入 12 条数据,具体如下所示。

```
mysql > insert into roles values
    -> ("L_1001","潘森","男","战士",33),
    -> ("L_1002","奥利安娜","女","法师",27),
    -> ("L_1003","安妮","女","法师",NULL),
    -> ("L_1004","沃里克","男","刺客",36),
    -> ("L_1005","索拉卡","女","辅助",26),
    -> ("L_1006","奥拉夫","男","战士",32),
    -> ("L_1007","赵信","男","刺客",24),
```

```
    -> ("L_1008","艾希","女","射手",22),
    -> ("L_1009","布兰德","男","法师",33),
    -> ("L_1010","希维尔","女","射手",18),
    -> ("L_1011","卡兹克","男","刺客",NULL),
    -> ("L_1012","阿利斯塔","男","坦克",31);
Query OK, 12 rows affected
Records: 12 Duplicates: 0 Warnings: 0
```

由上述结果可知，数据插入完成。

（4）查询表中的所有数据。

使用 SELECT 查询表中的所有数据，具体如下所示。

```
mysql> select * from roles;
+------+---------+----+---------+----+
| id     | name     | sex | profession | age |
+------+---------+----+---------+----+
| L_1001 | 潘森     | 男  | 战士      |  33 |
| L_1002 | 奥利安娜 | 女  | 法师      |  27 |
| L_1003 | 安妮     | 女  | 法师      | NULL |
| L_1004 | 沃里克   | 男  | 刺客      |  36 |
| L_1005 | 索拉卡   | 女  | 辅助      |  26 |
| L_1006 | 奥拉夫   | 男  | 战士      |  32 |
| L_1007 | 赵信     | 男  | 刺客      |  24 |
| L_1008 | 艾希     | 女  | 射手      |  22 |
| L_1009 | 布兰德   | 男  | 法师      |  33 |
| L_1010 | 希维尔   | 女  | 射手      |  18 |
| L_1011 | 卡兹克   | 男  | 刺客      | NULL |
| L_1012 | 阿利斯塔 | 男  | 坦克      |  31 |
+------+---------+----+---------+----+
12 rows in set
```

（5）查询 roles 表中所有的 id 和 name。

使用 SELECT 语句查询 roles 表中所有的 id 和 name，具体如下所示。

```
mysql> select id,name from roles;
+-------+---------+
| id      | name     |
+-------+---------+
| L_1001  | 潘森     |
| L_1002  | 奥利安娜 |
| L_1003  | 安妮     |
| L_1004  | 沃里克   |
| L_1005  | 索拉卡   |
| L_1006  | 奥拉夫   |
| L_1007  | 赵信     |
| L_1008  | 艾希     |
| L_1009  | 布兰德   |
| L_1010  | 希维尔   |
| L_1011  | 卡兹克   |
| L_1012  | 阿利斯塔 |
+-------+---------+
12 rows in set
```

(6) 查询年龄大于或等于 30 岁的角色信息。

使用 SELECT 语句查询 roles 表中 age>=30 的角色信息，具体如下所示。

```
mysql> select * from roles where age>=30;
+-------+----------+-----+-----------+----+
| id     | name      | sex | profession | age |
+-------+----------+-----+-----------+----+
| L_1001 | 潘森      | 男  | 战士       |  33 |
| L_1004 | 沃里克    | 男  | 刺客       |  36 |
| L_1006 | 奥拉夫    | 男  | 战士       |  32 |
| L_1009 | 布兰德    | 男  | 法师       |  33 |
| L_1012 | 阿利斯塔  | 男  | 坦克       |  31 |
+-------+----------+-----+-----------+----+
5 rows in set
```

(7) 查询编号不为 L_1002 且职业为女法师的角色信息。

使用 SELECT 语句 AND 关键字查询 roles 表中 id! =L_1002(或使用 id<>L_1002), sex=女，profession=法师的角色信息，具体如下所示。

```
mysql> select * from roles where id!= "L_1002" and sex = "女" and profession = "法师";
+-------+----------+-----+-----------+----+
| id     | name      | sex | profession | age |
+-------+----------+-----+-----------+----+
| L_1003 | 安妮      | 女  | 法师       | NULL |
+-------+----------+-----+-----------+----+
1 row in set
```

(8) 查询编号为 L_1002 或姓名为艾希的角色信息。

使用 SELECT 语句 OR 关键字查询 roles 表中 id=L_1002 和 name=艾希的角色信息，具体如下所示。

```
mysql> select * from roles where id = "L_1002" or name = "艾希";
+-------+----------+-----+-----------+----+
| id     | name      | sex | profession | age |
+-------+----------+-----+-----------+----+
| L_1002 | 奥利安娜  | 女  | 法师       |  27 |
| L_1008 | 艾希      | 女  | 射手       |  22 |
+-------+----------+-----+-----------+----+
2 rows in set
```

(9) 查询编号为 L_1001、L_1002 和 L_1003 的角色信息。

使用 SELECT 语句 IN 关键字查出了编号为 L_1001、L_1002 和 L_1003 的角色信息，具体如下所示。

```
mysql> select * from roles where id in('L_1001','L_1002','L_1003');
+-------+----------+-----+-----------+----+
| id     | name      | sex | profession | age |
+-------+----------+-----+-----------+----+
| L_1001 | 潘森      | 男  | 战士       |  33 |
| L_1002 | 奥利安娜  | 女  | 法师       |  27 |
```

```
| L_1003 | 安妮       | 女  | 法师       | NULL |
+-------+---------+----+---------+----+
3 rows in set
```

(10) 查询编号不为 L_1001、L_1002 和 L_1003 的角色信息。

使用 SELECT 语句 NOT IN 关键字查出了编号不为 L_1001、L_1002 和 L_1003 的角色信息,具体如下所示。

```
mysql> select * from roles where id not in('L_1001','L_1002','L_1003');
+-------+---------+----+---------+----+
| id     | name       | sex | profession | age |
+-------+---------+----+---------+----+
| L_1004 | 沃里克     | 男  | 刺客       |  36 |
| L_1005 | 索拉卡     | 女  | 辅助       |  26 |
| L_1006 | 奥拉夫     | 男  | 战士       |  32 |
| L_1007 | 赵信       | 男  | 刺客       |  24 |
| L_1008 | 艾希       | 女  | 射手       |  22 |
| L_1009 | 布兰德     | 男  | 法师       |  33 |
| L_1010 | 希维尔     | 女  | 射手       |  18 |
| L_1011 | 卡兹克     | 男  | 刺客       | NULL |
| L_1012 | 阿利斯塔   | 男  | 坦克       |  31 |
+-------+---------+----+---------+----+
9 rows in set
```

(11) 查询年龄为 NULL 的角色信息。

使用 SELECT 语句 IS NULL 查询 roles 表中年龄为 NULL 的角色信息,具体如下所示。

```
mysql> select * from roles where age is NULL;
+-------+---------+----+---------+----+
| id     | name       | sex | profession | age |
+-------+---------+----+---------+----+
| L_1003 | 安妮       | 女  | 法师       | NULL |
| L_1011 | 卡兹克     | 男  | 刺客       | NULL |
+-------+---------+----+---------+----+
2 rows in set
```

(12) 查询年龄不为 NULL 的角色信息。

使用 SELECT 语句 IS NULL 查询 roles 表中年龄不为 NULL 的角色信息,具体如下所示。

```
mysql> select * from roles where age is NOT NULL;
+-------+---------+----+---------+----+
| id     | name       | sex | profession | age |
+-------+---------+----+---------+----+
| L_1001 | 潘森       | 男  | 战士       |  33 |
| L_1002 | 奥利安娜   | 女  | 法师       |  27 |
| L_1004 | 沃里克     | 男  | 刺客       |  36 |
| L_1005 | 索拉卡     | 女  | 辅助       |  26 |
| L_1006 | 奥拉夫     | 男  | 战士       |  32 |
| L_1007 | 赵信       | 男  | 刺客       |  24 |
```

```
| L_1008 | 艾希      | 女 | 射手      | 22 |
| L_1009 | 布兰德    | 男 | 法师      | 33 |
| L_1010 | 希维尔    | 女 | 射手      | 18 |
| L_1012 | 阿利斯塔  | 男 | 坦克      | 31 |
+------+---------+----+---------+----+
10 rows in set
```

(13) 查询年龄在 25～30 岁的角色信息。

使用 SELECT 语句 BETWEEN AND 查询 roles 表中 25 < age < 30 的角色信息,具体如下所示。

```
mysql> select * from roles where age between 25 and 30;
+------+---------+----+---------+----+
| id     | name      | sex | profession | age |
+------+---------+----+---------+----+
| L_1002 | 奥利安娜  | 女  | 法师       | 27 |
| L_1005 | 索拉卡    | 女  | 辅助       | 26 |
+------+---------+----+---------+----+
2 rows in set
```

(14) 查询角色名由"奥"开头构成的角色信息。

使用 SELECT 语句 LIKE 关键字查询 roles 表中角色名由"奥"开头的角色信息,具体如下所示。

```
mysql> select * from roles where name like '奥%';
+------+---------+----+---------+----+
| id     | name      | sex | profession | age |
+------+---------+----+---------+----+
| L_1002 | 奥利安娜  | 女  | 法师       | 27 |
| L_1006 | 奥拉夫    | 男  | 战士       | 32 |
+------+---------+----+---------+----+
2 rows in set
```

(15) 查询所有角色的职业,并且去除重复项。

使用 SELECT 语句 DISTINCT 关键字查询 roles 表中所有角色的职业,并且去除重复项,具体如下所示。

```
mysql> select distinct profession from roles;
+---------+
| profession |
+---------+
| 战士       |
| 法师       |
| 刺客       |
| 辅助       |
| 射手       |
| 坦克       |
+---------+
6 rows in set
```

(16) 查询所有角色记录,按年龄升序排序。

使用 SELECT 语句 ORDER BY 关键字查询 roles 表中所有角色记录,按年龄升序排序,具体如下所示。

```
mysql > select * from roles order by age ASC;
+------+---------+----+---------+----+
| id     | name       | sex | profession | age |
+------+---------+----+---------+----+
| L_1003 | 安妮       | 女  | 法师       | NULL |
| L_1011 | 卡兹克     | 男  | 刺客       | NULL |
| L_1010 | 希维尔     | 女  | 射手       |   18 |
| L_1008 | 艾希       | 女  | 射手       |   22 |
| L_1007 | 赵信       | 男  | 刺客       |   24 |
| L_1005 | 索拉卡     | 女  | 辅助       |   26 |
| L_1002 | 奥利安娜   | 女  | 法师       |   27 |
| L_1012 | 阿利斯塔   | 男  | 坦克       |   31 |
| L_1006 | 奥拉夫     | 男  | 战士       |   32 |
| L_1009 | 布兰德     | 男  | 法师       |   33 |
| L_1001 | 潘森       | 男  | 战士       |   33 |
| L_1004 | 沃里克     | 男  | 刺客       |   36 |
+------+---------+----+---------+----+
12 rows in set
```

(17) 查询角色表中职业为"刺客"的记录数,查询结果的列名指定为 total。

使用 SELECT 语句 COUNT 关键字查询 roles 表中 profession="刺客"的角色信息,并将查询结果的列名指定为 total,具体如下所示。

```
mysql > select count( * ) as total from roles where profession = "刺客";
+-------+
| total |
+-------+
|     3 |
+-------+
1 row in set
```

(18) 将角色表中的角色信息按照职业字段分组,查询各职业的人数。

使用 SELECT 语句 GROUP BY 关键字和聚合函数,查询 roles 表中各职业的人数,具体如下所示。

```
mysql > select profession,count(profession) from roles group by profession;
+----------+----------------+
| profession | count(profession) |
+----------+----------------+
| 刺客       |              3 |
| 坦克       |              1 |
| 射手       |              2 |
| 战士       |              2 |
| 法师       |              3 |
| 辅助       |              1 |
+----------+----------------+
6 rows in set
```

(19) 查询角色表中按职业分组的男性角色数量。

使用 SELECT 语句查询角色表中按职业分组的男性角色数量，具体如下所示。

```
mysql > select sex,profession,count(profession) from roles where sex = "男"
    -> group by profession
    -> having sex = "男";
+---+---------+----------------+
| sex | profession | count(profession)  |
+---+---------+----------------+
| 男  | 刺客      |              3 |
| 男  | 坦克      |              1 |
| 男  | 战士      |              2 |
| 男  | 法师      |              1 |
+---+---------+----------------+
4 rows in set
```

(20) 查询角色表中第 3～8 条记录。

使用 SELECT 语句 LIMIT 关键字查询 roles 表中第 3～8 条记录，具体如下所示。

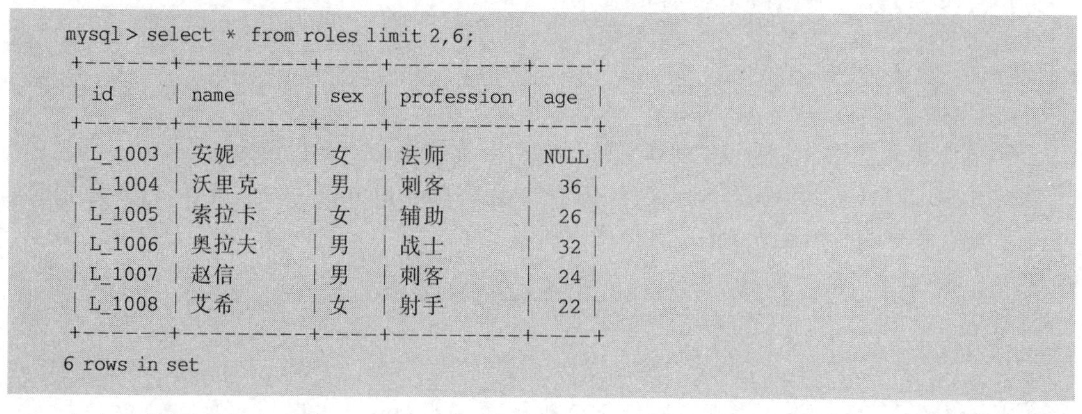

```
mysql > select * from roles limit 2,6;
+------+---------+----+---------+----+
| id     | name      | sex | profession | age |
+------+---------+----+---------+----+
| L_1003 | 安妮      | 女  | 法师      | NULL |
| L_1004 | 沃里克    | 男  | 刺客      |   36 |
| L_1005 | 索拉卡    | 女  | 辅助      |   26 |
| L_1006 | 奥拉夫    | 男  | 战士      |   32 |
| L_1007 | 赵信      | 男  | 刺客      |   24 |
| L_1008 | 艾希      | 女  | 射手      |   22 |
+------+---------+----+---------+----+
6 rows in set
```

由上述结果可知，LIMIT 后第一个参数指定为 2，代表从第 3 条记录开始查询，第二个参数 6 代表查询 6 条记录。

第5章 数据的完整性

本章学习目标

- 熟练掌握实体完整性;
- 熟练掌握索引;
- 熟练掌握域完整性;
- 熟练掌握引用完整性;
- 理解数据库事务。

数据库不只是保存数据,还要保证数据的完整性。SQL 提供了大量的完整性约束用于确保 MySQL 里数据的准确性和一致性,主要包括实体完整性、域完整性和引用完整性,本章将重点讲解数据的完整性。

5.1 实体完整性

实体完整性(Entity Integrity)是对行的约束,即对关系中的记录进行约束,要求表都有主键并且其属性也是唯一和非空值。本节将讲解实体完整性相关的主键约束、唯一约束和自动增长列。

5.1.1 主键约束

1. 单字段的主键约束

主键(Primary Key)是对表中的某一条记录设置唯一的标识。主键可以结合外键来定义不同数据表之间的关系,它们是相互对应的。一个表的主键可以由多个关键字共同组成,并且主键的列不能包含空值。主键的值能唯一标识表中的每一行,这就好比所有人都有身份证,每个人的身份证号是不同的,能唯一标识每一个人。

下面通过一个示例演示未设置主键会出现的问题。首先创建一张订单表 orders,表结构如表 5.1 所示。

表 5.1 orders 表结构

字　段	字段类型	说　明
oid	INT	订单号
total	DOUBLE	订单金额总计
name	VARCHAR(20)	收货人
phone	VARCHAR(20)	收货人电话
addr	VARCHAR(50)	收货人地址

在表 5.1 中列出了订单表的字段、字段类型和说明,创建订单表的 SQL 语句和执行结

果如下所示。

```
mysql > CREATE TABLE orders(
    ->     oid INT,
    ->     total DOUBLE,
    ->     name VARCHAR(20),
    ->     phone VARCHAR(20),
    ->     addr VARCHAR(50)
    -> );
Query OK, 0 rows affected (0.18 sec)
```

然后向订单表中插入一条数据,具体如下所示。

```
mysql > INSERT INTO orders(
    -> oid,total,name,phone,addr
    -> ) VALUES(
    -> 1,100,'zs',1366,'xxx'
    -> );
Query OK, 1 row affected (0.07 sec)
```

由上述结果可知,数据插入成功。为了验证数据是否被插入,使用 SELECT 语句查看 orders 表中的数据,具体如下所示。

```
mysql > SELECT * FROM orders;
+----+------+-----+------+------+
| oid | total | name | phone | addr |
+----+------+-----+------+------+
| 1  |  100 | zs  | 1366 | xxx  |
+----+------+-----+------+------+
1 row in set (0.02 sec)
```

由上述结果可知,orders 表中的数据成功插入。此时再次向表中插入数据,新插入数据的 oid 仍然为 1,具体如下所示。

```
mysql > INSERT INTO orders(
    -> oid,total,name,phone,addr
    -> ) VALUES(
    -> 1,200,'ls',1369,'yyy'
    -> );
Query OK, 1 row affected (0.04 sec)
```

由上述结果可知,数据插入成功。为了验证数据是否被插入,使用 SELECT 语句查看 orders 表中的数据,具体如下所示。

```
mysql > SELECT * FROM orders;
+----+------+-----+------+------+
| oid | total | name | phone | addr |
+----+------+-----+------+------+
|   1 |  100 | zs  | 1366 | xxx  |
|   1 |  200 | ls  | 1369 | yyy  |
+----+------+-----+------+------+
2 rows in set (0.00 sec)
```

由上述结果可知，orders 表中的数据被成功插入，并且表中两条数据显示的订单号 oid 相同，即都为 1。

实际上，订单号应该是唯一的、不可重复的，否则在商品的购买、退换货、物流等流程会出现问题。为了避免这种问题，可以为订单表添加主键约束。为已经创建完成的表设置主键的语法格式如下。

```
ALTER TABLE 表名 ADD PRIMARY KEY(列名);
```

其中，"表名"表示需要修改的已存在的表，PRIMARY KEY 代表主键，"列名"表示需要设置为主键的列。接着为 orders 表添加主键约束，设置 oid 列为主键，具体如下所示。

```
mysql > ALTER TABLE orders ADD PRIMARY KEY(oid);
ERROR 1062 (23000): Duplicate entry '1' for key 'PRIMARY'
```

由上述结果可知，主键添加失败，并提示一个错误，这是因为表中 oid 字段的数据相同，所以不可添加主键。此处用户可以使用 DELETE 语句删除其中一条数据，具体如下所示。

```
mysql > DELETE FROM orders WHERE name = 'ls';
Query OK, 1 row affected (0.09 sec)
```

由上述结果可知，删除数据成功。接着使用 SELECT 语句查看 orders 表中的数据，具体如下所示。

```
mysql > SELECT * FROM orders;
+----+------+-----+------+------+
| oid | total | name | phone | addr |
+----+------+-----+------+------+
|   1 |  100  | zs   | 1366  | xxx  |
+----+------+-----+------+------+
1 rows in set (0.00 sec)
```

由上述结果可知，表中只有一条数据，没有重复的数据。此时继续设置主键，具体如下所示。

```
mysql > ALTER TABLE orders ADD PRIMARY KEY(oid);
Query OK, 1 row affected (0.26 sec)
Records: 1 Duplicates: 0 Warnings: 0
```

由上述结果可知，主键添加成功。为了验证主键是否被添加，使用 DESC 查看表结构，具体如下所示。

```
mysql > DESC orders;
+-----+----------+----+----+-------+-----+
| Field | Type        | Null | Key | Default | Extra |
+-----+----------+----+----+-------+-----+
| oid   | int(11)     | NO   | PRI | 0       |       |
| total | double      | YES  |     | NULL    |       |
| name  | varchar(20) | YES  |     | NULL    |       |
| phone | varchar(20) | YES  |     | NULL    |       |
```

```
| addr  | varchar(50) | YES  |     | NULL    |       |
+-------+-------------+------+-----+---------+-------+
5 rows in set (0.01 sec)
```


由上述结果可知,oid 字段的 Key 值为 PRI,代表 oid 为主键。然后再次添加数据,oid 数值设置为 1,具体如下所示。

```
mysql > INSERT INTO orders(
    -> oid,total,name,phone,addr
    -> ) VALUES(1,200,'ls',1369,'yyy'
    -> );
ERROR 1062 (23000): Duplicate entry '1' for key 'PRIMARY'
```

由上述结果可知,数据插入失败。这是因为主键对 oid 进行了约束,新插入的数据不能重复。此处将 oid 的值改为 2,再次插入数据,具体如下所示。

```
mysql > INSERT INTO orders(
    -> oid,total,name,phone,addr
    -> ) VALUES(
    -> 2,200,'ls', 1369,'yyy'
    -> );
Query OK, 1 row affected (0.03 sec)
```

由上述结果可知,数据插入成功。为了验证数据是否被插入,使用 SELECT 语句查看 orders 表中的数据,具体如下所示。

```
mysql > SELECT * FROM orders;
+-----+-------+------+-------+-------+
| oid | total | name | phone | addr  |
+-----+-------+------+-------+-------+
|  1  |  100  | zs   | 1366  | xxx   |
|  2  |  200  | ls   | 1369  | yyy   |
+-----+-------+------+-------+-------+
2 rows in set (0.00 sec)
```

由上述结果可知,当 oid 的值不重复时插入成功。

此处要注意,主键的值不能为 NULL。为了进一步验证,将 oid 设置为 NULL,继续向表中插入一条数据,具体如下所示。

```
mysql > INSERT INTO orders(
    -> oid,total,name,phone,addr
    -> ) VALUES(
    -> NULL,300,'w5',1591,'zzz'
    -> );
ERROR 1048 (23000): Column 'oid' cannot be null
```

由上述结果可知,主键的字段值为 NULL 时会报错。

已经讲解了为已经存在的表添加主键约束,实际上,在创建表时同样可以添加主键约束,其语法格式如下。

```
CREATE TABLE 表名(
字段名 数据类型 PRIMARY KEY
);
```

其中,"字段名"表示需要设置为主键的列名,"数据类型"为该列的数据类型,PRIMARY KEY 代表主键。

下面通过具体示例演示如何在创建表时添加主键约束,如例 5-1 所示。

【例 5-1】 创建订单表 orders2,表结构与前面的 orders 表相同,在创建表的同时为 oid 列添加主键约束。

```
mysql > CREATE TABLE orders2(
    ->      oid INT PRIMARY KEY,
    ->      total DOUBLE,
    ->      name VARCHAR(20),
    ->      phone VARCHAR(20),
    ->      addr VARCHAR(50)
    -> );
Query OK, 0 rows affected (0.08 sec)
```

由上述结果可知,已经创建 orders2 表,并且为 oid 字段添加了主键。为了验证 oid 列是否为主键,使用 DESC 语句查看表结构。

```
mysql > DESC orders2;
+-----+-----------+----+----+-------+-----+
| Field | Type        | Null | Key | Default | Extra |
+-----+-----------+----+----+-------+-----+
| oid   | int(11)     | NO   | PRI | NULL    |       |
| total | double      | YES  |     | NULL    |       |
| name  | varchar(20) | YES  |     | NULL    |       |
| phone | varchar(20) | YES  |     | NULL    |       |
| addr  | varchar(50) | YES  |     | NULL    |       |
+-----+-----------+----+----+-------+-----+
5 rows in set (0.02 sec)
```

由上述结果可知,字段 oid 的 Key 值为 PRI,说明主键约束添加成功。

2. 多字段的主键约束

前面讲解了添加单字段的主键约束,但随着业务的复杂,可能会需要多字段的主键约束。例如手机接收信息,可能一个手机号在一天中接收了很多的信息,这时通过手机号就不能唯一确定一条记录。此时可以添加主键约束为手机号和时间戳两个列,根据两个列的数据,能够唯一确定一条记录。添加多字段的主键约束语法格式如下。

```
CREATE TABLE 表名(
字段名 1 数据类型,
   字段名 2 数据类型,
   ……
   PRIMARY KEY(字段名 1,字段名 2,字段名 n)
);
```

其中,PRIMARY KEY 中的参数表示构成主键的多个字段的名称。

下面通过具体示例演示如何添加多字段的主键约束,如例 5-2 所示。

【例 5-2】 创建订单表 orders3,表结构与前面的 orders 表相比,多了一个 INT 类型的 pid 字段,该字段代表商品 id,在创建表的同时为 oid 字段和 pid 字段添加主键约束。

```
mysql> CREATE TABLE orders3(
    ->     oid INT,
    ->     pid INT,
    ->     total DOUBLE,
    ->     name VARCHAR(20),
    ->     phone VARCHAR(20),
    ->     addr VARCHAR(50),
    ->     PRIMARY KEY(oid,pid)
    -> );
Query OK, 0 rows affected (0.07 sec)
```

由上述结果可知,已经创建 orders3 表,并且为 oid 字段和 pid 字段添加了主键约束。为了验证 oid 和 pid 是否为主键,使用 DESC 查看表结构。

```
mysql> DESC orders3;
+-----+----------+----+----+-------+-----+
| Field | Type        | Null | Key | Default | Extra |
+-----+----------+----+----+-------+-----+
| oid   | int(11)     | NO   | PRI | 0       |       |
| pid   | int(11)     | NO   | PRI | 0       |       |
| total | double      | YES  |     | NULL    |       |
| name  | varchar(20) | YES  |     | NULL    |       |
| phone | varchar(20) | YES  |     | NULL    |       |
| addr  | varchar(50) | YES  |     | NULL    |       |
+-----+----------+----+----+-------+-----+
6 rows in set (0.01 sec)
```

由上述结果可知,字段 oid 和字段 pid 的 Key 值都为 PRI,说明多个字段的主键约束添加成功。

3. 删除主键约束

前面讲解了如何为表中字段添加主键约束,根据需要可能会遇到删除主键约束的情况,其语法格式如下。

```
ALTER TABLE 表名 DROP PRIMARY KEY
```

下面通过示例讲解如何删除主键约束,如例 5-3 所示。

【例 5-3】 删除表 orders2 中 oid 字段的主键约束。

```
mysql> ALTER TABLE orders2 DROP PRIMARY KEY;
Query OK, 1 row affected (0.03 sec)
Records: 1 Duplicates: 0 Warnings: 0
```

由上述结果可知,成功删除 oid 字段的主键约束。为了验证主键约束是否被删除,使用 DESC 语句查看表结构,具体如下所示。

```
mysql> DESC orders2;
+-------+-------------+------+-----+---------+-------+
| Field | Type        | Null | Key | Default | Extra |
+-------+-------------+------+-----+---------+-------+
| oid   | int(11)     | NO   |     | NULL    |       |
| total | double      | YES  |     | NULL    |       |
| name  | varchar(20) | YES  |     | NULL    |       |
| phone | varchar(20) | YES  |     | NULL    |       |
| addr  | varchar(50) | YES  |     | NULL    |       |
+-------+-------------+------+-----+---------+-------+
5 rows in set (0.02 sec)
```

由上述结果可知,oid 字段没有约束。

5.1.2 唯一约束

1. 添加唯一约束

唯一约束(Unique Constraint)用于保证数据表中的字段值在每条记录里都是唯一的,MySQL 中提供了 UNIQUE 关键字为字段添加唯一约束。在创建表时,为某个字段添加唯一约束的语法格式如下。

```
CREATE TABLE 表名(
字段名 数据类型 UNIQUE,
    ……
);
```

其中,“字段名”表示需要添加唯一约束的列名,列名后跟着“数据类型”和 UNIQUE 关键字,两者之间用空格隔开。

下面通过具体示例演示唯一约束的用法,如例 5-4 所示。

【例 5-4】 创建员工表 emp,并按表结构添加约束,表结构如表 5.2 所示。

表 5.2 emp 表

字段	字段类型	约束	说明
id	INT	PRIMARY KEY	员工编号
name	VARCHAR(20)		员工姓名
phone	VARCHAR(20)	UNIQUE	员工电话
addr	VARCHAR(50)		员工住址

表 5.2 中列出了 emp 表的结构,包含 4 个字段,其中 id 字段需要添加主键约束,phone 字段需要添加唯一约束。使用 SQL 语句创建 emp 表,具体如下所示。

```
mysql> CREATE TABLE emp(
    ->     id INT PRIMARY KEY,
    ->     name VARCHAR(20),
    ->     phone VARCHAR(20) UNIQUE,
    ->     addr VARCHAR(50)
    -> );
Query OK, 0 rows affected (0.08 sec)
```

由上述结果可知,已经创建 emp 表,并且为 phone 字段添加了约束。为了验证约束是否完成,使用 DESC 查看表结构。

```
mysql > DESC emp;
+-----+----------+----+----+-------+-----+
| Field | Type        | Null | Key | Default | Extra |
+-----+----------+----+----+-------+-----+
| id    | int(11)     | NO   | PRI | NULL    |       |
| name  | varchar(20) | YES  |     | NULL    |       |
| phone | varchar(20) | YES  | UNI | NULL    |       |
| addr  | varchar(50) | YES  |     | NULL    |       |
+-----+----------+----+----+-------+-----+
4 rows in set (0.01 sec)
```

由上述结果可知,字段 id 的 Key 值为 PRI,说明主键约束添加成功,phone 字段的 Key 值为 UNI,说明唯一约束添加成功。

向 emp 表中添加两条数据,设置 phone 字段的值相同,具体如下所示。

```
mysql > INSERT INTO emp(id,name,phone,addr)
    -> VALUES(1,'zs',1366,'xxx'),(2,'ls',1366,'yyy');
ERROR 1062 (23000): Duplicate entry '1366' for key 'phone'
```

由上述结果可知,数据添加失败,这是因为添加的两条数据的 phone 字段值相同。此处只需要让两条数据的 phone 字段值不同即可,具体如下所示。

```
mysql > INSERT INTO emp(id,name,phone,addr)
    -> VALUES(1,'zs',1366,'xxx'),(2,'ls',1591,'yyy');
Query OK, 2 rows affected (0.04 sec)
Records: 2 Duplicates: 0 Warnings: 0
```

由上述结果可知,数据插入成功。为了验证数据是否被添加,使用 SELECT 语句查看 emp 表中的数据,具体如下所示。

```
mysql > SELECT * FROM emp;
+----+------+-----+------+
| oid | name | phone | addr  |
+----+------+-----+------+
| 1   | zs   | 1366  | xxx   |
| 2   | ls   | 1591  | yyy   |
+----+------+-----+------+
2 rows in set (0.02 sec)
```

由上述结果可知,emp 表中的数据被成功插入。由此可以进一步理解,添加唯一约束后,不能插入重复的记录。同样地,唯一约束也可以添加到已经创建完成的表中,其语法格式如下。

```
ALTER TABLE 表名 ADD UNIQUE(列名);
```

下面通过具体示例演示如何为已经创建完成的表添加唯一约束,如例 5-5 所示。

【例 5-5】 在创建学生表 stu 后,为 cid 字段添加唯一约束,表结构如表 5.3 所示。

表 5.3　stu 表

字　　段	字段类型	说　　明
id	INT	学生编号
cid	INT	课程编号
name	VARCHAR(20)	员工姓名

首先创建 stu 表，具体如下所示。

```
mysql > CREATE TABLE stu(
    ->      id INT,
    ->      cid INT,
    ->      name VARCHAR(20)
    -> );
Query OK, 0 rows affected (0.09 sec)
```

由上述结果可知，表 stu 创建完成。接着为表中的 cid 列添加唯一约束，具体如下所示。

```
mysql > ALTER TABLE stu ADD UNIQUE(cid);
Query OK, 0 rows affected (0.24 sec)
Records: 0 Duplicates: 0 Warnings: 0
```

由上述结果可知，表 stu 中 cid 字段添加唯一约束成功。为了验证约束是否被添加，使用 DESC 查看表结构，具体如下所示。

```
mysql > DESC stu;
+------+-----------+----+----+-------+------+
| Field | Type       | Null | Key | Default | Extra |
+------+-----------+----+----+-------+------+
| id    | int(11)    | YES  |     | NULL    |       |
| cid   | int(11)    | YES  | UNI | NULL    |       |
| name  | varchar(20) | YES  |     | NULL    |       |
+------+-----------+----+----+-------+------+
3 rows in set (0.01 sec)
```

由上述结果可知，表 stu 中 cid 字段成功添加了唯一约束。

2. 删除唯一约束

删除唯一约束的语法格式如下。

```
ALTER TABLE 表名 MODIFY 字段名 数据类型 UNSIGNED
```

下面通过示例讲解如何删除唯一约束，如例 5-6 所示。

【例 5-6】　删除表 stu 中 oid 字段的唯一约束。

```
mysql > ALTER TABLE stu MODIFY cid int UNSIGNED;
Query OK, 1 row affected (0.03 sec)
Records: 1 Duplicates: 0 Warnings: 0
```

由上述结果可知，删除命令执行成功。为了验证唯一约束是否被删除，使用 DESC 语句查看表结构，具体如下所示。

```
mysql > DESC stu;
+------+-----------+-----+-----+--------+------+
| Field | Type        | Null | Key | Default | Extra |
+------+-----------+-----+-----+--------+------+
| id    | int(11)     | YES |     | NULL    |       |
| cid   | int(11)     | YES |     | NULL    |       |
| name  | varchar(20) | YES |     | NULL    |       |
+------+-----------+-----+-----+--------+------+
3 rows in set (0.01 sec)
```

由上述结果可知,成功删除唯一约束。

5.1.3 自动增长列

在前面的学习中,为数据表插入记录时,随着 id 字段不断增加,需要注意检查主键的值是否正确。为了解决这个问题,MySQL 中提供了 AUTO_INCREMENT 关键字设置表字段值自动增加,可以将 id 字段的值设置为自动增加,其语法格式如下。

```
CREATE TABLE 表名(
字段名 数据类型 AUTO_INCREMENT,
   ……
);
```

其中,"字段名"表示需要设置字段值自动增加的列名,列名后跟着"数据类型"和 AUTO_INCREMENT 关键字,两者之间用空格隔开。此处需要注意,AUTO_INCREMENT 默认的初始值是 1,每增加一条记录,字段值自动加 1。

下面通过具体示例演示自动增长列的用法,如例 5-7 所示。

【例 5-7】 创建员工表 emp2,并按表结构添加约束,表结构如表 5.4 所示。

表 5.4 emp2 表

字　段	字段类型	约　束	说　明
id	INT	PRIMARY KEY AUTO_INCREMENT	员工编号
name	VARCHAR(20)		员工姓名
phone	VARCHAR(20)		员工电话

表 5.4 中列出了 emp2 表的结构,包含 3 个字段,其中 id 字段需要添加主键约束并设置为自动增长列。使用 SQL 语句创建 emp2 表,具体如下所示。

```
mysql > CREATE TABLE emp2(
    ->     id INT PRIMARY KEY AUTO_INCREMENT,
    ->     name VARCHAR(20),
    ->     phone varchar(20)
    -> );
Query OK, 0 rows affected (0.07 sec)
```

由上述结果可知,表 emp2 创建完成并添加约束和设置自动增长列。为了验证是否设置成功,使用 DESC 查看表结构,具体如下所示。

```
mysql > DESC emp2;
+-----+----------+----+----+-------+-------------+
| Field | Type        | Null | Key | Default | Extra          |
+-----+----------+----+----+-------+-------------+
| id    | int(11)     | NO   | PRI | NULL    | auto_increment |
| name  | varchar(20) | YES  |     | NULL    |                |
| phone | varchar(20) | YES  |     | NULL    |                |
+-----+----------+----+----+-------+-------------+
3 rows in set (0.01 sec)
```

由上述结果可知，字段 id 的 Key 值为 PRI，说明主键添加成功，Extra 值为 auto_increment，说明自动增长列设置成功。接着向 emp2 表中添加数据，具体如下所示。

```
mysql > INSERT INTO emp2(name,phone) VALUES('aa',1355);
Query OK, 1 row affected (0.04 sec)
```

由上述结果可知，数据添加成功。使用 SELECT 语句查看 emp2 表中的数据，具体如下所示。

```
mysql > SELECT * FROM emp2;
+---+----+-----+
| id | name | phone |
+---+----+-----+
|  1 | aa   | 1355  |
+---+----+-----+
1 row in set (0.00 sec)
```

由上述结果可知，表 emp2 中 id 字段在添加记录的时候自动生成了数值 1。继续向 emp2 表中添加数据进行验证，具体如下所示。

```
mysql > INSERT INTO emp2(name,phone) VALUES('bb',1366);
Query OK, 1 row affected (0.04 sec)
```

由上述结果可知，数据添加成功。使用 SELECT 语句查看 emp2 表中的数据，具体如下所示。

```
mysql > SELECT * FROM emp2;
+---+----+-----+
| id | name | phone |
+---+----+-----+
|  1 | aa   | 1355  |
|  2 | bb   | 1366  |
+---+----+-----+
2 rows in set (0.00 sec)
```

由上述结果可知，第 2 条数据插入时，id 字段值自动加 1，生成了数值 2，说明 id 字段成功设置了自动增长。

此外，自动增长列也可以为已经创建完成的表字段设置，其语法格式如下。

```
ALTER TABLE 表名 MODIFY 字段名 数据类型 PRIMARY KEY AUTO_INCREMENT;
```

下面通过具体示例演示为已经创建完成的表字段设置自动增长，如例 5-8 所示。

【例 5-8】 在创建教师表 teacher 后，为 id 字段添加主键约束，并设置为自动增长列，表结构如表 5.5 所示。

表 5.5　teacher 表

字　段	字段类型	说　明
id	INT	教师编号
name	VARCHAR(20)	教师姓名
phone	VARCHAR(20)	教师电话

首先创建 teacher 表，具体如下所示。

```
mysql > use qf_test3;
Database changed
mysql > CREATE TABLE teacher(
    ->     id INT,
    ->     name VARCHAR(20),
    ->     phone VARCHAR(20)
    -> );
Query OK, 0 rows affected (0.09 sec)
```

由上述结果可知，已经创建 teacher 表。接着为 id 字段添加主键约束，并设置为自动增长列，具体如下所示。

```
mysql > ALTER TABLE teacher MODIFY id INT PRIMARY KEY AUTO_INCREMENT;
Query OK, 0 rows affected (0.21 sec)
Records: 0 Duplicates: 0 Warnings: 0
```

由上述结果可知，表 teacher 中 id 字段添加主键约束成功，并设置为自动增长列。为了验证是否设置成功，使用 DESC 查看表结构，具体如下所示。

```
mysql > DESC teacher;
+-------+-------------+------+-----+---------+----------------+
| Field | Type        | Null | Key | Default | Extra          |
+-------+-------------+------+-----+---------+----------------+
| id    | int(11)     | NO   | PRI | NULL    | auto_increment |
| name  | varchar(20) | YES  |     | NULL    |                |
| phone | varchar(20) | YES  |     | NULL    |                |
+-------+-------------+------+-----+---------+----------------+
3 rows in set (0.01 sec)
```

由上述结果可知，id 字段的 Key 值为 PRI，说明表 teacher 中添加主键约束成功，Extra 值为 auto_increment，说明 id 字段成功设置为自动增长列。

5.2　索　　引

在关系型数据库中，索引不但是一种单独地、物理地对数据库表中一列或多列的值进行排序的一种存储结构，它还是某个表中一列或若干列值的集合和相应地指向表中物理标识这些值的数据页的逻辑指针清单。举个例子,索引的作用相当于字典的目录页,可以根据目录中的拼音、笔画、偏旁和页码快速找到所需的文字。

索引可以减少排序和分组的时间,大大提高 MySQL 的检索速度,有利于 MySQL 的高效运行。如果没有设计和使用索引的 MySQL 是一个人力三轮车,那么合理地设计且使用索引的 MySQL 就是一辆跑车。MySQL 中查找数据也有类似的问题,如果使用“SELECT * FROM 表名 WHERE id=1000”,MySQL 必须从第 1 条记录开始读完整个表,直到找到 id 等于 1000 的数据,这种做法效率明显非常低,用户可以通过索引来解决这个问题。

索引可以分为普通索引、唯一索引、单列索引、组合索引、全文索引、空间索引等,本节将讲解实际应用中常用的普通索引和唯一索引。

5.2.1 普通索引

普通索引是最基本的索引类型,没有什么限制,允许插入重复值和空值,目的是加快对数据的访问速度。一般情况下,为那些最常出现在查询条件或排序条件中的数据列和数据中最整齐、最紧凑的数据列创建索引,如一个整数数据类型的列。

在创建表时可以创建普通索引,其语法格式如下。

```
CREATE TABLE 表名(
字段名 数据类型,
    ……
INDEX [索引名](字段名[(长度)])
);
```

其中,INDEX 表示字段的索引,“索引名”是可选值,括号中的“字段名”是创建索引的字段,参数“长度”是可选的,用于表示索引的长度。

下面通过具体示例演示普通索引的创建方法,如例 5-9 所示。

【例 5-9】 创建测试表 test1,并为 id 字段添加主键约束,为 name 字段创建普通索引,表结构如表 5.6 所示。

表 5.6 test1 表

字　段	字段类型	说　明
id	INT	主键
name	VARCHAR(20)	普通索引
remark	VARCHAR(50)	

创建表并添加约束和索引,具体如下所示。

```
mysql > CREATE TABLE test1(
    ->     id INT PRIMARY KEY,
    ->     name VARCHAR(20),
    ->     remark VARCHAR(50),
    ->     INDEX(name)
    -> );
Query OK, 0 rows affected (0.11 sec)
```

由上述结果可知,已经创建 test1 表并添加了主键和普通索引。为了验证索引是否被添加,使用 SHOW CREATE TABLE 查看表的具体信息,具体如下所示。

```
mysql > SHOW CREATE TABLE test1\G;
*************************** 1. row ***************************
       Table: test1
Create Table: CREATE TABLE `test1` (
  `id` int(11) NOT NULL,
  `name` varchar(20) DEFAULT NULL,
  `remark` varchar(50) DEFAULT NULL,
  PRIMARY KEY (`id`),
  KEY `name` (`name`)
) ENGINE = InnoDB DEFAULT CHARSET = utf8
1 row in set (0.00 sec)
```

由上述结果可知,test1 表中 id 字段为主键,name 字段创建了索引,这是在创建表的同时创建了普通索引。

另外,也可以为已经创建完成的表的某个字段创建普通索引,其语法格式如下。

```
CREATE INDEX 索引名 ON 表名(字段名[(长度)]);
```

下面通过具体示例演示为已经创建完成的表字段创建普通索引,如例 5-10 所示。

【例 5-10】 在创建测试表 test2 后,为 id 字段创建普通索引,表结构如表 5.7 所示。

表 5.7 test2 表

字　段	字段类型	说　明
id	INT	普通索引
name	VARCHAR(20)	
remark	VARCHAR(50)	

首先创建表 test2,具体如下所示。

```
mysql > CREATE TABLE test2(
    ->      id INT,
    ->      name VARCHAR(20),
    ->      remark VARCHAR(50)
    -> );
Query OK, 0 rows affected (0.11 sec)
```

接着为表 test2 的 id 字段创建普通索引,具体如下所示。

```
mysql > CREATE INDEX test2_id ON test2(id);
Query OK, 0 rows affected (0.16 sec)
Records: 0 Duplicates: 0 Warnings: 0
```

由上述结果可知,表 test2 的 id 字段普通索引创建成功。为了验证索引是否被创建,使用 SHOW CREATE TABLE 查看表的具体信息,具体如下所示。

```
mysql > SHOW CREATE TABLE test2\G;
*************************** 1. row ***************************
       Table: test2
Create Table: CREATE TABLE `test2` (
```

```
  `id` int(11) DEFAULT NULL,
  `name` varchar(20) DEFAULT NULL,
  `remark` varchar(50) DEFAULT NULL,
  KEY `test2_id` (`id`)
) ENGINE = InnoDB DEFAULT CHARSET = utf8
1 row in set (0.00 sec)
```

由上述结果可知,id 字段创建了索引,并且索引名称为 test2_id。

5.2.2 唯一索引

5.2.1 节讲解了普通索引,它允许定义索引的字段插入重复值和空值,而唯一索引列的值有所不同,允许有空值但是必须唯一。当现有数据中存在重复的值时,大多数数据库不允许将新创建的唯一索引与表一起保存,还可能防止添加将在表中创建重复键值的新数据。

在创建表时可以创建唯一索引,其语法格式如下。

```
CREATE TABLE 表名(
字段名 数据类型,
   ……
UNIQUE INDEX [索引名](字段名[(长度)])
);
```

其中,UNIQUE INDEX 关键字表示唯一索引;"索引名"是可选值;括号中的"字段名"是创建索引的字段;参数"长度"是可选的,用于表示索引的长度。

下面通过具体示例演示唯一索引的创建方法,如例 5-11 所示。

【例 5-11】 创建测试表 test3,并为 id 字段添加主键约束,为 name 字段创建唯一索引,表结构如表 5.8 所示。

表 5.8 test3 表

字　段	字段类型	说　明
id	INT	主键
name	VARCHAR(20)	唯一索引
remark	VARCHAR(50)	

创建表并添加约束和索引,具体如下所示。

```
mysql > CREATE TABLE test3(
    ->      id INT PRIMARY KEY,
    ->      name VARCHAR(20),
    ->      remark VARCHAR(50),
    ->      UNIQUE INDEX(name)
    -> );
Query OK, 0 rows affected (0.07 sec)
```

由上述结果可知,已经创建 test3 表并添加了主键和唯一索引。为了验证索引是否被添加,使用 SHOW CREATE TABLE 查看表的具体信息,具体如下所示。

```
mysql > SHOW CREATE TABLE test3\G;
*************************** 1. row ***************************
```

```
       Table: test3
Create Table: CREATE TABLE `test3` (
  `id` int(11) NOT NULL,
  `name` varchar(20) DEFAULT NULL,
  `remark` varchar(50) DEFAULT NULL,
  PRIMARY KEY (`id`),
  UNIQUE KEY `name` (`name`)
) ENGINE = InnoDB DEFAULT CHARSET = utf8
1 row in set (0.00 sec)
```

由上述结果可知,test3 表中 id 字段添加了主键约束,name 字段创建了唯一索引,这是在创建表的同时创建了唯一索引。

另外,也可以为已经创建完成的表的某个字段创建唯一索引,其语法格式如下。

```
CREATE UNIQUE INDEX 索引名 ON 表名(字段名[(长度)]);
```

下面通过具体示例演示为已经创建完成的表字段创建唯一索引,如例 5-12 所示。

【例 5-12】 在创建测试表 test4 后,为 id 字段创建唯一索引,表结构如表 5.9 所示。

表 5.9 test4 表

字　段	字段类型	说　明
id	INT	唯一索引
name	VARCHAR(20)	
remark	VARCHAR(50)	

首先创建表 test4,具体如下所示。

```
mysql > CREATE TABLE test4(
    ->     id INT,
    ->     name VARCHAR(20),
    ->     remark VARCHAR(50)
    -> );
Query OK, 0 rows affected (0.08 sec)
```

接着为表 test4 的 id 字段创建唯一索引,具体如下所示。

```
mysql > CREATE UNIQUE INDEX test4_id ON test4(id);
Query OK, 0 rows affected (0.14 sec)
Records: 0 Duplicates: 0 Warnings: 0
```

由上述结果可知,test4 表中的 id 字段唯一索引创建完成。为了验证索引是否被创建,使用 SHOW CREATE TABLE 查看表的具体信息,具体如下所示。

```
mysql > SHOW CREATE TABLE test4\G;
*************************** 1. row ***************************
       Table: test4
Create Table: CREATE TABLE `test4` (
  `id` int(11) DEFAULT NULL,
  `name` varchar(20) DEFAULT NULL,
```

```
  `remark` varchar(50) DEFAULT NULL,
  UNIQUE KEY `test4_id` (`id`)
) ENGINE = InnoDB DEFAULT CHARSET = utf8
1 row in set (0.00 sec)
```

由上述结果可知,为 id 字段成功创建了唯一索引,并且名称为 test4_id。

5.3 域完整性

域完整性是对关系中的单元格进行约束,即对列的约束,域代表单元格。域完整性约束主要包括 4 种类型,分别为数据类型、非空约束、默认值约束和 CHECK 约束。数据类型在之前章节已经讲解过,MySQL 会忽略 CHECK 约束。本节只讲解非空约束和默认值约束。

5.3.1 非空约束

非空约束(Not Null Constraint)指数据表中某个字段的值不能为 NULL。MySQL 中添加了非空约束的字段,如果用户在添加数据时没有指定值,则系统会提示错误。在创建表时,为某个字段添加非空约束的语法格式如下。

```
CREATE TABLE 表名(
字段名 数据类型 NOT NULL,
    ……
);
```

其中,“字段名”是需要添加非空约束的列名,“列名”后跟着“数据类型”和 NOT NULL 关键字,两者之间用空格隔开。

下面通过具体示例演示非空约束的用法,如例 5-13 所示。

【例 5-13】 创建测试表 test5,并按表结构添加约束,表结构如表 5.10 所示。

表 5.10 test5 表

字 段	字段类型	约 束
id	INT	PRIMARY KEY
name	VARCHAR(20)	NOT NULL
addr	VARCHAR(50)	

表 5.10 中列出了 test5 表的结构,包含 3 个字段,其中 id 字段要求添加主键约束,name 字段要求添加非空约束。创建表 test5,具体如下所示。

```
mysql > CREATE TABLE test5(
    ->      id INT PRIMARY KEY,
    ->      name VARCHAR(20) NOT NULL,
    ->      addr VARCHAR(50)
    -> );
Query OK, 0 rows affected (0.07 sec)
```

由上述结果可知,已经创建 test5 表,并且为 name 字段添加了非空约束。为了验证是否添加了非空约束,使用 DESC 查看表结构,具体如下所示。

```
mysql > DESC test5;
+-----+-------------+----+----+-------+-----+
| Field | Type        | Null | Key | Default | Extra |
+-----+-------------+----+----+-------+-----+
| id    | int(11)     | NO   | PRI | NULL    |       |
| name  | varchar(20) | NO   |     | NULL    |       |
| addr  | varchar(50) | YES  |     | NULL    |       |
+-----+-------------+----+----+-------+-----+
3 rows in set (0.01 sec)
```

由上述结果可知,字段 id 为主键,字段 name 的 Null 列显示为 NO,即不可为 NULL 值。接着向 test5 表中添加数据进行验证,具体如下所示。

```
mysql > INSERT INTO test5(id,name,addr) VALUES(1,NULL,'xxx');
ERROR 1048 (23000): Column 'name' cannot be null
```

由上述结果可知,当添加 name 字段的值为 NULL 时,添加数据失败。

此外,非空约束也可以添加到已经创建完成的表中,其语法格式如下。

```
ALTER TABLE 表名 MODIFY 字段名 数据类型 NOT NULL;
```

下面通过具体示例演示为已经创建完成的表添加非空约束,如例 5-14 所示。

【例 5-14】 创建测试表 test6,创建完成后,为 id 字段添加非空约束,表结构如表 5.11 所示。

表 5.11　test6 表

字　段	字段类型	字　段	字段类型
id	INT	addr	VARCHAR(50)
name	VARCHAR(20)		

首先创建 test6 表,具体如下所示。

```
mysql > CREATE TABLE test6(
    ->     id INT,
    ->     name VARCHAR(20),
    ->     addr VARCHAR(50)
    -> );
Query OK, 0 rows affected (0.08 sec)
```

由上述结果可知,已经创建 test6 表。接着为表中的 id 列添加非空约束,具体如下所示。

```
mysql > ALTER TABLE test6 MODIFY id INT NOT NULL;
Query OK, 0 rows affected (0.20 sec)
Records: 0 Duplicates: 0 Warnings: 0
```

由上述结果可知,表 test6 中 id 字段添加成功。为了验证是否添加了非空约束,使用 DESC 查看表结构,具体如下所示。

```
mysql > DESC test6;
+------+-------------+------+-----+---------+-------+
| Field | Type        | Null | Key | Default | Extra |
+------+-------------+------+-----+---------+-------+
| id    | int(11)     | NO   |     | NULL    |       |
| name  | varchar(20) | YES  |     | NULL    |       |
| addr  | varchar(50) | YES  |     | NULL    |       |
+------+-------------+------+-----+---------+-------+
3 rows in set (0.01 sec)
```

由上述结果可知，表 test6 中 id 字段 NULL 列的值为 NO，证明成功添加了非空约束。

5.3.2 默认值约束

默认值约束(Default Constraint)指数据表中某个字段的默认值，如数据表中女同学较多，性别就可以默认为“女”，如果在插入新的数据时没有定义性别，系统则会自动为该字段赋值为“女”。MySQL 中为字段添加默认值约束的语法格式如下。

```
CREATE TABLE 表名(
字段名 数据类型 DEFAULT 默认值,
    ……
);
```

其中，“字段名”表示需要添加默认值约束的列名，列名后跟着“数据类型”和 DEFAULT 关键字，DEFAULT 是添加的默认值。

下面通过具体示例演示默认值约束的用法，如例 5-15 所示。

【例 5-15】 创建测试表 test7，并按表结构添加约束，表结构如表 5.12 所示。

表 5.12 test7 表

字　段	字段类型	约　束
id	INT	PRIMARY KEY
name	VARCHAR(20)	
addr	VARCHAR(50)	DEFAULT 'ABC'

表 5.12 中列出了 test7 表的结构，包含 3 个字段，其中 id 字段需要添加主键约束，addr 字段需要添加默认值约束。创建 test7 表，具体如下所示。

```
mysql > CREATE TABLE test7(
    ->     id INT PRIMARY KEY,
    ->     name VARCHAR(20),
    ->     addr VARCHAR(50) DEFAULT 'ABC'
    -> );
Query OK, 0 rows affected (0.08 sec)
```

由上述结果可知，已经创建 test7 表，并且为 addr 字段添加了默认值约束。为了验证是否添加了默认值约束，使用 DESC 查看表结构，具体如下所示。

```
mysql > DESC test7;
+------+------------+-----+-----+---------+-------+
| Field | Type       | Null | Key | Default | Extra |
+------+------------+-----+-----+---------+-------+
| id    | int(11)     | NO  | PRI | NULL    |       |
| name  | varchar(20) | YES |     | NULL    |       |
| addr  | varchar(50) | YES |     | ABC     |       |
+------+------------+-----+-----+---------+-------+
3 rows in set (0.02 sec)
```

由上述结果可知,字段 id 为主键,字段 addr 的 Default 值为 ABC。此时向 test7 表中添加数据进行验证,具体如下所示。

```
mysql > INSERT INTO test7(id,name) VALUES(1,'zs');
Query OK, 1 row affected (0.05 sec)
```

由上述结果可知,表 test7 添加了一条数据,且只添加了 id 和 name 两个字段的值。使用 SELECT 语句查看表中数据,具体如下所示。

```
mysql > SELECT * FROM test7;
+---+----+-----+
| id | name | addr |
+---+----+-----+
|  1 | zs   | ABC  |
+---+----+-----+
1 row in set (0.00 sec)
```

由上述结果可知,表 test7 中 addr 字段使用了默认值 ABC,证明默认值约束添加成功。此外,默认值约束也可以添加到已经创建完成的表中,其语法格式如下。

```
ALTER TABLE 表名 MODIFY 字段名 数据类型 DEFAULT 默认值;
```

下面通过具体示例演示为已经创建完成的表添加默认值约束,如例 5-16 所示。

【例 5-16】 创建测试表 test8,创建完成后,为 name 字段添加默认值约束,默认值为 lilei,表结构如表 5.13 所示。

表 5.13 test8 表

字　段	字段类型	字　段	字段类型
id	INT	addr	VARCHAR(50)
name	VARCHAR(20)		

首先创建 test8 表,具体如下所示。

```
mysql > CREATE TABLE test8(
    ->      id INT,
    ->      name VARCHAR(20),
    ->      addr VARCHAR(50)
    -> );
Query OK, 0 rows affected (0.08 sec)
```

由上述结果可知，已经创建 test8 表。接着为表中的 name 字段添加默认值约束，具体如下所示。

```
mysql> ALTER TABLE test8 MODIFY name VARCHAR(20) DEFAULT 'lilei';
Query OK, 0 rows affected (0.05 sec)
Records: 0 Duplicates: 0 Warnings: 0
```

由上述结果可知，表 test8 中 name 字段添加默认值约束成功。为了验证是否添加了默认值约束，使用 DESC 查看表结构，具体如下所示。

```
mysql> DESC test8;
+------+-------------+------+-----+---------+-------+
| Field | Type       | Null | Key | Default | Extra |
+------+-------------+------+-----+---------+-------+
| id   | int(11)     | YES  |     | NULL    |       |
| name | varchar(20) | YES  |     | lilei   |       |
| addr | varchar(50) | YES  |     | NULL    |       |
+------+-------------+------+-----+---------+-------+
3 rows in set (0.00 sec)
```

由上述结果可知，表 test8 中 name 字段 Default 列的值为 lilei，证明成功添加了默认值约束。

5.4 引用完整性

引用完整性是定义外关键字与主关键字之间的引用规则，也是对实体之间关系的描述，还是外键约束。如果要删除被引用的对象，那么也要删除引用它的所有对象，或者把引用值设置为空。例如，前面的员工和部门关系中，删除某个部门元组之前，必须先删除相应的引用该部门的员工元组。下面将详细讲解外键约束的相关内容。

5.4.1 外键的概念

外键是表中的一个字段，该字段可以不是表的主键，但是需要对应另一个表的主键，被引用的字段应该具有主键约束或唯一约束。外键用来在两个数据表的数据之间建立连接，保证数据引用的完整性。下面通过两张表讲解什么是外键约束。

首先创建学科表 subject，其中包括两个字段(专业编号 sub_id 和专业名称 sub_name)，具体如下所示。

```
mysql> CREATE TABLE subject(
    ->     sub_id INT PRIMARY KEY,
    ->     sub_name VARCHAR(20)
    -> );
Query OK, 0 rows affected (0.35 sec)
```

接着创建学生表 student，其中包括 3 个字段(学生编号 stu_id、学生姓名 stu_name 和专业编号 sub_id)，具体如下所示。

```
mysql> CREATE TABLE student(
    ->     stu_id INT PRIMARY KEY,
    ->     stu_name VARCHAR(20),
    ->     sub_id INT NOT NULL
    -> );
Query OK, 0 rows affected (0.16 sec)
```

创建的 subject 表中 sub_id 为主键，student 表引入了 subject 表的主键，student 表中的 sub_id 字段为外键。此处需要注意，两个表是主从关系，被引用的表 subject 是主表，引用外键的表 student 是从表。从表可以通过外键连接主表中的数据信息，通过外键建立两个表数据之间的连接。

由此可知，student 表中的 sub_id 字段是外键。当外键字段引用了主表 subject 的数据时，subject 表不允许单方面删除表或表中数据，需要先删除引用它的所有对象，或者把引用值设置为空。下面验证这种情况，首先为主表 subject 添加数据，具体如下所示。

```
mysql> INSERT INTO subject(sub_id,sub_name) VALUES(1,'math');
Query OK, 1 row affected (0.08 sec)
```

由上述结果可知，数据插入完成。为了验证数据是否被添加，使用 SELECT 语句查看 subject 表中的数据，具体如下所示。

```
mysql> SELECT * FROM subject;
+-------+---------+
| sub_id | sub_name |
+-------+---------+
|   1   | math    |
+-------+---------+
1 row in set (0.03 sec)
```

由上述结果可知，subject 表中的数据成功插入。接着向 student 表插入数据，具体如下所示。

```
mysql> INSERT INTO student(stu_id,stu_name,sub_id) VALUES(1,'zs',1);
Query OK, 1 row affected (0.05 sec)
```

由上述结果可知，数据插入完成。为了验证数据是否被添加，使用 SELECT 语句查看 student 表中的数据，具体如下所示。

```
mysql> SELECT * FROM student;
+-------+---------+-------+
| stu_id | stu_name | sub_id |
+-------+---------+-------+
|   1   | zs      |   1   |
+-------+---------+-------+
1 row in set (0.00 sec)
```

由上述结果可知，student 表中的 sub_id 为 1，该值引用了 subject 表中 sub_id 字段的值。这时删除主表 subject 中的数据，具体如下所示。

```
mysql> DELETE FROM subject;
Query OK, 1 row affected (0.07 sec)
```

由上述结果可知,表 subject 中的数据删除成功。由此进行分析,此时还没有为 sub_id 字段添加外键约束,如果添加了外键约束,数据被从表引用时,主表中的数据不应该被删除。接下来将详细讲解如何添加外键约束。

5.4.2 添加外键约束

添加外键约束的语法格式如下。

```
ALTER TABLE 表名
ADD FOREIGN KEY(外键字段名) REFERENCES 主表表名(主键字段名);
```

使用 5.4.1 节创建的 student 表和 subject 表,并删除表中数据,此处不再演示。为 student 表中的 sub_id 字段添加外键约束,具体如下所示。

```
mysql> ALTER TABLE student
    -> ADD FOREIGN KEY(sub_id) REFERENCES subject(sub_id);
Query OK, 0 rows affected (0.22 sec)
Records: 0 Duplicates: 0 Warnings: 0
```

由上述结果可知,student 表添加外键约束成功。此时无法为 student 表添加数据,因为 subject 表中还没有可以引用的数据,具体如下所示。

```
mysql> INSERT INTO student(stu_id,stu_name,sub_id) VALUES(1,'zs',1);
ERROR 1452 (23000): Cannot add or update a child row: a foreign key constraint
fails (`qf_test3`.`student`, CONSTRAINT `student_ibfk_1` FOREIGN KEY (
`sub_id`) REFERENCES `subject` (`sub_id`))
```

由上述结果可知,subject 表中没有数据,student 表中无法插入数据。此时先为主表插入数据,具体如下所示。

```
mysql> INSERT INTO subject(sub_id,sub_name) VALUES(1,'math');
Query OK, 1 row affected (0.08 sec)
```

由上述结果可知,数据插入完成。接着为 student 表插入数据,具体如下所示。

```
mysql> INSERT INTO student(stu_id,stu_name,a_id) VALUES(1,'zs',1);
Query OK, 1 row affected (0.05 sec)
```

由上述结果可知,数据插入完成。然后进行前面的实验,直接删除 subject 表中的数据,具体如下所示。

```
mysql> DELETE FROM subject;
ERROR 1451 (23000): Cannot delete or update a parent row: a foreign
key constraint fails (`qf_test3`.`student`, CONSTRAINT
`student_ibfk_1` FOREIGN KEY (`sub_id`) REFERENCES `subject`
(`sub_id`))
```

由上述结果可知,无法删除 subject 表中的数据,是因为表 subject 中的数据被 student 表引用。此时可以先删除从表中的数据,再删除主表中的数据。首先删除 student 表中的数据,具体如下所示。

```
mysql > DELETE FROM student;
Query OK, 1 row affected (0.03 sec)
```

由上述结果可知,student 表中数据删除成功。接着删除主表 subject 中的数据,具体如下所示。

```
mysql > DELETE FROM account;
Query OK, 1 row affected (0.03 sec)
```

由上述结果可知,已经成功删除 subject 表中数据,这就是外键约束的作用。

此处需要注意,在创建表的同时也可以添加外键约束,其语法格式如下。

```
CREATE TABLE 表名(
字段名 数据类型,
……,
FOREIGN KEY(外键字段名) REFERENCES 主表表名(主键字段名)
);
```

下面通过示例演示创建表的同时添加外键约束。创建学生表 student2 和分数表 score,其中学生表包含两个字段(学生编号 stu_id 和学生姓名 stu_name),分数表包括 3 个字段(分数编号 sco_id、分数 score 和学生编号 stu_id),具体如例 5-17 所示。

【例 5-17】 首先创建学生表,具体如下所示。

```
mysql > CREATE TABLE student2(
    ->      stu_id INT PRIMARY KEY,
    ->      stu_name VARCHAR(20)
    -> );
Query OK, 0 rows affected (0.08 sec)
```

由上述结果可知,已经创建 student2 表。接着创建分数表,并且为 sco_id 字段添加外键约束,具体如下所示。

```
mysql > CREATE TABLE score(
    ->      sco_id INT PRIMARY KEY,
    ->      score INT,
    ->      stu_id INT,
    ->      FOREIGN KEY(stu_id) REFERENCES student2(stu_id)
    -> );
Query OK, 0 rows affected (0.09 sec)
```

由上述结果可知,已经创建 score 表。为了验证 sco_id 字段是否添加外键约束,使用 SHOW CREATE TABLE 语句查看 score 表,具体如下所示。

```
mysql > SHOW CREATE TABLE score\G;
*************************** 1. row ***************************
       Table: score
```

```
Create Table: CREATE TABLE `score` (
  `sco_id` int(11) NOT NULL,
  `score` int(11) DEFAULT NULL,
  `stu_id` int(11) DEFAULT NULL,
  PRIMARY KEY (`sco_id`),
  KEY `stu_id` (`stu_id`),
  CONSTRAINT `score_ibfk_1` FOREIGN KEY (`stu_id`) REFERENCES
`student2` (`stu_id`)
) ENGINE = InnoDB DEFAULT CHARSET = utf8
1 row in set (0.00 sec)
```

由上述结果可知,score 表的 stu_id 字段有外键约束,关联的主表为 student2。

5.4.3 删除外键约束

5.4.2 节讲解了如何添加外键约束,本节将讲解如何删除外键约束。删除外键约束的语法格式如下。

```
ALTER TABLE 表名 DROP FOREIGN KEY 外键名;
```

将表 student 中的外键约束删除,首先查看表中的外键名,具体如下所示。

```
mysql > SHOW CREATE TABLE student\G;
*************************** 1. row ***************************
       Table: student
Create Table: CREATE TABLE `student` (
  `stu_id` int(11) NOT NULL,
  `stu_name` varchar(20) DEFAULT NULL,
  `sub_id` int(11) NOT NULL,
  PRIMARY KEY (`stu_id`),
  KEY `sub_id` (`sub_id`),
  CONSTRAINT `student_ibfk_1` FOREIGN KEY (`sub_id`) REFERENCES `subject`
  (`sub_id`)
) ENGINE = InnoDB DEFAULT CHARSET = utf8
1 row in set (0.00 sec)
```

由上述结果可知,student 表中的 sub_id 字段为外键,关联的主表是 subject,外键名为 student_ibfk_1。接着删除这个外键约束,具体如下所示。

```
mysql > ALTER TABLE student DROP FOREIGN KEY student_ibfk_1;
Query OK, 0 rows affected (0.16 sec)
Records: 0 Duplicates: 0 Warnings: 0
```

由上述结果可知,student 表的外键约束删除成功。为了验证外键约束是否被删除,使用 SHOW CREATE TABLE 语句查看 student 表,具体如下所示。

```
mysql > SHOW CREATE TABLE student\G;
*************************** 1. row ***************************
       Table: student
Create Table: CREATE TABLE `student` (
  `stu_id` int(11) NOT NULL,
```

```
  `stu_name` varchar(20) DEFAULT NULL,
  `sub_id` int(11) NOT NULL,
  PRIMARY KEY (`stu_id`),
  KEY `sub_id` (`sub_id`)
) ENGINE = InnoDB DEFAULT CHARSET = utf8
1 row in set (0.00 sec)
```

由上述结果可知,student 表的外键约束删除成功。

5.5 本章小结

本章主要介绍了实体完整性、索引、域完整性和引用完整性。本章的重点是主键约束、唯一约束,难点是普通索引、唯一索引和外键约束,希望读者在学习之际可以结合数据表的实际情况去运用。通过本章的学习,读者需要多理解外键约束的使用方法,便于学习后面的多表查询。

5.6 习　　题

1. 填空题

(1) ________用于唯一地标识表中的某一条记录。

(2) MySQL 中使用________关键字添加唯一约束。

(3) MySQL 中使用________关键字设置表字段值自动增加。

(4) 普通索引是最基本的索引类型,它的唯一任务是加快对数据的________。

(5) ________是指引用另一个表中的一列或多列,被引用的列应该具有主键约束或唯一约束。

2. 选择题

(1) MySQL 中使用(　　)关键字添加非空约束。

A. NOT NULL　　B. CREATE
C. PRIMARY KEY　　D. ALTER

(2) MySQL 中使用(　　)关键字添加默认值约束。

A. DROP　　B. ALTER
C. UNIQUE　　D. DEFAULT

(3) 引用完整性是对实体之间关系的描述,是定义(　　)与主关键字之间的引用规则。

A. 唯一约束　　B. 外键关键字
C. 默认值约束　　D. 普通索引

(4) 若需要真正连接两个表的数据,则可以为表添加(　　)。

A. 唯一约束　　B. 主键约束
C. 唯一索引　　D. 外键约束

(5) 解除两个表之间的关联关系,需要删除(　　)。

A. 外键约束　　B. 唯一约束
C. 普通索引　　D. 主键约束

3. 思考题

（1）请简述实体完整性有哪些。

（2）请简述索引分为哪几类。

（3）请简述索引的作用。

（4）请简述域完整性有哪些。

（5）请简述引用完整性的作用。

5.7 实验：APP 用户表的设计——注册表

1. 实验目的及要求

根据实验需求设计相应用户表，并为相应字段设置合理的数据类型和约束。

2. 实验要求

在各种各样的 APP 中，用户都需要注册登录才可使用。用户在注册表单中根据提示填写信息，提交表单，而这个表单就是数据库中的一张用户表，该表需要保存的用户信息如下所示。

（1）用户编号：设为主键且自动增长。

（2）用户名：不能为空，不允许重复，长度在 20 个字符以内。

（3）性别：有“男”“女”“保密”3 种选择。

（4）手机号：设为唯一索引，且长度设为 11 个字符。

（5）注册时间：默认为注册时的时间和日期。

（6）年龄：数值类型，不能为负数，长度设为 3 个字符。

3. 实验步骤

（1）创建用户表。

根据实验需求，在 APP 数据库中创建一张用户表（user），并为每个字段设置合理的数据类型和约束，表结构如表 5.14 所示。

表 5.14　APP 用户注册表

字　段	数据类型	约　束	说　明
id	INT	primary key，auto_increment	用户编号
username	VARCHAR(20)	unique，not null	用户名
sex	ENUM('男','女','保密')	not null	性别
phone	CHAR(11)	not null	手机号
reg_time	TIMESTAMP	default	注册时间
age	TINYINT	not null	年龄

创建并选择 APP 数据库，具体如下所示。

```
mysql > create database APP;
Query OK, 1 row affected
mysql > use APP;
Database changed
```

根据表 5.14 创建用户表 user，具体如下所示。

```
mysql> create table user(
    -> id int unsigned primary key auto_increment comment '用户 id',
    -> username varchar(20) unique not null comment '用户名',
    -> sex enum('男','女','保密') not null comment '性别',
    -> phone char(11) not null comment '手机号',
    -> reg_time timestamp default current_timestamp comment '注册时间',
    -> age tinyint unsigned not null comment '年龄'
    ->) default charset = utf8;
Query OK, 0 rows affected
```

上述 SQL 命令中,unsigned 表示无符号,即非负数,只用于整型; comment 表示备注、注释。

查看该表结构,具体如下所示。

```
mysql> desc user;
+---------+-------------------+-----+---+-----------------+-------------+
| Field   | Type              | Null| Key| Default        | Extra       |
+---------+-------------------+-----+---+-----------------+-------------+
| id      | int(10) unsigned  | NO  | PRI| NULL           | auto_increment |
| username| varchar(20)       | NO  | UNI| NULL           |             |
| sex     | enum('男','女','保密') | NO |   | NULL        |             |
| phone   | char(11)          | NO  |   | NULL            |             |
| reg_time| timestamp         | NO  |   | CURRENT_TIMESTAMP |           |
| age     | tinyint(3) unsigned | NO |   | NULL           |             |
+---------+-------------------+-----+---+-----------------+-------------+
6 rows in set
```

(2) 添加实验数据。

由步骤(1)可知 user 用户表创建完成,添加实验数据进行测试,数据为“1001,千小锋,男,18888888888,2021.12.25 13:30:00,30”,具体如下所示。

```
mysql> insert into user values(1001,'千小锋','男',18888888888,'2021.12.25 13:30:00',25);
Query OK, 1 row affected
mysql> select * from user;
+----+--------+----+-----------+------------------+----+
| id | username| sex | phone    | reg_time          | age |
+----+--------+----+-----------+------------------+----+
| 1001| 千小锋 | 男 | 18888888888 | 2021-12-25 13:30:00 | 25 |
+----+--------+----+-----------+------------------+----+
1 row in set
```

(3) 测试并查看实验数据。

为了进一步验证是否成功为 user 表创建约束,添加第 2 条测试数据,只添加用户名、性别、手机号和年龄,具体如下所示。

```
mysql> insert into user(username,sex,phone,age) values('小华','女','16666666666','18');
Query OK, 1 row affected
```

查看用户表中所有数据,具体如下所示。

```
mysql > select * from user;
+----+--------+----+-----------+-------------------+----+
| id   | username | sex  | phone          | reg_time             | age  |
+----+--------+----+-----------+-------------------+----+
| 1001 | 千小锋   | 男   | 18888888888    | 2021 - 12 - 25 13:30:00 | 25   |
| 1002 | 小华     | 女   | 16666666666    | 2021 - 12 - 13 11:00:28 | 18   |
+----+--------+----+-----------+-------------------+----+
2 rows in set
```

由上述结果可知,第 2 条数据的 id 自动填写为 1002,reg_time 默认为当前注册时间。

user 表为 phone 添加了非空约束,测试是否添加了非空约束,具体如下所示。

```
mysql > insert into user(username, sex, age) values('小王','女','18');
1364 - Field 'phone' doesn't have a default value
```

由上述结果可知,数据添加失败。

5.8 实验:APP 用户表的设计——作品表

1. 实验目的及要求

根据实验需求设计相应用户表,并为相应字段设置合理的数据类型和约束。

2. 实验要求

在某些 APP 中,用户登录后可发布自己的作品。作品表的信息如下所示。

(1) 作品编号:设为主键且自动增长。

(2) 作品发布时间:默认为发布时的时间和日期。

(3) 作品类型:设为“文本”“音频”“视频”3 种选择。

(4) 用户编号:设为外键。

3. 实验步骤

(1) 创建用户表。

根据实验需求,在 APP 数据库中创建一张作品表(works),并为每个字段设置合理的数据类型和约束,表结构如表 5.15 所示。

表 5.15　APP 用户作品表

字　段	数 据 类 型	约　束	说　明
wk_id	INT	primary key, auto_increment	作品编号
wk_time	TIMESTAMP	default	作品发布时间
wk_type	ENUM('文本','音频','视频')	not null	作品类型
id	INT	foreign key	用户编号

选择 APP 数据库,具体如下所示。

```
mysql > use APP;
Database changed
```

根据表 5.15 创建作品表 works,具体如下所示。

```
mysql > create table works(
    - > wk_id int primary key auto_increment comment '作品编号',
    - > wk_time timestamp default current_timestamp comment '发布时间',
    - > wk_type enum('文本','音频','视频') not null comment '作品类型',
    - > id int unsigned not null comment '用户',
    - > foreign key(id) references user(id)
    - >);
Query OK, 0 rows affected
```

上述 SQL 命令中，works 表中的 id 字段为外键，关联的主表为 user 表。

查看该表结构，具体如下所示。

```
mysql > desc works;
+--------+---------------------+----+---+----------------+------------+
| Field  | Type                | Null | Key | Default          | Extra          |
+--------+---------------------+----+---+----------------+------------+
| wk_id  | int(11)             | NO   | PRI | NULL             | auto_increment |
| wk_time | timestamp          | NO   |     | CURRENT_TIMESTAMP |               |
| wk_type | enum('文本','音频','视频') | NO |  | NULL             |                |
| id     | int(10) unsigned    | NO   | MUL | NULL             |                |
+--------+---------------------+----+---+----------------+------------+
4 rows in set
```

(2) 添加并测试约束。

添加测试数据，具体如下所示。

```
mysql > insert into works(wk_id,wk_type,id) values(1,'文本',1001);
Query OK, 1 row affected

mysql > select * from works;
+-----+------------------+-------+----+
| wk_id | wk_time             | wk_type | id   |
+-----+------------------+-------+----+
|     1 | 2021-12-13 15:05:33 | 文本    | 1001 |
+-----+------------------+-------+----+
1 row in set
```

由上述结果可知，数据插入完成。接着继续测试数据，直接删除 user 表中的数据，具体如下所示。

```
mysql > delete from user where id = 1001;
1451 - Cannot delete or update a parent row: a foreign key constraint fails (`app/works`,
CONSTRAINT `works_ibfk_1` FOREIGN KEY (`id`) REFERENCES `user` (`id`))
```

由上述结果可知，无法删除 user 表中的数据，这是因为表 user 中的数据被 works 表引用。此时可以先删除从表中的数据，再删除主表中的数据。

(3) 删除外键约束。

将表 works 中的外键约束删除，首先查看表中的外键名，具体如下所示。

```
mysql> show create table works;
+-----+--------------------------------------------------------------------------------
--------------------------------------------------------------------------------
--------------------------------------------------------------------------------
--------------------------------------------------------------------------------
--------------------------------------------------------------------------------
-------------------------------------------------------------------------------+
| Table | Create Table
                                                                              |
+-----+--------------------------------------------------------------------------------
--------------------------------------------------------------------------------
--------------------------------------------------------------------------------
--------------------------------------------------------------------------------
--------------------------------------------------------------------------------
-------------------------------------------------------------------------------+
| works | CREATE TABLE `works` (
  `wk_id` int(11) NOT NULL auto_increment COMMENT '作品编号',
  `wk_time` timestamp NOT NULL default CURRENT_TIMESTAMP COMMENT '发布时间',
  `wk_type` enum('文本','音频','视频') NOT NULL COMMENT '作品类型',
  `id` int(10) unsigned NOT NULL COMMENT '用户',
  PRIMARY KEY (`wk_id`),
  KEY `id` (`id`),
  CONSTRAINT `works_ibfk_1` FOREIGN KEY (`id`) REFERENCES `user` (`id`)
) ENGINE = InnoDB AUTO_INCREMENT = 2 DEFAULT CHARSET = utf8 |
+-----+--------------------------------------------------------------------------------
--------------------------------------------------------------------------------
--------------------------------------------------------------------------------
--------------------------------------------------------------------------------
--------------------------------------------------------------------------------
-------------------------------------------------------------------------------+
1 row in set
```

由上述结果可知,works 表中的 id 字段为外键,关联的主表是 user,外键名为 works_ibfk_1。接着删除这个外键约束,具体如下所示。

```
mysql> alter table works drop foreign key works_ibfk_1;
Query OK, 1 row affected
Records: 1 Duplicates: 0 Warnings: 0
```

由上述结果可知,student 表的外键约束删除成功。

第6章 多表查询

本章学习目标

- 理解表与表之间的关系；
- 熟练掌握合并结果集；
- 熟练掌握连接查询；
- 熟练掌握子查询。

前面章节主要讲解了单表查询，但在实际应用中往往是多个数据表相联系，如学生表、班级表、课程表。根据需要查询相关具体信息时，就会涉及多表查询，本章将详细讲解多表查询的相关内容。

6.1 表与表之间的关系

在数据库中，表与表之间需要通过某些相同的属性建立连接。因此在讲解多表查询之前，首先介绍表之间的关系并讲解如何设计这种关系，以便为多表查询的学习奠定基础。

表与表之间的关系主要包括一对一、一对多（多对一）和多对多，其中在两个表之间至少有一列的数据属性是一致的，如图 6.1 所示。

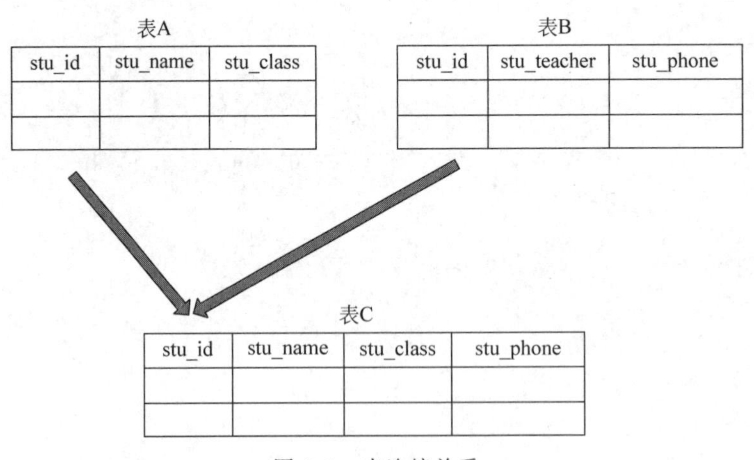

图 6.1 表连接关系

在图 6.1 中，表 A、表 B 两个表的共有的属性列是 stu-id，针对这一列的属性把两个表合并为表 C 的操作就是连接。数据库的表之间可以通过某种或多种方式相互关联，下面详细讲解表与表之间的关系。

6.1.1 一对一关系

数据表的一对一关系中，关系表的每一边都只能存在一条记录，每个数据表中的关键字在对应的关系表中只能存在一条记录或没有对应的记录。这种关系类似于现实生活中配偶的关系，如果已经结婚则只有一个配偶，如果没有结婚则没有配偶。为了加深理解，下面通过具体示例演示一对一的关系。首先需要创建用户表 user，表结构如表 6.1 所示。

表 6.1　user 表

字　段	字段类型	约束类型	说　明
uid	INT	PRIMARY KEY	用户编号
uname	VARCHAR(20)		用户名称
usex	VARCHAR(20)		用户性别
uaddress	VARCHAR(50)		用户地址

表 6.1 中列出了 user 表的字段、字段类型、约束类型和说明。接着创建 user 表，具体如下所示。

```
mysql > CREATE TABLE user(
    ->     uid INT PRIMARY KEY,
    ->     uname VARCHAR(20),
    ->     usex VARCHAR(20),
    ->     uaddress VARCHAR(50)
    -> );
Query OK, 0 rows affected (0.14 sec)
```

由上述结果可知，已经创建 user 表。接着创建 user_text 表，表结构如表 6.2 所示。

表 6.2　user_text 表

字　段	字段类型	约束类型	说　明
uid	INT	PRIMARY KEY FOREIGN KEY	用户编号
utext	VARCHAR(100)		用户备注

表 6.2 中列出了 user_text 表的字段、字段类型、约束类型和说明。创建 user_text 表，具体如下所示。

```
mysql > CREATE TABLE user_text(
    ->     uid INT PRIMARY KEY,
    ->     utext VARCHAR(100),
    ->     FOREIGN KEY(uid) REFERENCES user(uid)
    -> );
Query OK, 0 rows affected (0.08 sec)
```

由上述结果可知，已经创建 user_text 表。下面通过图示来直观地理解两张表的关系，如图 6.2 所示。

从图 6.2 中可以看到，两表之间通过相同属性 uid 相连接，user 表与 user_text 表是一对一的关系。在实际应用中，用户备注的字段 utext 一般是大文本字段，但是这个字段不是

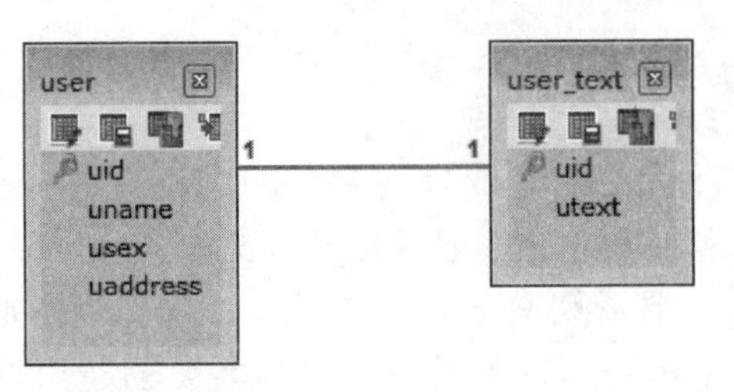

图 6.2　一对一关系

经常用的,如果存放到 user 表中,那么查询用户数据的时候会影响查询效率。因此将 utext 字段放到从表中,当需要 utext 字段时,可以进行两个表的关联查询,这种做法实际上是数据优化。

6.1.2　一对多(多对一)关系

在一对多关系中,主键数据表中只能含有一个记录,而在其关系表中这条记录可以与一个或多个记录相关,也可以没有记录相关。这种关系类似于现实生活中父母与子女的关系,每个孩子都有一个父亲,但一个父亲可能有多个孩子,也可能没有孩子。多对一是从不同角度来看问题,如从孩子的角度来看,一个孩子只能有一个父亲,多个孩子也可能是同一个父亲。

本小节针对一对多关系讲解,为了加深理解,下面通过具体示例演示一对多的关系。首先需要创建学生表 student,表结构如表 6.3 所示。

表 6.3　student 表

字　段	字段类型	约束类型	说　明
stu_id	INT	PRIMARY KEY	学生编号
stu_name	VARCHAR(20)		学生姓名

表 6.3 中列出了 student 表的字段、字段类型、约束类型和说明。接着创建 student 表,具体如下所示。

```
mysql > CREATE TABLE student(
    ->      stu_id INT PRIMARY KEY,
    ->      stu_name VARCHAR(20)
    -> );
Query OK, 0 rows affected (0.08 sec)
```

由上述结果可知,已经创建 student 表。接着创建 score 表,表结构如表 6.4 所示。

表 6.4　score 表

字　段	字段类型	约束类型	说　明
sco_id	INT	PRIMARY KEY	分数编号
score	INT		学生分数
stu_id	INT	FOREIGN KEY	学生编号

表 6.4 中列出了 score 表的字段、字段类型、约束类型和说明。接着创建 score 表,具体如下所示。

```
mysql> CREATE TABLE score(
    ->     sco_id INT PRIMARY KEY,
    ->     score INT,
    ->     stu_id INT,
    ->     FOREIGN KEY(stu_id) REFERENCES student(stu_id)
    -> );
Query OK, 0 rows affected (0.08 sec)
```

由上述结果可知,已经创建 score 表。下面通过图示来直观地理解两张表的关系,如图 6.3 所示。

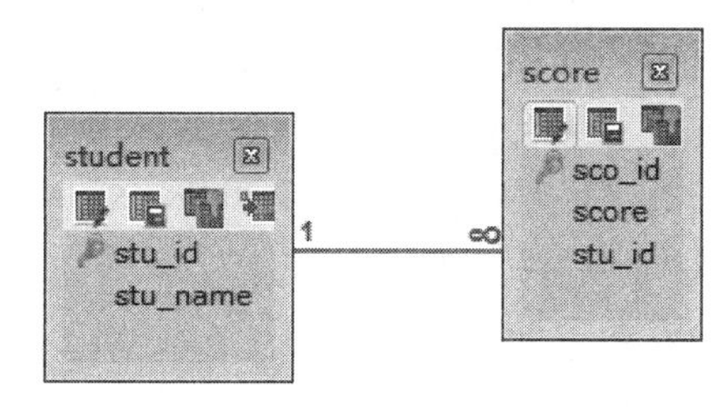

图 6.3　一对多关系

从图 6.3 中可以看到,student 表与 score 表通过 stu_id 属性相连接,一份奖金只能属于一个学生,但一个学生可以有多份奖金,student 表与 score 表之间就是一对多的关系。如果从 score 表来看问题,多份奖金可以属于一个学生,但一份奖金不能属于多个学生,这就是多对一的关系。

6.1.3　多对多关系

在多对多关系中,两个数据表里的每条记录都可以和另一个数据表里任意数量的记录相关。这种关系类似于现实生活中学生与选修课的关系,一个学生可以选修多门课程,一门课程也可以被多个学生选修,学生与课程是多对多关系。

为了加深理解,下面通过具体示例演示多对多的关系。首先需要创建教师表 teacher,表结构如表 6.5 所示。

表 6.5　teacher 表

字　段	字段类型	约束类型	说　明
tea_id	INT	PRIMARY KEY	教师编号
tea_name	VARCHAR(20)		教师姓名

表 6.5 中列出了 teacher 表的字段、字段类型、约束类型和说明。接着创建 teacher 表,具体如下所示。

```
mysql> CREATE TABLE teacher(
    ->     tea_id INT PRIMARY KEY,
    ->     tea_name VARCHAR(20)
    -> );
Query OK, 0 rows affected (0.08 sec)
```

由上述结果可知,已经创建 teacher 表。接着创建 stu 表,表结构如表 6.6 所示。

表 6.6 stu 表

字　　段	字段类型	约束类型	说　　明
stu_id	INT	PRIMARY KEY	学生编号
stu_name	VARCHAR(20)		学生姓名

表 6.6 中列出了 stu 表的字段、字段类型、约束类型和说明。接着创建 stu 表，具体如下所示。

```
mysql> CREATE TABLE stu(
    ->     stu_id INT PRIMARY KEY,
    ->     stu_name VARCHAR(20)
    -> );
Query OK, 0 rows affected (0.09 sec)
```

由上述结果可知，已经创建 stu 表。最后还需要创建一张关系表 tea_stu，用于映射多对多的关系，表结构如表 6.7 所示。

表 6.7 tea_stu 表

字　　段	字段类型	约束类型	说　　明
tea_id	INT	FOREIGN KEY	教师编号
stu_id	INT	FOREIGN KEY	学生编号

表 6.7 中列出了 tea_stu 表的字段、字段类型、约束类型和说明。接着创建 tea_stu 表，具体如下所示。

```
mysql> CREATE TABLE tea_stu(
    ->     tea_id INT,
    ->     stu_id INT,
    ->     FOREIGN KEY(tea_id) REFERENCES teacher(tea_id),
    ->     FOREIGN KEY(stu_id) REFERENCES stu(stu_id)
    -> );
Query OK, 0 rows affected (0.09 sec)
```

由上述结果可知，已经创建 tea_stu 表。下面通过图示来直观地理解三张表的关系，如图 6.4 所示。

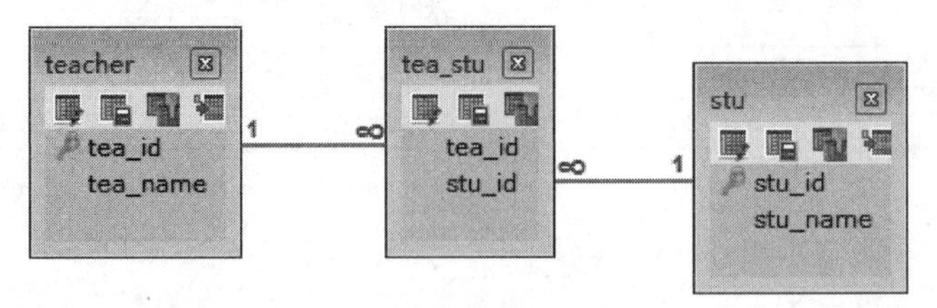

图 6.4　多对多关系

从图 6.4 中可以看到，teacher 表中的 tea_id 属性与 stu 表中的 stu_id 属性都与中间表 tea_stu 的属性关联，且都是一对多的关系。因此 teacher 与 stu 表是多对多的关系，即一个老师可以负责多个学生，一个学生也可以有多个老师，这就是多对多的关系的应用场景。

6.2 合并结果集

在进行多表查询时，会遇到需要将多个表的查询结果合并的情况。MySQL 中提供 UNION 关键字和 UNION ALL 关键用于将查询结果合并，接下来将对这两种查询方法进行讲解。

6.2.1 UNION

在多条 SELECT 语句之间，利用 UNION 关键字把查询结果组合成一个结果集。此处需要注意，合并时两个表对应的列数和数据类型必须相同。不使用关键字 ALL，查询结果会删除重复的记录，所有返回的行都是唯一的。UNION 关键字的具体使用方法如例 6-1 所示。

【例 6-1】 创建测试表 test1，表结构如表 6.8 所示。

表 6.8 test1 表

字　段	字段类型	约束类型	说　明
id	INT	PRIMARY KEY	编号
name	VARCHAR(20)		姓名

创建表 test1 并且为 id 字段添加约束，具体如下所示。

```
mysql > CREATE TABLE test1(
    ->      id INT PRIMARY KEY,
    ->      name VARCHAR(20)
    -> );
Query OK, 0 rows affected (0.09 sec)
```

由上述结果可知，已经创建 test1 表。接着为表 test1 添加数据，具体如下所示。

```
mysql > INSERT INTO test1(id,name) VALUES(1,'zs');
Query OK, 1 row affected (0.07 sec)
```

由上述结果可知，数据插入成功。接着创建测试表 test2，表结构如表 6.9 所示。

表 6.9 test2 表

字　段	字段类型	约束类型	说　明
id	INT	PRIMARY KEY	编号
name	VARCHAR(20)		姓名

创建表 test2 并且为 id 字段添加约束，具体如下所示。

```
mysql > CREATE TABLE test2(
    ->      id INT PRIMARY KEY,
    ->      name VARCHAR(20)
    -> );
Query OK, 0 rows affected (0.08 sec)
```

由上述结果可知，已经创建 test2 表。接着为表 test2 添加数据，具体如下所示。

```
mysql > INSERT INTO test2(id,name) VALUES(1,'ls');
Query OK, 1 row affected (0.04 sec)
```


由上述结果可知,数据插入成功。接着查询表 test1 和表 test2 的数据,并使用 UNION 关键字将查询出的结果集合并,具体如下所示。

```
mysql > SELECT * FROM test1 UNION SELECT * FROM test2;
+---+-----+
| id | name |
+---+-----+
| 1 | zs   |
| 1 | ls   |
+---+-----+
2 rows in set (0.03 sec)
```

由上述结果可知,使用 UNION 语句将表 test1 和表 test2 中的数据进行了合并。

因为 UNION 关键字会去除重复的数据,所以查询结果只显示一条信息。下面演示这种情况,首先分别向 test1 表和 test2 表中添加一条相同的数据,具体如下所示。

```
mysql > INSERT INTO test1(id,name) VALUES(2,'abc');
Query OK, 1 row affected (0.03 sec)
mysql > INSERT INTO test2(id,name) VALUES(2,'abc');
Query OK, 1 row affected (0.04 sec)
```

由上述结果可知,数据插入成功。接着再次使用 UNION 查询两张表的数据,具体如下所示。

```
mysql > SELECT * FROM test1 UNION SELECT * FROM test2;
+---+-----+
| id | name |
+---+-----+
| 1 | zs   |
| 2 | abc  |
| 1 | ls   |
+---+-----+
3 rows in set (0.00 sec)
```

由上述结果可知,两张表中的重复数据被过滤掉。

6.2.2 UNION ALL

UNION ALL 关键字与 UNION 关键字的属性类似,它也可以实现查询结果的合并,但不同的是 UNION ALL 关键字不会去除合并结果中的重复数据,具体如例 6-2 所示。

【例 6-2】 查询表 test1 和表 test2 的数据,并使用 UNION ALL 关键字将查询出的结果集合并。

```
mysql > SELECT * FROM test1 UNION ALL SELECT * FROM test2;
+---+-----+
| id | name |
+---+-----+
```

```
| 1 | zs  |
| 2 | abc |
| 1 | ls  |
| 2 | abc |
+---+-----+
4 rows in set (0.00 sec)
```

由上述结果可知，两张表中的重复数据“abc”没有被过滤掉，这就是 UNION ALL 与 UNION 的区别。

6.3 连接查询

在关系型数据库中最主要的查询是连接查询，如内连接和外连接等。建立数据表时，通常将每个实体的所有信息存放在一个表中，也不必确定各个数据之间的关系。查询数据时，通过连接运算符可以实现多表查询，本节将详细讲解连接查询的相关内容。

6.3.1 创建数据表和表结构的说明

在讲解查询前，首先创建两个数据表（员工表 emp 和部门表 dept）并插入数据，用于后面的例题演示。首先了解员工表 emp 的表结构，如表 6.10 所示。

表 6.10 emp 表

字　段	字段类型	说　明
empno	int	员工编号
ename	varchar(50)	员工姓名
job	varchar(50)	员工工作
mgr	int	领导编号
hiredate	date	入职日期
sal	decimal(7,2)	月薪
comm	decimal(7,2)	奖金
deptno	int	部门编号

表 6.10 中列出了员工表的字段名、字段类型和说明。接着创建 emp 表，具体如下所示。

```
CREATE TABLE emp(
empno INT COMMENT '员工编号',
ename VARCHAR(50) COMMENT '员工姓名',
job VARCHAR(50) COMMENT '员工工作',
mgr INT COMMENT '领导编号',
hiredate DATE COMMENT '入职日期',
sal DECIMAL(7,2) COMMENT '月薪',
comm decimal(7,2) COMMENT '奖金',
deptno INT COMMENT '部门编号'
);
```

emp 表创建完成后，向 emp 表中插入数据，具体如下所示。

```
INSERT INTO emp values
(7369,'SMITH','CLERK',7902,'1980-12-17',800,NULL,20);
INSERT INTO emp values
(7499,'ALLEN','SALESMAN',7698,'1981-02-20',1600,300,30);
INSERT INTO emp values
(7521,'WARD','SALESMAN',7698,'1981-02-22',1250,500,30);
INSERT INTO emp values
(7566,'JONES','MANAGER',7839,'1981-04-02',2975,NULL,20);
INSERT INTO emp values
(7654,'MARTIN','SALESMAN',7698,'1981-09-28',1250,1400,30);
INSERT INTO emp values
(7698,'BLAKE','MANAGER',7839,'1981-05-01',2850,NULL,30);
INSERT INTO emp values
(7782,'CLARK','MANAGER',7839,'1981-06-09',2450,NULL,10);
INSERT INTO emp values
(7788,'SCOTT','ANALYST',7566,'1987-04-19',3000,NULL,20);
INSERT INTO emp values
(7839,'KING','PRESIDENT',NULL,'1981-11-17',5000,NULL,10);
INSERT INTO emp values
(7844,'TURNER','SALESMAN',7698,'1981-09-08',1500,0,30);
INSERT INTO emp values
(7876,'ADAMS','CLERK',7788,'1987-05-23',1100,NULL,20);
INSERT INTO emp values
(7900,'JAMES','CLERK',7698,'1981-12-03',950,NULL,30);
INSERT INTO emp values
(7902,'FORD','ANALYST',7566,'1981-12-03',3000,NULL,20);
INSERT INTO emp values
(7934,'MILLER','CLERK',7782,'1982-01-23',1300,NULL,10);
```

然后创建部门表 dept,表结构如表 6.11 所示。

表 6.11 dept 表

字 段	字段类型	说 明
deptno	int	部门编码
dname	varchar(50)	部门名称
loc	varchar(50)	部门所在地点

表 6.11 中列出了部门表的字段名、字段类型和说明。接着创建部门表,具体如下所示。

```
CREATE TABLE dept(
deptno INT COMMENT '部门编码',
dname varchar(14) COMMENT '部门名称',
loc varchar(13) COMMENT '部门所在地点'
);
```

部门表创建完成后,向部门表中插入数据,具体如下所示。

```
INSERT INTO dept values(10, 'ACCOUNTING', 'NEW YORK');
INSERT INTO dept values(20, 'RESEARCH', 'DALLAS');
INSERT INTO dept values(30, 'SALES', 'CHICAGO');
INSERT INTO dept values(40, 'OPERATIONS', 'BOSTON');
```

至此,两张表创建完成,本章后面的演示例题会用到这两张表。

6.3.2 笛卡儿积

笛卡儿积在 SQL 中的实现方式是交叉连接(Cross Join),所有连接方式都会先生成临时笛卡儿积表。笛卡儿积可以理解为两个集合中所有数组的排列组合,笛卡儿积的符号化为 $A\times B=\{(x,y)\mid x\in A\wedge y\in B\}$。在数据库中,使用这种概念表示两个表中的每一行数据的所有组合,具体如图 6.5 所示。

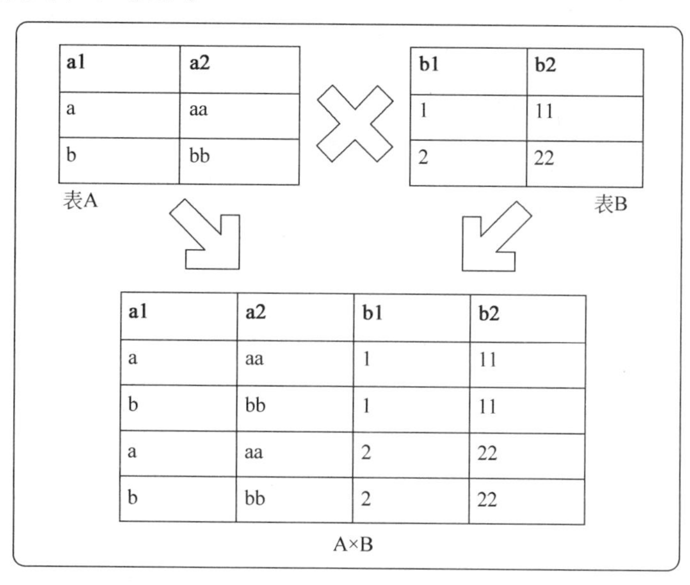

图 6.5 笛卡儿积

在图 6.5 中,表 A 中存在数据 a 和 b,表 B 中存在数据 1 和 2,两个表的笛卡儿积如图 6.5 中表 A×B 所示。

MySQL 中使用交叉查询可以实现两个表之间所有数据的组合,交叉查询语句的基本语法格式如下。

```
SELECT 查询字段 FROM 表 1 CROSS JOIN 表 2;
```

其中,CROSS JOIN 用于连接两个需要查询的表,可以查询两个表中的所有数据组合。

下面通过具体示例演示笛卡儿积,如例 6-3 所示。

【例 6-3】 查询所有员工编号、员工姓名、部门编号、部门名称。

```
mysql > SELECT e.empno,e.ename,d.deptno,d.dname
    -> FROM emp e CROSS JOIN dept d;
+------+-------+-------+-----------+
| empno | ename  | deptno | dname      |
+------+-------+-------+-----------+
|   7369 | SMITH  |     10 | ACCOUNTING |
|   7369 | SMITH  |     20 | RESEARCH   |
|   7369 | SMITH  |     30 | SALES      |
|   7369 | SMITH  |     40 | OPERATIONS |
|   7499 | ALLEN  |     10 | ACCOUNTING |
|   7499 | ALLEN  |     20 | RESEARCH   |
```

```
|  7499 | ALLEN  |    30 | SALES      |
|  7499 | ALLEN  |    40 | OPERATIONS |
|  7521 | WARD   |    10 | ACCOUNTING |
|  7521 | WARD   |    20 | RESEARCH   |
|  7521 | WARD   |    30 | SALES      |
|  7521 | WARD   |    40 | OPERATIONS |
|  7566 | JONES  |    10 | ACCOUNTING |
|  7566 | JONES  |    20 | RESEARCH   |
|  7566 | JONES  |    30 | SALES      |
|  7566 | JONES  |    40 | OPERATIONS |
|  7654 | MARTIN |    10 | ACCOUNTING |
|  7654 | MARTIN |    20 | RESEARCH   |
|  7654 | MARTIN |    30 | SALES      |
|  7654 | MARTIN |    40 | OPERATIONS |
|  7698 | BLAKE  |    10 | ACCOUNTING |
|  7698 | BLAKE  |    20 | RESEARCH   |
|  7698 | BLAKE  |    30 | SALES      |
|  7698 | BLAKE  |    40 | OPERATIONS |
|  7782 | CLARK  |    10 | ACCOUNTING |
|  7782 | CLARK  |    20 | RESEARCH   |
|  7782 | CLARK  |    30 | SALES      |
|  7782 | CLARK  |    40 | OPERATIONS |
|  7788 | SCOTT  |    10 | ACCOUNTING |
|  7788 | SCOTT  |    20 | RESEARCH   |
|  7788 | SCOTT  |    30 | SALES      |
|  7788 | SCOTT  |    40 | OPERATIONS |
|  7839 | KING   |    10 | ACCOUNTING |
|  7839 | KING   |    20 | RESEARCH   |
|  7839 | KING   |    30 | SALES      |
|  7839 | KING   |    40 | OPERATIONS |
|  7844 | TURNER |    10 | ACCOUNTING |
|  7844 | TURNER |    20 | RESEARCH   |
|  7844 | TURNER |    30 | SALES      |
|  7844 | TURNER |    40 | OPERATIONS |
|  7876 | ADAMS  |    10 | ACCOUNTING |
|  7876 | ADAMS  |    20 | RESEARCH   |
|  7876 | ADAMS  |    30 | SALES      |
|  7876 | ADAMS  |    40 | OPERATIONS |
|  7900 | JAMES  |    10 | ACCOUNTING |
|  7900 | JAMES  |    20 | RESEARCH   |
|  7900 | JAMES  |    30 | SALES      |
|  7900 | JAMES  |    40 | OPERATIONS |
|  7902 | FORD   |    10 | ACCOUNTING |
|  7902 | FORD   |    20 | RESEARCH   |
|  7902 | FORD   |    30 | SALES      |
|  7902 | FORD   |    40 | OPERATIONS |
|  7934 | MILLER |    10 | ACCOUNTING |
|  7934 | MILLER |    20 | RESEARCH   |
|  7934 | MILLER |    30 | SALES      |
|  7934 | MILLER |    40 | OPERATIONS |
+-----+------+------+----------+
56 rows in set (0.00 sec)
```

由上述结果可知，一共查询出了56条数据，这就是笛卡儿积。在实际应用中，通过笛卡儿积得到的数据并不能提供有效的信息，当两张表进行连接查询时，使用交叉查询并在查询结果后加入限制条件，所得到的数据才会有实际意义。

在例6-3中，当需要查询每个员工及其对应部门的信息时就需要加入过滤条件，将不需要的数据过滤掉，具体如下所示。

```
mysql> SELECT e.empno,e.ename,d.deptno,d.dname
    -> FROM emp e CROSS JOIN dept d
    -> WHERE e.deptno = d.deptno;
+-----+------+------+----------+
| empno | ename  | deptno | dname      |
+-----+------+------+----------+
|  7369 | SMITH  |     20 | RESEARCH   |
|  7499 | ALLEN  |     30 | SALES      |
|  7521 | WARD   |     30 | SALES      |
|  7566 | JONES  |     20 | RESEARCH   |
|  7654 | MARTIN |     30 | SALES      |
|  7698 | BLAKE  |     30 | SALES      |
|  7782 | CLARK  |     10 | ACCOUNTING |
|  7788 | SCOTT  |     20 | RESEARCH   |
|  7839 | KING   |     10 | ACCOUNTING |
|  7844 | TURNER |     30 | SALES      |
|  7876 | ADAMS  |     20 | RESEARCH   |
|  7900 | JAMES  |     30 | SALES      |
|  7902 | FORD   |     20 | RESEARCH   |
|  7934 | MILLER |     10 | ACCOUNTING |
+-----+------+------+----------+
14 rows in set (0.00 sec)
```

由上述结果可知，在交叉查询中加入过滤条件，成功查询出了14名员工及其对应部门的信息。

6.3.3 内连接

内连接的连接查询结果集中仅包含满足条件的行，MySQL中默认的连接方式就是内连接。前面学习了交叉连接的语法，但这种写法并不是SQL标准中的查询方式，可以理解为方言。SQL标准中的内连接语法格式如下。

```
SELECT 查询字段 FROM 表1 [INNER] JOIN 表2
ON 表1.关系字段 = 表2.关系字段 WHERE 查询条件;
```

其中，INNER JOIN用于连接两个表，因为MySQL默认的连接方式就是内连接，所以INNER可以省略；ON用来指定连接条件，类似于WHERE关键字。此处需要注意，INNER JOIN虽然可以连接多个其他表，但是，为了获得更好的性能，最好不要超过三个表。

下面通过具体示例演示内连接的用法，如例6-4所示。

【例6-4】 使用SQL标准语法查询所有员工编号、员工姓名、部门编号、部门名称。

```
mysql> SELECT e.empno,e.ename,d.deptno,d.dname FROM emp e
    -> INNER JOIN dept d ON e.deptno = d.deptno;
+-----+------+------+----------+
| empno | ename  | deptno | dname      |
+-----+------+------+----------+
|  7369 | SMITH  |     20 | RESEARCH   |
|  7499 | ALLEN  |     30 | SALES      |
|  7521 | WARD   |     30 | SALES      |
|  7566 | JONES  |     20 | RESEARCH   |
|  7654 | MARTIN |     30 | SALES      |
|  7698 | BLAKE  |     30 | SALES      |
|  7782 | CLARK  |     10 | ACCOUNTING |
|  7788 | SCOTT  |     20 | RESEARCH   |
|  7839 | KING   |     10 | ACCOUNTING |
|  7844 | TURNER |     30 | SALES      |
|  7876 | ADAMS  |     20 | RESEARCH   |
|  7900 | JAMES  |     30 | SALES      |
|  7902 | FORD   |     20 | RESEARCH   |
|  7934 | MILLER |     10 | ACCOUNTING |
+-----+------+------+----------+
14 rows in set (0.00 sec)
```

由上述结果可知,查询出了所有员工及对应部门的信息。其中,“emp e”表示 e 为表 emp 的别名,“dept d”表示 d 为表 dept 的别名,“e. 字段名”或“d. 字段名”代表对应表中字段名。

接着使用 INNER JOIN 子句查询员工名称中包含字母 A 的员工编号、员工姓名、部门编号、部门名称。

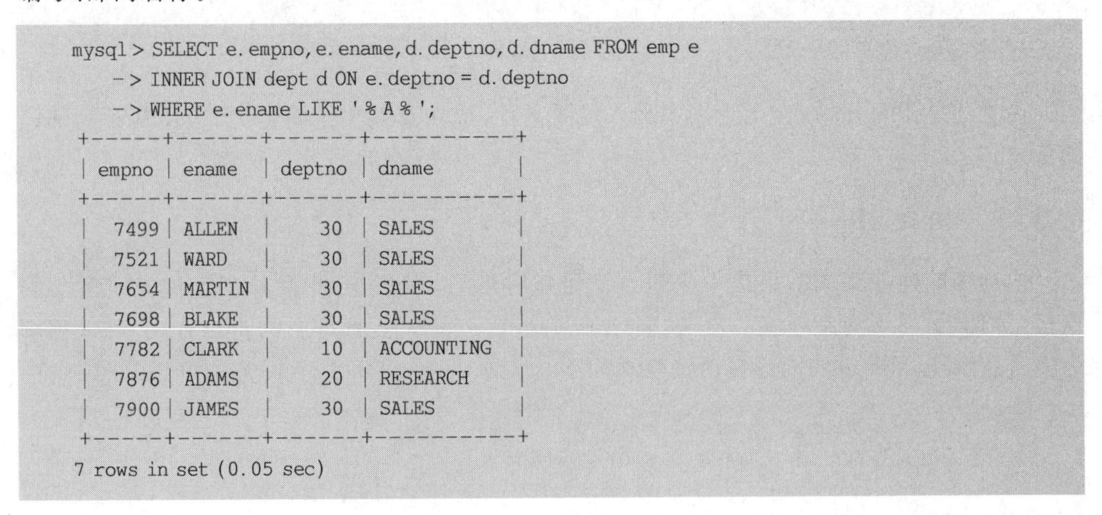

```
mysql> SELECT e.empno,e.ename,d.deptno,d.dname FROM emp e
    -> INNER JOIN dept d ON e.deptno = d.deptno
    -> WHERE e.ename LIKE '%A%';
+-----+------+------+----------+
| empno | ename  | deptno | dname      |
+-----+------+------+----------+
|  7499 | ALLEN  |     30 | SALES      |
|  7521 | WARD   |     30 | SALES      |
|  7654 | MARTIN |     30 | SALES      |
|  7698 | BLAKE  |     30 | SALES      |
|  7782 | CLARK  |     10 | ACCOUNTING |
|  7876 | ADAMS  |     20 | RESEARCH   |
|  7900 | JAMES  |     30 | SALES      |
+-----+------+------+----------+
7 rows in set (0.05 sec)
```

由上述结果可知,有 7 名员工名称中包含字母 A 的员工,这 7 名员工对应的相关信息得到显示。

6.3.4 外连接

6.3.3 节讲解了内连接的查询,返回的结果只包含符合查询条件和连接条件的行。但是有时返回的结果中还需要包含没有关联的数据,返回查询结果中不仅包含符合条件的数据，而且还包含左表、右表或两个表中的所有数据，此时就需要用到外连接查询。外连接查询包括左外连接和右外连接，下面进行详细讲解。

1. 左外连接

左外连接是指返回左表中的所有记录和右表中连接字段相等的记录，如果左表的某行在右表中没有匹配行，那么在结果集中的右表的所有选择列表列值均为空。左外连接的语法格式如下。

```
SELECT 查询字段 FROM 表 1 LEFT [OUTER] JOIN 表 2
ON 表 1.关系字段 = 表 2.关系字段 WHERE 查询条件;
```

其中，OUTER 可以省略不写，ON 后是两张表的连接条件，WHERE 关键字后可以添加查询条件。

下面通过具体示例演示左外连接的使用，如例 6-5 所示。

【例 6-5】 使用左外连接对 emp 表和 dept 表进行查询，其中 emp 表为左表，查询所有员工编号、员工姓名、部门编号和部门名称。

```
mysql > SELECT e.empno, e.ename, d.deptno, d.dname FROM emp e
    - > LEFT JOIN dept d ON e.deptno = d.deptno;
+------+-------+------+----------+
| empno | ename  | deptno | dname      |
+------+-------+------+----------+
|  7369 | SMITH  |     20 | RESEARCH   |
|  7499 | ALLEN  |     30 | SALES      |
|  7521 | WARD   |     30 | SALES      |
|  7566 | JONES  |     20 | RESEARCH   |
|  7654 | MARTIN |     30 | SALES      |
|  7698 | BLAKE  |     30 | SALES      |
|  7782 | CLARK  |     10 | ACCOUNTING |
|  7788 | SCOTT  |     20 | RESEARCH   |
|  7839 | KING   |     10 | ACCOUNTING |
|  7844 | TURNER |     30 | SALES      |
|  7876 | ADAMS  |     20 | RESEARCH   |
|  7900 | JAMES  |     30 | SALES      |
|  7902 | FORD   |     20 | RESEARCH   |
|  7934 | MILLER |     10 | ACCOUNTING |
+------+-------+------+----------+
14 rows in set (0.00 sec)
```

由上述结果可知，左表的所有数据都得到显示，具体为 emp 表中的所有员工编号、员工姓名及对应的部门编号和部门名称，但是并没有显示 dept 表中部门编号为 40 的部门，这是因为左外连接只显示和左表需要关联的数据。

2. 右外连接

右外连接是指返回右表中的所有记录和左表中连接字段相等的记录，如果右表的某行在左表中没有匹配行，那么在结果集中的左表的所有选择列表列值均为空。右外连接的语法格式如下。

```
SELECT 查询字段 FROM 表 1 RIGHT [OUTER] JOIN 表 2
ON 表 1.关系字段 = 表 2.关系字段 WHERE 查询条件;
```

其中,OUTER 可以省略不写,ON 后是两张表的连接条件,WHERE 关键字后可以加查询条件。

下面通过具体示例演示右外连接的使用,如例 6-6 所示。

【例 6-6】 使用右外连接对 emp 表和 dept 表进行查询,其中 dept 表为右表,查询所有员工编号、员工姓名、部门编号和部门名称。

```
mysql > SELECT e.empno,e.ename,d.deptno,d.dname FROM emp e
    -> RIGHT JOIN dept d ON e.deptno = d.deptno;
+-----+-------+------+-----------+
| empno | ename  | deptno | dname      |
+-----+-------+------+-----------+
|  7782 | CLARK  |     10 | ACCOUNTING |
|  7839 | KING   |     10 | ACCOUNTING |
|  7934 | MILLER |     10 | ACCOUNTING |
|  7369 | SMITH  |     20 | RESEARCH   |
|  7566 | JONES  |     20 | RESEARCH   |
|  7788 | SCOTT  |     20 | RESEARCH   |
|  7876 | ADAMS  |     20 | RESEARCH   |
|  7902 | FORD   |     20 | RESEARCH   |
|  7499 | ALLEN  |     30 | SALES      |
|  7521 | WARD   |     30 | SALES      |
|  7654 | MARTIN |     30 | SALES      |
|  7698 | BLAKE  |     30 | SALES      |
|  7844 | TURNER |     30 | SALES      |
|  7900 | JAMES  |     30 | SALES      |
|  NULL | NULL   |     40 | OPERATIONS |
+-----+-------+------+-----------+
15 rows in set (0.00 sec)
```

由上述结果可知,右表的所有数据都得到显示,具体为 dept 表中的所有部门编号、部门名称以及对应的员工信息,但是其中部门编号为 40 的部门没有对应的员工,员工编号和员工姓名显示为 NULL,这是因为右外连接只显示和右表需要关联的数据。

6.3.5 多表连接

前面介绍了在两张表之间使用内连接和外连接的查询方法。当需要获取的数据分布在多张表中,就应该考虑使用多表联合查询。此处要注意,表连接的越多,查询效率越低,一般情况下连接查询不会超出 7 张表的连接。多表连接的语法格式如下。

```
SELECT 查询字段 FROM 表 1 [别名]
JOIN 表 2 [别名] ON 表 1.关系字段 = 表 2.关系字段
JOIN 表 m ON……;
```

其中,“别名”是可选的,为了直观,一般会给表起别名;多个表通过 JOIN 关键字连接;ON 关键字后是表与表直接的关系字段。

下面通过具体示例演示多表连接的使用,如例 6-7 所示。

【例 6-7】 分别创建学生表 student、科目表 subject 和奖金表 score,查询出学生编号、学生姓名、科目和对应分数。

首先创建 student 表，具体如下所示。

```
mysql> CREATE TABLE student(
    ->     stu_id INT PRIMARY KEY,
    ->     stu_name VARCHAR(20)
    -> );
Query OK, 0 rows affected (0.07 sec)
```

由上述结果可知，已经创建 student 表。接着为 student 表添加数据，具体如下所示。

```
mysql> INSERT INTO student(stu_id,stu_name) VALUES(1,'zs');
Query OK, 1 row affected (0.08 sec)
```

创建 subject 表，具体如下所示。

```
mysql> CREATE TABLE subject(
    ->     sub_id INT PRIMARY KEY,
    ->     sub_name VARCHAR(20)
    -> );
Query OK, 0 rows affected (0.10 sec)
```

由上述结果可知，已经创建 subject 表。接着为 subject 表添加数据，具体如下所示。

```
mysql> INSERT INTO subject(sub_id,sub_name) VALUES(1,'math');
Query OK, 1 row affected (0.03 sec)
```

最后创建 score 表，具体如下所示。

```
mysql> CREATE TABLE score(
    ->     sco_id INT PRIMARY KEY,
    ->     score INT,
    ->     stu_id INT,
    ->     sub_id INT
    -> );
Query OK, 0 rows affected (0.08 sec)
```

由上述结果可知，已经创建 score 表。为 score 表添加数据，具体如下所示。

```
mysql> INSERT INTO score(sco_id,score,stu_id,sub_id)
    -> VALUES (1,80,1,1);
Query OK, 1 row affected (0.06 sec)
```

通过多表连接查询学生编号、学生姓名、科目和对应分数，具体如下所示。

```
mysql> SELECT s.stu_id,s.stu_name,sj.sub_name,sc.score FROM student s
    -> JOIN score sc ON s.stu_id=sc.stu_id
    -> JOIN subject sj ON sc.sub_id=sj.sub_id;
+-------+--------+---------+-----+
| stu_id | stu_name | sub_name | score |
+-------+--------+---------+-----+
|     1 | zs       | math     | 80    |
+-------+--------+---------+-----+
1 row in set (0.00 sec)
```

由上述结果可知,查询出了学生编号、学生姓名、科目和对应分数,这是多表连接查询的基本应用。通过连接 student、score 和 subject 三张表,达到查询的目的。

6.3.6 自然连接

自然连接要求两个关系表中进行连接的必须是相同名称的列,无须指定任何同等连接条件,SQL 标准支持自动匹配表与表之间列名和数据类型相同的字段,并且在结果中去掉重复的属性列。自然连接默认按内连接的方式进行查询,其语法格式如下。

```
SELECT 查询字段 FROM 表 1 [别名] NATURAL JOIN 表 2 [别名];
```

其中,通过 NATURAL 关键字可以使两张表进行自然连接。

下面通过具体示例演示自然连接的使用,如例 6-8 所示。

【例 6-8】 使用自然连接查询所有员工编号、员工姓名、部门编号和部门名称。

```
mysql > SELECT e.empno,e.ename,d.deptno,d.dname FROM emp e
    -> NATURAL JOIN dept d;
+-----+------+------+----------+
| empno | ename  | deptno | dname      |
+-----+------+------+----------+
|  7369 | SMITH  |     20 | RESEARCH   |
|  7499 | ALLEN  |     30 | SALES      |
|  7521 | WARD   |     30 | SALES      |
|  7566 | JONES  |     20 | RESEARCH   |
|  7654 | MARTIN |     30 | SALES      |
|  7698 | BLAKE  |     30 | SALES      |
|  7782 | CLARK  |     10 | ACCOUNTING |
|  7788 | SCOTT  |     20 | RESEARCH   |
|  7839 | KING   |     10 | ACCOUNTING |
|  7844 | TURNER |     30 | SALES      |
|  7876 | ADAMS  |     20 | RESEARCH   |
|  7900 | JAMES  |     30 | SALES      |
|  7902 | FORD   |     20 | RESEARCH   |
|  7934 | MILLER |     10 | ACCOUNTING |
+-----+------+------+----------+
14 rows in set (0.00 sec)
```

由上述结果可知,通过自然连接,无须指定连接字段就可以查询出正确的结果,而且去除了重复数据,这是自然连接默认的连接查询方式。自然连接也可以指定使用左连接或右连接的方式进行查询,其语法格式如下。

```
SELECT 查询字段 FROM 表 1 [别名]
NATURAL [LEFT|RIGHT] JOIN 表 2 [别名];
```

其中,LEFT 关键字和 RIGHT 关键字分别用于指定左连接和右连接。

下面通过具体示例演示自然连接左连接查询和右连接查询的使用,如例 6-9 所示。

【例 6-9】 使用自然连接的左连接查询方式对 emp 表和 dept 表进行查询,其中 emp 表为左表。查询所有员工编号、员工姓名、部门编号和部门名称。

```
mysql > SELECT e.empno,e.ename,d.deptno,d.dname FROM emp e
    -> NATURAL LEFT JOIN dept d;
+------+-------+-------+-----------+
| empno | ename  | deptno | dname      |
+------+-------+-------+-----------+
|  7369 | SMITH  |     20 | RESEARCH   |
|  7499 | ALLEN  |     30 | SALES      |
|  7521 | WARD   |     30 | SALES      |
|  7566 | JONES  |     20 | RESEARCH   |
|  7654 | MARTIN |     30 | SALES      |
|  7698 | BLAKE  |     30 | SALES      |
|  7782 | CLARK  |     10 | ACCOUNTING |
|  7788 | SCOTT  |     20 | RESEARCH   |
|  7839 | KING   |     10 | ACCOUNTING |
|  7844 | TURNER |     30 | SALES      |
|  7876 | ADAMS  |     20 | RESEARCH   |
|  7900 | JAMES  |     30 | SALES      |
|  7902 | FORD   |     20 | RESEARCH   |
|  7934 | MILLER |     10 | ACCOUNTING |
+------+-------+-------+-----------+
14 rows in set (0.02 sec)
```

由上述结果可知，显示的是 emp 表中的所有员工编号、员工姓名及对应的部门编号和部门名称，但是没有显示 dept 表中部门编号为 40 的部门，这是因为自然连接使用了左连接的方式进行查询。

使用自然连接的右连接查询方式与例 6-9 同理，此处不再演示，读者可自行练习。

6.3.7 自连接

当表中的某个字段与这个表中另外的字段相关时，这就可能用到自连接。自连接连接的两张表是同一张表，通过起别名进行区分，其语法格式如下。

```
SELECT 查询字段 FROM 表名 [别名 1],表名 [别名 2] WHERE 查询条件;
```

其中，通过给表名起多个别名实现自连接查询。

下面通过具体示例演示自连接的使用，如例 6-10 所示。

【例 6-10】 查询员工编号为 7369 的员工姓名、对应经理编号和经理姓名。

```
mysql > SELECT e1.empno,e1.ename,e2.mgr,e2.ename FROM emp e1,emp e2
    -> WHERE e1.mgr = e2.empno AND e1.empno = 7369;
+------+-------+------+---------+
| empno | ename  | mgr  | ename    |
+------+-------+------+---------+
|  7369 | SMITH  | 7566 | FORD     |
+------+-------+------+---------+
1 row in set (0.00 sec)
```

由上述结果可知，通过自连接，查询出了员工编号为 7369 的员工姓名、对应经理编号和经理姓名。自连接的本意就是将一张表看成多张表来做连接，但在实际应用中并不多见。

6.4 子 查 询

子查询就是嵌套查询，即将一个查询语句嵌套若干不同功能的小查询，从而一起完成复杂查询的一种编写形式。按照子查询出现的位置可以分为 WHERE 子查询和 FROM 子查询。子查询的使用规范如下。

(1) 子查询自身必须是一个完整的查询，即至少包括一个 SELECT 子句和 FROM 子句。

(2) 子查询必须放在小括号中，以便将它与外部查询分开。

(3) 子查询一般放在比较操作符的右边，以增强代码可读性。

(4) 子查询(小括号里的内容)可出现在几乎所有的 SELECT 子句中(如 SELECT 子句、FROM 子句、WHERE 子句、HAVING 子句等)。

接下来详细讲解子查询的相关内容。

6.4.1 WHERE 子查询

WHERE 子查询把内部查询的结果作为外层查询的查询条件，即子查询往往可以作为查询条件嵌套在一个 SELECT 语句中。执行查询语句时，首先执行子查询中的语句，然后外层查询将返回结果作为过滤条件进行再次查询。

下面通过具体示例演示子查询作为查询条件的使用，如例 6-11 所示。

【例 6-11】 查询所有工资高于 JONES 的员工信息。

```
mysql> SELECT * FROM emp
    -> WHERE sal > (SELECT sal FROM emp WHERE ename = 'JONES');
+-------+-------+-----------+------+------------+---------+------+--------+
| empno | ename | job       | mgr  | hiredate   | sal     | comm | deptno |
+-------+-------+-----------+------+------------+---------+------+--------+
|  7788 | SCOTT | ANALYST   | 7566 | 1987-04-19 | 3000.00 | NULL |     20 |
|  7839 | KING  | PRESIDENT | NULL | 1981-11-17 | 5000.00 | NULL |     10 |
|  7902 | FORD  | ANALYST   | 7566 | 1981-12-03 | 3000.00 | NULL |     20 |
+-------+-------+-----------+------+------------+---------+------+--------+
3 rows in set (0.04 sec)
```

由上述结果可知，工资高于 JONES 的员工有 3 位。SQL 语句中外层查询嵌套子查询查出 JONES 的工资，再查询大于 JONES 工资的员工信息。

接着查询与 SCOTT 同一个部门的所有员工信息，具体如下所示。

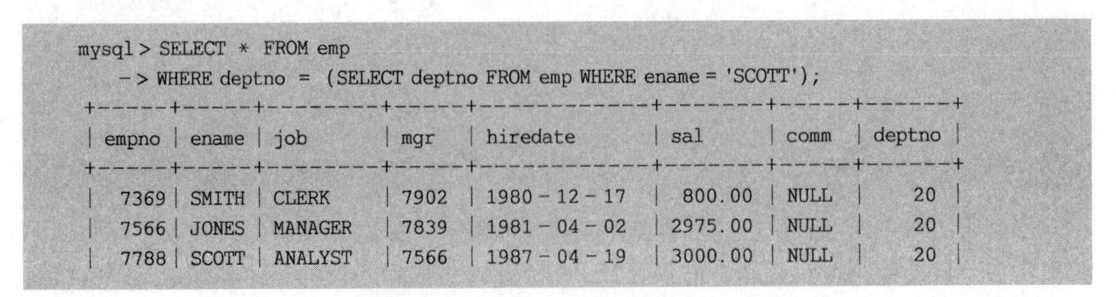

```
mysql> SELECT * FROM emp
    -> WHERE deptno = (SELECT deptno FROM emp WHERE ename = 'SCOTT');
+-------+-------+-----------+------+------------+---------+------+--------+
| empno | ename | job       | mgr  | hiredate   | sal     | comm | deptno |
+-------+-------+-----------+------+------------+---------+------+--------+
|  7369 | SMITH | CLERK     | 7902 | 1980-12-17 |  800.00 | NULL |     20 |
|  7566 | JONES | MANAGER   | 7839 | 1981-04-02 | 2975.00 | NULL |     20 |
|  7788 | SCOTT | ANALYST   | 7566 | 1987-04-19 | 3000.00 | NULL |     20 |
```

```
|  7876 | ADAMS | CLERK     | 7788  | 1987-05-23 | 1100.00 | NULL |     20 |
|  7902 | FORD  | ANALYST   | 7566  | 1981-12-03 | 3000.00 | NULL |     20 |
+-------+-------+-----------+-------+------------+---------+------+--------+
5 rows in set (0.00 sec)
```

由上述结果可知，与 SCOTT 在同一个部门的员工有 5 位。SQL 语句中外层查询嵌套子查询查出 SCOTT 的部门编号，再查询该部门的所有员工信息。

接着查询工资高于 30 号部门所有人的员工信息，具体如下所示。

```
mysql> SELECT * FROM emp
    -> WHERE sal > ALL (SELECT sal FROM emp WHERE deptno = 30);
+-------+-------+-----------+------+------------+---------+------+--------+
| empno | ename | job       | mgr  | hiredate   | sal     | comm | deptno |
+-------+-------+-----------+------+------------+---------+------+--------+
|  7566 | JONES | MANAGER   | 7839 | 1981-04-02 | 2975.00 | NULL |   20   |
|  7788 | SCOTT | ANALYST   | 7566 | 1987-04-19 | 3000.00 | NULL |   20   |
|  7839 | KING  | PRESIDENT | NULL | 1981-11-17 | 5000.00 | NULL |   10   |
|  7902 | FORD  | ANALYST   | 7566 | 1981-12-03 | 3000.00 | NULL |   20   |
+-------+-------+-----------+------+------------+---------+------+--------+
4 rows in set (0.02 sec)
```

由上述结果可知，工资高于 30 号部门所有人的员工有 4 名。SQL 语句中外层查询嵌套子查询查出 30 号部门所有人的工资，然后将结果作为查询条件进行比较。

接着查询工作和工资与 MARTIN 完全相同的员工信息，具体如下所示。

```
mysql> SELECT * FROM emp
    -> WHERE (job,sal) IN (SELECT job,sal FROM emp WHERE ename = 'MARTIN');
+-------+--------+----------+------+------------+---------+---------+--------+
| empno | ename  | job      | mgr  | hiredate   | sal     | comm    | deptno |
+-------+--------+----------+------+------------+---------+---------+--------+
|  7521 | WARD   | SALESMAN | 7698 | 1981-02-22 | 1250.00 | 500.00  |     30 |
|  7654 | MARTIN | SALESMAN | 7698 | 1981-09-28 | 1250.00 | 1400.00 |     30 |
+-------+--------+----------+------+------------+---------+---------+--------+
2 rows in set (0.02 sec)
```

由上述结果可知，工作和工资与 MARTIN 完全相同的员工有两名员工。SQL 语句中外层查询嵌套子查询查出 MARTIN 的工作与工资，然后将结果作为查询条件进行比较。

6.4.2 FROM 子查询

FROM 子查询把内层的查询结果当成临时表，将该临时表作为外层查询的数据源使用。

下面通过具体示例演示子查询作为表的使用，如例 6-12 所示。

【例 6-12】 查询员工编号为 7788 的员工名称、员工工资、部门名称、部门地址。

```
mysql> SELECT e.ename, e.sal, d.dname, d.loc
    -> FROM emp e, (SELECT dname,loc,deptno FROM dept) d
    -> WHERE e.deptno = d.deptno AND e.empno = 7788;
```

```
+------+---------+----------+--------+
| ename | sal     | dname    | loc    |
+------+---------+----------+--------+
| SCOTT | 3000.00 | RESEARCH | DALLAS |
+------+---------+----------+--------+
1 row in set (0.02 sec)
```

由上述结果可知,编号为 7788 的员工名称为 SCOTT,工资为 3000 元,部门名称为 RESEARCH,部门地址为 DALLAS。SQL 语句中首先使用子查询查询出了所有的部门名称、部门地址和部门编号,然后将返回结果作为外层查询的数据源使用。

6.5 本章小结

本章主要讲解了多表连接的相关操作和知识,主要包括表之间的关系、合并结果集、连接查询和子查询。纸上得来终觉浅,绝知此事要躬行,大家应根据文中示例多加练习,注意理解与应用。

6.6 习　　题

1. 填空题

(1) 在________关系中,关系表的每一边都只能存在一条记录。

(2) 在________关系中,主键数据表中只能含有一个记录。

(3) 在________关系中,两个数据表里的每条记录都可以和另一个数据表里任意数量的记录相关。

(4) 笛卡儿积在 SQL 中的实现方式是________。

(5) ________就是嵌套查询,即 SELECT 中包含 SELECT。

2. 选择题

(1) 下列关系中是一对一关系的是(　　)。

A. 老师和学生　　B. 班级和学生

C. 图书馆和书　　D. 丈夫和妻子

(2) MySQL 提供了(　　)关键字用于合并结果集。

A. UNION ALL　　B. UNION

C. ALL　　D. DISTINCT

(3) (　　)关键字用于查出两张表的数据合并结果集后,不会过滤掉重复的数据。

A. UNION ALL　　B. UNION

C. ALL　　D. DISTINCT

(4) (　　)的连接查询结果集中仅包含满足条件的行,是 MySQL 中默认的连接方式。

A. 外连接　　B. 内连接

C. 自连接　　D. 自然连接

(5) MySQL 中的自然连接需要使用(　　)关键字。

A. LEFT　　B. RIGHT

C. NATURAL　　D. ALL

3. 思考题

(1) 请简述表与表之间有哪些关系。

(2) 请简述 UNION 和 UNION ALL 的区别。

(3) 请简述什么是笛卡儿积。

(4) 请简述左外连接和右外连接的区别。

(5) 请简述自然连接如何使用。

第7章 常用函数

本章学习目标

- 熟练掌握字符串函数；
- 熟练掌握数学函数；
- 熟练掌握日期时间函数；
- 掌握格式化函数；
- 掌握系统信息函数。

MySQL函数是MySQL数据库提供的内部函数，这些内部函数可以帮助用户更加方便地处理表中的数据。MySQL函数包括字符串函数、数学函数、日期和时间函数、系统信息函数、条件判断函数、加密函数等，这些函数可以对表中数据进行相应的处理，以便得到用户希望得到的数据。本章将详细讲解MySQL的常用函数，这些函数可以使MySQL数据库的功能更加强大。

7.1 字符串函数

字符串函数是最常用的一种函数，在实际应用中，通常会综合几个甚至几类函数来实现相应的业务需求。字符串函数主要用于对字符串的查询、分割、去空格和拼接等，具体如表7.1所示。

表7.1 字符串相关函数及说明

函数名称	说明
ASCII(str)	返回字符串str最左侧字符的ASCII代码值
BIT_LENGTH(str)	以bit为单位来返回字符串str长度
CONCAT(str1,str2,...)	返回来自于参数连接的字符串
CONCAT_WS(separator,str1,str2,...)	用特定字符separator连接参数组成一个字符串
INSERT(str,x,y,instr)	将字符串str从第x位置开始，y个字符的子串替换为字符串instr，并将结果返回，位置从1开始计算
FIND_IN_SET(str,strlist)	用于查找指定字符str在字符串集合strlist(被“,”分隔的子串组成的一个字符串)中的位置，并返回结果
LCASE(str)或LOWER(str)	用于将字符串中所有字母转换为小写，并返回结果
UCASE(str)或UPPER(str)	用于将字符串中所有字母转换为大写，并返回结果
LEFT(str,len)	返回字符串str的左侧len个字符
RIGHT(str,len)	返回字符串str的右侧len个字符
LENGTH(str)	获取字符串str的占用的字节数
LTRIM(str)	用于去掉字符串str首部的空格

续表

函数名称	说　明
RTRIM(str)	用于去掉字符串 str 尾部的空格
TRIM(str)	用于去掉字符串 str 首部和尾部的空格
POSITION (substr IN str)	用于查询指定子串 substr 在字符串 str 中的位置并返回,位置从 1 开始计算
REPEAT (str,count)	返回由重复 count 次的字符串 str 组成的一个字符串
REVERSE (str)	用于返回字符串 str 反转后的字符串
STRCMP(str1,str2)	比较两个字符串

表 7.1 中列出了字符串相关函数,接下来详细讲解常用的字符串函数。

7.1.1 ASCII 函数

ASCII 函数用于返回字符串最左侧字符的 ASCII 代码值,其语法格式如下。

```
SELECT ASCII(str);
```

其中,若 str 是空字符串,则返回 0;若 str 是 NULL,则返回 NULL。

下面通过具体示例演示 ASCII 函数的使用,如例 7-1 所示。

【例 7-1】 使用 ASCII 函数得到字符 A 的 ASCII 代码值。

```
mysql > SELECT ASCII('A');
+----------+
| ASCII('A') |
+----------+
|       65   |
+----------+
1 row in set (0.00 sec)
```

由上述结果可知,通过 ASCII 函数得出字符 A 的 ASCII 代码值 65。

接着使用 ASCII 函数得到字符串 ABC 的 ASCII 代码值。

```
mysql > SELECT ASCII('ABC');
+----------+
| ASCII('ABC') |
+----------+
|      65      |
+----------+
1 row in set (0.00 sec)
```

由上述结果可知,ASCII 函数返回字符串 ABC 的 ASCII 代码值为 65。实际上,ASCII 函数返回的是字符串最左侧字符的 ASCII 代码值,所以这是字符 A 的 ASCII 代码值。

7.1.2 CONCAT 函数

CONCAT 函数用于将多个字符串连接成一个字符串,其语法格式如下。

```
SELECT CONCAT(str1,str2, …… ,strn);
```

其中,CONCAT 函数会将多个字符串拼接,返回拼接后的字符串。如果其中有一个参数为 NULL,则 CONCAT 函数返回值就为 NULL;如果有数字参数,则该数字参数被转换为等价的字符串格式。

下面通过具体示例演示 CONCAT 函数的使用,如例 7-2 所示。

【例 7-2】 使用 CONCAT 函数拼接字符 a、b 和 c。

```
mysql > SELECT CONCAT('a','b','c');
+-----------------+
| CONCAT('a','b','c') |
+-----------------+
| abc             |
+-----------------+
1 row in set (0.04 sec)
```

由上述结果可知,通过 CONCAT 函数将字符 a、b 和 c 拼接成 abc。

接着使用 CONCAT 函数拼接字符 a、b 和 NULL,具体如下所示。

```
mysql > SELECT CONCAT('a','b',NULL);
+------------------+
| CONCAT('a','b',NULL) |
+------------------+
| NULL             |
+------------------+
1 row in set (0.00 sec)
```

由上述结果可知,拼接的参数中含有 NULL,则 CONCAT 函数返回值就为 NULL。

接着使用 CONCAT 函数拼接字符 a、b 和数字 100,具体如下所示。

```
mysql > SELECT CONCAT('a','b',100);
+------------------+
| CONCAT('a','b',100) |
+------------------+
| ab100            |
+------------------+
1 row in set (0.00 sec)
```

由上述结果可知,拼接的参数中含有数字,则该数字被转换为等价的字符串形式进行拼接。

7.1.3 INSERT 函数

INSERT 函数用于在指定位置替换字符串,其语法格式如下。

```
SELECT INSERT(str,pos,len,newstr);
```

其中,str 指定字符串,pos 指开始被替换的位置,len 指被替换的字符长度,newstr 指新的字符串。INSERT 函数会将 str 范围为[pos,pos+len]的字符串替换为 newstr。

下面通过具体示例演示 INSERT 函数的使用,如例 7-3 所示。

【例 7-3】 使用 INSERT 函数将字符串 hello 中的 ll 替换为 ** 。

```
mysql > SELECT INSERT('hello',3,2,'**');
+----------------------+
| INSERT('hello',3,2,'**') |
+----------------------+
| he**o                |
+----------------------+
1 row in set (0.00 sec)
```

由上述结果可知,通过 INSERT 函数返回的新字符串为 he**o。这是因为 SQL 命令中 3 代表从第 3 个字符开始,2 代表替换 2 个字符,INSERT 函数将字符串 hello 中的 ll 替换为**。

接着使用 INSERT 函数将字符串 hello 中的后 3 个字母替换为@,具体如下所示。

```
mysql > SELECT INSERT('hello',3,3,'@');
+---------------------+
| INSERT('hello',3,3,'@') |
+---------------------+
| he@                 |
+---------------------+
1 row in set (0.00 sec)
```

由上述结果可知,通过 INSERT 函数返回的新字符串为 he@。这是因为 SQL 命令中第 1 个 3 代表从第 3 个字符开始,第 2 个 3 代表替换 3 个字符,INSERT 函数将 hello 中的后 3 个字母替换为@。

7.1.4 LEFT 函数

LEFT 函数用于返回字符串左侧的指定字符长度的字符串,其语法格式如下。

```
SELECT LEFT(str,len);
```

其中,len 指返回字符的字符长度,LEFT 函数会将 str 中左侧的 len 个字符返回(len 从 1 开始计算)。此处需要注意,任何参数为 NULL,则返回 NULL。

下面通过具体示例演示 LEFT 函数的使用,如例 7-4 所示。

【例 7-4】 使用 LEFT 函数查询字符串 hello 左侧的 3 个字符。

```
mysql > SELECT LEFT('hello',3);
+-------------+
| LEFT('hello',3) |
+-------------+
| hel         |
+-------------+
1 row in set (0.00 sec)
```

由上述结果可知,通过 LEFT 函数返回了字符串 hello 中左侧 3 个字符 hel,SQL 命令中的 3 代表从左侧开始查询 3 个字符。

7.1.5 RIGHT 函数

RIGHT 函数用于返回字符串左侧的指定字符数的字符串,其语法格式如下。

```
SELECT RIGHT(str,x);
```

其中,RIGHT 函数会将 str 中右侧的 x 个字符返回(x 从 1 开始计算)。如果 str 为 NULL,无论 x 为何值,都返回 NULL。

下面通过具体示例演示 RIGHT 函数的使用,如例 7-5 所示。

【例 7-5】 使用 RIGHT 函数查询字符串 hello 右侧的 3 个字符。

```
mysql > SELECT RIGHT('hello',3);
+---------------+
| RIGHT('hello',3) |
+---------------+
| llo           |
+---------------+
1 row in set (0.00 sec)
```

由上述结果可知,通过 RIGHT 函数返回了字符串 hello 中右侧 3 个字符 llo,SQL 命令中的 3 代表从右侧开始查询 3 个字符。

7.1.6 LENGTH 函数

LENGTH 函数用于返回字符串占用的字节数,其语法格式如下。

```
SELECT LENGTH(str);
```

其中,如果 str 为空字符串,则返回 0;如果 str 为 NULL,则返回 NULL。

下面通过具体示例演示 LENGTH 函数的使用,如例 7-6 所示。

【例 7-6】 使用 LENGTH 函数查询字符串 hello 占用的字节数。

```
mysql > SELECT LENGTH('hello');
+--------------+
| LENGTH('hello') |
+--------------+
|          5   |
+--------------+
1 row in set (0.01 sec)
```

由上述结果可知,通过 LENGTH 函数返回了字符串占用的字节数,hello 占用的字节数为 5。

7.2 数学函数

数学函数是 MySQL 中常用的一类函数,主要用于处理数值方面的运算,包括整型、浮点数等,具体如表 7.2 所示。

表 7.2 数学相关函数及说明

函数名称	说明
ABS(x)	返回 x 的绝对值

函数名称	说　明
BIN(x)	返回十进制数 x 的二进制数
CEILING(x)	返回不小于 x 的最小整数值
FLOOR(x)	返回不大于 x 的最大整数值
GREATEST(x,y,...)	返回最大参数
LEAST(x,y,...)	返回最小参数
MOD(x,y)	返回 x 被 y 除后的余数
PI()	返回圆周率
RAND()	返回一个 0～1 之间的随机数
ROUND(x,y)	对 x 进行四舍五入操作，小数点后保留 y 位
TRUNCATE(x,y)	返回舍去 x 中小数点 y 位后的数

表 7.2 中列出了数学相关函数，接下来详细讲解常用的数学函数。

7.2.1　ABS 函数

ABS 函数用于返回指定数值的绝对值，其语法格式如下。

```
SELECT ABS(x);
```

其中，x 为正数时，绝对值是其本身；x 为负数时，绝对值为其相反数。0 的绝对值是 0，x 为 NULL 时，则返回 NULL。

下面通过具体示例演示 ABS 函数的使用，如例 7-7 所示。

【例 7-7】　使用 ABS 函数求出 2、3.4、−53、0 和 NULL 的绝对值。

```
mysql> SELECT ABS(2),ABS(-3.4),ABS(-53),ABS(0),ABS(NULL);
+-------+----------+---------+------+---------+
| ABS(2) | ABS(-3.4) | ABS(-53) | ABS(0) | ABS(NULL) |
+-------+----------+---------+------+---------+
|   2   |   3.4    |   53    |  0   |  NULL   |
+-------+----------+---------+------+---------+
1 row in set (0.10 sec)
```

由上述结果可知，ABS 函数返回了指定数值的绝对值。

7.2.2　MOD 函数

MOD 函数用于返回除法运算后的余数，相当于%的用法，其语法格式分别如下。

```
1. SELECT MOD(x,y);
2. SELECT x MOD y;
```

以上两种语法格式的作用是等价的，MOD 函数返回的是 x 除以 y 后的余数。

下面通过具体示例演示 MOD 函数的使用，如例 7-8 所示。

【例 7-8】　使用 MOD 函数求 10 除以 3 的余数。

```
mysql > SELECT MOD(10,3);
+----------+
| MOD(10,3)  |
+----------+
|       1    |
+----------+
1 row in set (0.00 sec)
```

由上述结果可知,MOD函数可以计算出10除以3的余数。接着使用MOD函数的第二种语法格式进行运算,具体如下所示。

```
mysql > SELECT 10 MOD 3;
+---------+
| 10 MOD 3  |
+---------+
|       1   |
+---------+
1 row in set (0.00 sec)
```

由上述结果可知,通过MOD函数返回了10除以3的余数1。

另外,%符号也用于返回除法运算后的余数,与MOD函数作用相同,其语法格式如下。

```
SELECT x % y;
```

其中,%符号返回的是x除以y后的余数。使用%符号求10除以3的余数,具体如下所示。

```
mysql > SELECT 10 % 3;
+-------+
| 10 % 3  |
+-------+
|    1    |
+-------+
1 row in set (0.00 sec)
```

由上述结果可知,使用%符号可以计算出10除以3的余数1。

7.2.3 PI函数

PI函数用于返回圆周率,其语法格式如下。

```
SELECT PI();
```

其中,结果默认显示6位小数。

下面通过具体示例演示PI函数的使用,如例7-9所示。

【例7-9】 求出圆周率的值。

```
mysql > SELECT PI();
+---------+
| PI()     |
+---------+
| 3.141593 |
+---------+
1 row in set (0.01 sec)
```

由上述结果可知,PI 函数返回圆周率的值。

7.2.4 RAND 函数

RAND 函数用于返回一个大于 0 且小于 1 的随机数,其语法格式如下。

```
1. SELECT RAND();
2. SELECT RAND(n);
```

其中,RAND 函数无参数时得到的随机数是不重复的。RAND 函数有参数时,如 rand(2),相当于指定随机数产生的种子,那么这种情况产生的随机数是可重复的。

下面通过具体示例演示 RAND 函数无参数的使用,如例 7-10 所示。

【例 7-10】 使用 RAND 函数求一个 0~1 之间的随机数。

```
mysql > SELECT RAND(),RAND(),RAND();
+--------------------+--------------------+--------------------+
| RAND()             | RAND()             | RAND()             |
+--------------------+--------------------+--------------------+
| 0.9816054533995738 | 0.6391723109380042 | 0.2011017462529574 |
+--------------------+--------------------+--------------------+
1 row in set (0.00 sec)
```

由上述结果可知,RAND 函数返回了不可重复的 0~1 的随机数。接着演示 RAND 函数有参数的使用,具体如下所示。

```
mysql > SELECT RAND(2),RAND(2),RAND(1);
+--------------------+--------------------+--------------------+
| RAND(2)            | RAND(2)            | RAND(1)            |
+--------------------+--------------------+--------------------+
| 0.6555866465490187 | 0.6555866465490187 | 0.1824410643265    |
+--------------------+--------------------+--------------------+
1 row in set (0.00 sec)
```

由上述结果可知,RAND 函数返回了可重复的 0~1 的随机数。

7.2.5 ROUND 函数

ROUND 函数用于返回指定数值四舍五入后的值,其语法格式如下。

```
SELECT ROUND(x);
```

下面通过具体示例演示 ROUND 函数的使用,如例 7-11 所示。

【例 7-11】 使用 ROUND 函数求 6.6 和 25.2 四舍五入后的值。

```
mysql > SELECT ROUND(6.6),ROUND(25.2);
+------------+-------------+
| ROUND(6.6) | ROUND(25.2) |
+------------+-------------+
|          7 |          25 |
+------------+-------------+
1 row in set (0.00 sec)
```

由上述结果可知,ROUND 函数返回 6.6 四舍五入后的值 7,返回 25.2 四舍五入后的值 25。

7.2.6 TRUNCATE 函数

TRUNCATE 函数用于按照小数位数返回指定数值,其语法格式如下。

```
SELECT TRUNCATE(x,y);
```

其中,TRUNCATE 函数会返回 x 保留 y 位小数的结果,没有四舍五入。此处需要注意,当 y 大于 0 时,对数值 x 的小数位数进行截断;当 y 等于 0 时,将数值 x 的小数部分去除,只保留整数部分;当 y 小于 0 时,将数值 x 的小数部分去除,并将整数部分按照 y 指定位数用 0 替换。

下面通过具体示例演示 TRUNCATE 函数参数 y 大于 0 的使用,如例 7-12 所示。

【例 7-12】 使用 TRUNCATE 函数求 5.678 保留 1 位小数的结果。

```
mysql > SELECT TRUNCATE(5.678,1);
+----------------+
| TRUNCATE(5.678,1) |
+----------------+
|        5.6     |
+----------------+
1 row in set (0.00 sec)
```

由上述结果可知,通过 TRUNCATE 函数返回了 5.678 保留 1 位小数的结果 5.6。接着演示参数 y 等于 0 和参数 y 小于 0 的情况,具体如下所示。

```
mysql > SELECT TRUNCATE(3.456,0),TRUNCATE(12345, - 2);
+----------------+-----------------+
| TRUNCATE(3.456,0)  | TRUNCATE(12345, - 2) |
+----------------+-----------------+
|        3       |      12300      |
+----------------+-----------------+
1 row in set (0.00 sec)
```

由上述结果可知,通过 TRUNCATE 函数返回了 3.456 保留整数位的结果 3,12345 替换两位整数的结果 12300。

7.3 日期时间函数

日期时间函数基于操作系统设置的时间值或日期值,主要用于处理日期和时间,是 MySQL 中常用的一类函数,具体如表 7.3 所示。

表 7.3 日期时间相关函数及说明

函数名称	说明
CURDATE()或 CURRENT_DATE()	获取系统当前日期

续表

函数名称	说　明
CURTIME()或 CURRENT_TIME()	获取系统当前时间
DATE_ADD(date,INTERVAL expr unit)	为指定的日期 date 加上一个时间间隔值 expr,interval 是间隔类型关键字,expr 是一个表达式(对应后面的类型),unit 是时间间隔的单位(间隔类型)
DATE_SUB(date,INTERVAL expr unit)	为指定的日期 date 减去一个时间间隔值 expr
DAYOFWEEK(date)	返回指定日期 date 是一周中的第几天,1 表示周日,2 表示周一,依此类推
DAYOFMONTH(date)	返回指定日期 date 是一个月中的第几天,范围是 1～31
DAYOFYEAR(date)	返回指定日期 date 是一年中的第几天,范围是 1～366
DAYNAME(date)	返回日期 date 对应工作日的英文名
MONTHNAME(date)	返回日期 date 对应月份的英文名
SECOND(time)	返回时间 time 对应的秒数,范围是 0～59
MINUTE(time)	返回时间 time 对应的分钟数,范围是 0～59
HOUR(time)	返回时间 time 对应的小时数
DAY(date)	返回指定日期时间 date 是当月的第几天
WEEK(date,[mode])	返回指定日期时间 date 的周数
MONTH(date)	返回指定日期时间 date 的月数
YEAR(date)	返回指定日期时间 date 的年数
NOW()	返回系统当前日期时间

表 7.3 中列出了日期时间相关函数,接下来详细讲解常用的日期时间函数。

7.3.1 DAY 函数

DAY 函数用于返回指定日期时间是当月的第几天,其语法格式如下。

```
SELECT DAY(date);
```

其中,DAY 函数返回值范围为 1～31,具体的 date 要加单引号,否则返回 NULL。

下面通过具体示例演示 DAY 函数的使用,如例 7-13 所示。

【例 7-13】 使用 DAY 函数查询 2021 年 10 月 25 日是当月的第几天。

```
mysql > SELECT DAY('2021 - 10 - 25');
+-----------------+
| DAY('2021 - 10 - 25') |
+-----------------+
|        25       |
+-----------------+
1 row in set (0.00 sec)
```

由上述结果可知,2017 年 10 月 25 日是当月的第 25 天。另外,日期要加单引号,连接符不唯一。

7.3.2 WEEK 函数

通常,正常年份的一年有 365 天,闰年为 366 天。一年又可以分为许多周,每周有 7 天,一年有 52 周,因此周范围是 1～52。WEEK 函数用于返回指定日期的周数,其语法格式如下。


```
SELECT WEEK(date,[mode]);
```

其中,date 是要获取周数的日期。mode 是一个可选参数,用于确定周数计算的逻辑,可指定本周是从星期一还是星期日开始,返回的周数应为 0～52 或 0～53,具体如表 7.4 所示。

表 7.4 mode 参数

模 式	一周的第一天	函数值范围	计 算 方 式
0	星期日	0～53	从本年的第一个星期日开始是第一周,前面的计算为第 0 周
1	星期一	0～53	若第一周能超过 3 天,则计算为本年的第一周,否则为第 0 周
2	星期日	1～53	从本年的第一个星期日开始是第一周,前面的计算为上年度的第 5x 周,x 为 2 或 3
3	星期一	1～53	若第一周能超过 3 天,那么计算为本年的第一周,否则为上年度的第 5x 周,x 为 2 或 3
4	星期日	0～53	若第一周能超过 3 天,那么计算为本年的第一周,否则为第 0 周
5	星期一	0～53	从本年的第一个星期一开始是第一周,前面的计算为第 0 周
6	星期日	1～53	若第一周能超过 3 天,则计算为本年的第一周,否则为上年度的第 5x 周,x 为 2 或 3
7	星期一	1～53	从本年的第一个星期一开始是第一周,前面的计算为上年度的第 5x 周,x 为 2 或 3

此处需要注意,如果忽略 mode 参数,默认情况下 WEEK 函数将使用 default_week_format 系统变量的值,获取 default_week_format 变量的当前值可以使用“SHOW VARIABLES LIKE 'default_week_format';”语句实现。

下面通过具体示例演示 WEEK 函数的使用,如例 7-14 所示。

【例 7-14】 使用 WEEK 函数查询 2021 年 5 月 15 日的周数。

```
mysql> SELECT WEEK('2021-5-15');
+-----------------+
| WEEK('2021-5-15') |
+-----------------+
|              19 |
+-----------------+
1 row in set (0.00 sec)
```

由上述结果可知,2021 年 5 月 15 日是当年的第 19 周,此处 mode 参数为 0。

7.3.3 MONTH 函数

MONTH 函数用于从指定日期值中获取月份值,其语法格式如下。

```
SELECT MONTH(date);
```

其中,MONTH 函数返回范围为 1～12。

下面通过具体示例演示 MONTH 函数的使用,如例 7-15 所示。

【例 7-15】 使用 MONTH 函数查询 2021 年 10 月 25 日的月数。

```
mysql > SELECT MONTH('2021 - 10 - 25');
+-------------------+
| MONTH('2021 - 10 - 25') |
+-------------------+
|                10 |
+-------------------+
1 row in set (0.00 sec)
```

由上述结果可知,2021 年 10 月 25 日的月数为 10。

7.3.4 YEAR 函数

YEAR 函数用于从指定日期值中获取年份值,其语法格式如下。

```
SELECT YEAR(date);
```

其中,如果年份只有两位数,那么自动补全的机制是以默认时间 1970-01-01 为界限的,大于或等于 70 的补全为 19,小于 70 的补全为 20,具体可回顾 2.2.3 节的内容。

下面通过具体示例演示 YEAR 函数的使用,如例 7-16 所示。

【例 7-16】 使用 YEAR 函数查询 2021 年 10 月 25 日的年数。

```
mysql > SELECT YEAR('2021 - 10 - 25');
+------------------+
| YEAR('2021 - 10 - 25') |
+------------------+
|             2021 |
+------------------+
1 row in set (0.00 sec)
```

由上述结果可知,2021 年 10 月 25 日的年数为 2021。接着演示年份只有两位数的情况,具体如下所示。

```
mysql > SELECT YEAR('79 - 8 - 15'),YEAR('56 - 7 - 17');
+---------------+---------------+
| YEAR('79 - 8 - 15') | YEAR('56 - 8 - 15') |
+---------------+---------------+
|          1979 |          2056 |
+---------------+---------------+
1 row in set (0.00 sec)
```

由上述结果可知,通过 YEAR()函数返回'79-8-15'的年份为 1979,'56-7-17'的年份为 2056。

7.3.5 NOW 函数

NOW 函数用于返回系统当前的日期和时间,其语法格式如下。

```
SELECT NOW();
```

下面通过具体示例演示 NOW 函数的使用,如例 7-17 所示。

【例 7-17】 使用 NOW 函数查询系统当前时间。

```
mysql > SELECT NOW();
+--------------------+
| NOW()              |
+--------------------+
| 2021 - 8 - 12 11:09:33 |
+--------------------+
1 row in set (0.02 sec)
```

由上述结果可知,通过 NOW 函数返回了系统当前时间。

7.4 格式化函数

格式化函数主要用于对数字或日期时间的格式化,是 MySQL 中比较常用的一类函数,具体如表 7.5 所示。

表 7.5 格式化相关函数及说明

函数名称	说明
FORMAT(x,n)	将指定数字 x 保留小数点后指定位数 n,四舍五入并返回
DATE_FORMAT(date,format)	根据 format 格式化 date 值

表 7.5 中列出了格式化相关函数,接下来详细讲解常用的格式化函数。

7.4.1 FORMAT 函数

FORMAT 函数将数字进行格式化,其语法格式如下。

```
SELECT FORMAT(x,n);
```

其中,FORMAT 函数会将数字 x 保留小数点后 n 位,四舍五入并返回。

下面通过具体示例演示 FORMAT 函数的使用,如例 7-18 所示。

【例 7-18】 使用 FORMAT 函数将 345.1273 进行格式化,保留小数点后 2 位。

```
mysql > SELECT FORMAT(345.1273,2);
+------------------+
| FORMAT(345.1273,2) |
+------------------+
| 345.13           |
+------------------+
1 row in set (0.01 sec)
```

由上述结果可知,FORMAT 函数对 345.1273 进行了格式化,保留小数点后 2 位并四舍五入得到 345.13。

7.4.2 DATE_FORMAT 函数

DATE_FORMAT 函数用于将日期时间按照指定格式进行格式化,DATE_FORMAT 函数的语法格式如下。

```
SELECT DATE_FORMAT(date,format);
```

其中,DATE_FORMAT 函数会将日期时间 date 按照 format 格式进行格式化。

下面通过具体示例演示 DATE_FORMAT 函数的使用,如例 7-19 所示。

【例 7-19】 使用 DATE_FORMAT 函数将 20210202 格式化,按照 2021-02-02 的格式显示。

```
mysql > SELECT DATE_FORMAT(20210202,'%Y-%m-%d');
+-------------------------------+
| DATE_FORMAT(20210202,'%Y-%m-%d') |
+-------------------------------+
| 2021-02-02                    |
+-------------------------------+
1 row in set (0.00 sec)
```

由上述结果可知,DATE_FORMAT 函数将 20210202 格式化为 2021-02-02,其中%Y 代表 4 位数的年份,%m 代表月,%d 代表日。

7.5 系统信息函数

系统信息函数用来查询当前数据库的系统信息。例如,查询数据库的版本,查询数据库的当前用户。系统信息函数是 MySQL 中比较常用的一类函数,相关函数及具体说明如表 7.6 所示。

表 7.6 系统信息相关函数及说明

函数名称	说明
DATABASE()	返回当前数据库名
CONNECTION_ID	用于返回当前用户的连接 ID
USER()或 SYSTEM_USER()	返回当前登录用户名
VERSION()	返回当前数据库的版本号

表 7.6 中列出了系统信息相关函数,接下来详细讲解常用的系统信息函数。

7.5.1 DATABASE 函数

DATABASE 函数用于返回当前数据库名,其语法格式如下。

```
SELECT DATABASE();
```

其中,如果还未选择数据库,则返回 NULL。

下面通过具体示例演示 DATABASE 函数的使用,如例 7-20 所示。

【例 7-20】 使用 DATABASE 函数查询当前数据库名。

```
mysql > SELECT DATABASE();
+----------+
| DATABASE() |
+----------+
```

```
| qf_test6   |
+----------+
1 row in set (0.00 sec)
```


由上述结果可知,DATABASE 函数返回了当前数据库名。

7.5.2 USER 或 SYSTEM_USER 函数

USER 或 SYSTEM_USER 函数用于返回当前用户的名称,其语法格式如下。

```
SELECT USER|SYSTEM_USER();
```

下面通过具体示例演示 USER 和 SYSTEM_USER 函数的使用,如例 7-21 所示。

【例 7-21】 使用 USER 函数查询当前登录用户名。

```
mysql > SELECT USER();
+--------------+
| USER()        |
+--------------+
| root@localhost  |
+--------------+
1 row in set (0.02 sec)
```

由上述结果可知,通过 USER 函数返回了当前登录用户名。

接着使用 SYSTEM_USER 函数查询当前登录用户名,具体如下所示。

```
mysql > SELECT SYSTEM_USER();
+-------------+
| SYSTEM_USER()   |
+-------------+
| root@localhost |
+-------------+
1 row in set (0.00 sec)
```

由上述结果可知,通过 SYSTEM_USER 函数返回了当前登录用户名。

7.5.3 VERSION 函数

VERSION 函数用于返回当前数据库的版本号,其语法格式如下。

```
SELECT VERSION();
```

下面通过具体示例演示 VERSION 函数的使用,如例 7-22 所示。

【例 7-22】 使用 VERSION 函数查询当前数据库的版本号。

```
mysql > SELECT VERSION();
+---------+
| VERSION()  |
+---------+
| 8.0.25     |
+---------+
1 row in set (0.00 sec)
```

由上述结果可知，VERSION 函数返回了当前数据库版本号。

7.6 本章小结

本章介绍了在 MySQL 中常用的函数，这些函数可以使 MySQL 数据库的功能更加强大。本章讲解的常用函数中，最常用的是字符串函数，在学习时不需要死记硬背，只需多加练习达到熟练运用水平即可。

7.7 习 题

1. 填空题

(1) ________函数用于在指定位置替换字符串。

(2) ________函数用于返回指定日期时间的年数。

(3) ________函数用于返回当前数据库名。

(4) ________函数用于返回系统当前时间。

(5) ________函数用于将日期时间按照指定格式进行格式化。

2. 选择题

(1) (　　)函数用于返回指定日期时间是当月的第几天。

A. MONTH　　B. NOW

C. WEEK　　D. DAY

(2) (　　)函数用于返回指定数值保留指定位小数。

A. TRUNCATE　　B. RAND

C. MOD　　D. WEEK

(3) (　　)函数用于连接字符串。

A. LEFT　　B. INSERT

C. CONCAT　　D. ASCII

(4) (　　)函数用于返回指定数值的绝对值。

A. PI　　B. TRUNCATE

C. MOD　　D. ABS

(5) (　　)函数用于返回一个 0～1 的随机数。

A. ROUND　　B. CONCAT

C. RAND　　D. FORMAT

3. 思考题

(1) 请简述 LCASE 和 UCASE 的区别。

(2) 请简述 LTRIM、RTRIM 和 TRIM 的区别。

(3) 请简述常用的数学函数。

(4) 请简述查询系统当前日期时间的函数。

(5) 请简述常用的格式化函数。

第8章 视　　图

本章学习目标

- 理解视图；
- 熟练掌握视图操作。

视图可以比作一个窗口，用户透过它可以看到数据库中自己想看到的数据及其变化。例如，为了合唱比赛学校组建了合唱团，从每个班级筛选几位会唱歌的同学，这些同学就可以临时组建一个合唱班，这个合唱班就可以当作一个视图。也就是说，这个班级其实不是真实存在的，当比赛结束，合唱班就会解散。

8.1　视图的概念

从数据库系统内部来看，视图是由 SELECT 语句组成的查询定义的虚拟表，是由一张或多张表中的数据组成的；从数据库系统外部来看，视图就如同一张表一样。总之，视图是基于 SQL 语句的结果集的可视化的表。

视图包含带有名称的行和列，就像一个真实的表。视图中的字段是来自一个或多个数据库中的真实表中的字段，并且在引用视图时动态生成。

视图一经定义就会存储在数据库中，与其相对应的数据并没有像表那样在数据库中再存储一份，通过视图看到的数据只是存放在基本表中的数据。对视图的操作与对表的操作一样，可以对其进行查询、修改(有一定的限制)、删除。

视图有很多优点，主要表现在以下 3 个方面。

(1) 操作简单。视图机制帮助用户集中注意力在所关心的数据上，使数据库看起来结构简单、清晰。用户可以通过定义视图对经常使用的数据进行操作，而不是每次查询指定了全部条件后的数据再操作，这就可以简化用户的数据查询操作。

(2) 安全性。视图机制使特定用户只能查询和修改他们所能见到的数据，这是因为数据库的授权命令对用户进行权限控制。

(3) 逻辑数据独立性。在某些方面，视图使应用程序和数据库表相互独立。通过视图，程序可以建立在视图上，把程序与数据库表分开。

8.2　视图操作

视图操作与数据表的操作相似，包括创建、查看、修改、更新和删除等操作。视图还可以和数据表一样被查询，利用视图可以对数据进行增、删、改操作，但是会受到一定的限制。

8.2.1 数据准备

首先创建两张数据表(员工表 emp 和员工详细信息表 emp_detail)并插入数据用于后面的例题演示,以便于讲解视图的操作。其中,员工表 emp 的表结构如表 8.1 所示。

表 8.1 emp 表

字 段	字段类型	说 明	字 段	字段类型	说 明
id	int	员工编号	salary	int	员工工资
name	char(30)	员工姓名	home	char(30)	员工户籍
sex	char(2)	员工性别	marry	char(2)	是否结婚
age	int	员工年龄	hobby	char(30)	兴趣爱好
department	char(10)	所在部门			

表 8.1 中列出了员工表的字段、字段类型和说明。首先创建员工表,具体如下所示。

```
mysql > SET NAMES gbk;
mysql > CREATE TABLE emp(
    ->     ID INT PRIMARY KEY AUTO_INCREMENT,
    ->     NAME CHAR(30) NOT NULL,
    ->     SEX CHAR(2) NOT NULL,
    ->     AGE INT NOT NULL,
    ->     DEPARTMENT CHAR(10) NOT NULL,
    ->     SALARY INT NOT NULL,
    ->     HOME CHAR(30),
    ->     MARRY CHAR(2) NOT NULL DEFAULT '否',
    ->     HOBBY CHAR(30)
    -> );
Query OK, 0 rows affected (0.14 sec)
```

员工表创建完成后,向表中插入数据,具体如下所示。

```
mysql > INSERT INTO emp
    -> (ID, NAME, SEX, AGE,DEPARTMENT, SALARY, HOME, MARRY, HOBBY)
    -> VALUES
    -> (NULL,'孙一','女',20,'人事部','4000','广东','否','网球'),
    -> (NULL,'钱二','女',21,'人事部','9000','北京','否','网球'),
    -> (NULL,'张三','男',22,'研发部','8000','上海','否','音乐'),
    -> (NULL,'李四','女',23,'研发部','9000','重庆','否','无'),
    -> (NULL,'王五','女',24,'研发部','9000','四川','是','足球'),
    -> (NULL,'赵六','男',25,'销售部','6000','福建','否','游戏'),
    -> (NULL,'田七','女',26,'销售部','5000','山西','否','篮球');
Query OK, 7 rows affected (0.08 sec)
Records: 7 Duplicates: 0 Warnings: 0
```

由上述结果可知,数据插入完成。接着查看表中数据,具体如下所示。

```
mysql > SELECT * FROM emp;
+---+----+----+----+---------+-------+----+-----+-----+
| ID | NAME | SEX | AGE | DEPARTMENT | SALARY | HOME | MARRY | HOBBY |
+---+----+----+----+---------+-------+----+-----+-----+
| 1 | 孙一 | 女 | 20 | 人事部 | 4000 | 广东 | 否 | 网球 |
```

```
| 2  | 钱二 | 女  | 21  | 人事部      | 9000  | 北京 | 否    | 网球  |
| 3  | 张三 | 男  | 22  | 研发部      | 8000  | 上海 | 否    | 音乐  |
| 4  | 李四 | 女  | 23  | 研发部      | 9000  | 重庆 | 否    | 无    |
| 5  | 王五 | 女  | 24  | 研发部      | 9000  | 四川 | 是    | 足球  |
| 6  | 赵六 | 男  | 25  | 销售部      | 6000  | 福建 | 否    | 游戏  |
| 7  | 田七 | 女  | 26  | 销售部      | 5000  | 山西 | 否    | 篮球  |
+---+----+----+----+---------+------+----+-----+-----+
7 rows in set (0.00 sec)
```

然后创建员工详细信息表 emp_detail,表结构如表 8.2 所示。

表 8.2　emp_detail 表

字　段	字 段 类 型	说　明
id	int	员工编号
pos	char(10)	员工岗位
experience	char(10)	工作经历

表 8.2 中列出了员工详细信息表的字段、字段类型和说明。接着创建员工详细信息表,具体如下所示。

```
mysql > create TABLE emp_detail(
    ->     ID INT PRIMARY KEY,
    ->     POS CHAR(10) NOT NULL,
    ->     EXPERENCE CHAR(10) NOT NULL,
    ->     CONSTRAINT `FK_ID` FOREIGN KEY(ID) REFERENCES emp(ID)
    -> );
Query OK, 0 rows affected (0.11 sec)
```

员工详细信息表创建完成后,向表中插入数据,具体如下所示。

```
mysql > INSERT INTO emp_detail(ID,POS,EXPERIENCE) VALUES
    -> (1,'人事管理','工作二年'),
    -> (2,'人事招聘','工作二年'),
    -> (3,'初级工程师','工作一年'),
    -> (4,'中级工程师','工作二年'),
    -> (5,'高级工程师','工作三年'),
    -> (6,'销售代表','工作二年'),
    -> (7,'销售员','工作一年');
Query OK, 7 rows affected (0.07 sec)
Records: 7 Duplicates: 0 Warnings: 0
```

由上述结果可知,数据插入完成。接着查看表中数据,具体如下所示。

```
mysql > SELECT * FROM emp_detail;
+---+----------+---------+
| ID | POS        | EXPERIENCE |
+---+----------+---------+
| 1  | 人事管理   | 工作二年   |
| 2  | 人事招聘   | 工作二年   |
| 3  | 初级工程师 | 工作一年   |
| 4  | 中级工程师 | 工作二年   |
| 5  | 高级工程师 | 工作三年   |
```

```
| 6 | 销售代表     | 工作二年  |
| 7 | 销售员       | 工作一年  |
+---+------------+----------+
7 rows in set (0.00 sec)
```

至此，两张表创建完成，本章后面的演示例题将会使用这两张表。

8.2.2 创建视图

在创建一个视图时，实际上是在数据中执行一个 SELECT 语句，同时用户应该具有创建视图的权限和查询涉及列的 SELECT 权限。当前登录 MySQL 数据库的是 root 用户，查询该用户是否具有创建视图的权限，具体如下所示。

```
mysql > select Create_view_priv from mysql.user WHERE User = 'root';
+----------------+
| Create_view_priv |
+----------------+
| Y              |
| Y              |
+----------------+
2 rows in set (0.00 sec)
```

由上述结果可知，root 用户具有创建视图的权限。用户可以在一张表上建立视图，也可以在多表上建立视图，其语法格式如下。

```
CREATE [OR REPLACE] [ALGORITHM = {UNDEFINED | MERGE | TEMPTABLE}]
VIEW [db_name.]view_name [(column_list)]
AS select_statement
[WITH [CASCADED | LOCAL] CHECK OPTION];
```

其中，创建视图的语句由多条子句构成。下面对语法格式中的每个关键词进行详细解析，具体如下。

(1) CREATE：表示创建视图的关键字。

(2) OR REPLACE：可选参数，用于替换已有视图。

(3) ALGORITHM：可选参数，表示视图选择的算法。它的取值包括以下 3 个，通常情况下使用 UNDEFINED。

① UNDEFINED：表示 MySQL 自动选择算法。

② MERGE：表示将使用视图的语句与视图含义合并起来，使视图定义的某一部分取代语句的对应部分。

③ TEMPTABLE：表示将视图存入临时表，然后使用临时表进行查询。

(4) view_name：表示要创建的视图名称。

(5) column_list：可选参数，用于指定视图中各个属性名，默认情况下与 SELECT 语句中查询的属性相同。

(6) AS：表示指定视图要执行的操作。

(7) select_statement：表示从某个表或视图中查出某些满足条件的记录，将这些记录导入视图中。

(8) WITH CHECK OPTION：可选参数，表示指定数据操作时的检查条件，省略此参数则不进行检查。它的取值有如下两个。

① CASCADED：默认值，表示创建视图时，需要满足与该视图有关的所有相关视图和表的条件。

② LOCAL：表示创建视图时，只要满足该视图本身定义的条件即可。

上述是对语法格式的解析，既然视图可以建立在一张表上，也可以建立在多张表上，下面针对这两种情况分别进行讲解。

1. 在单表上创建视图

下面通过具体示例演示如何在单表上创建视图，如例 8-1 所示。

【例 8-1】 在 emp 表上创建视图 view_emp，包含的列为 ID、NAME、SEX、AGE 和 DEPARTMENT。

```
mysql > CREATE VIEW view_emp(ID,NAME,SEX,AGE,DEPARTMENT)
    -> AS SELECT ID,NAME,SEX,AGE,DEPARTMENT FROM emp;
Query OK, 0 rows affected (0.10 sec)
```

由上述结果可知，视图创建成功。接着使用 SELECT 语句查看该视图，具体如下所示。

```
mysql > SELECT * FROM view_emp;
+---+----+----+----+---------+
| ID | NAME | SEX | AGE | DEPARTMENT |
+---+----+----+----+---------+
| 1 | 孙一 | 女 | 20 | 人事部 |
| 2 | 钱二 | 女 | 21 | 人事部 |
| 3 | 张三 | 男 | 22 | 研发部 |
| 4 | 李四 | 女 | 23 | 研发部 |
| 5 | 王五 | 女 | 24 | 研发部 |
| 6 | 赵六 | 男 | 25 | 销售部 |
| 7 | 田七 | 女 | 26 | 销售部 |
+---+----+----+----+---------+
7 rows in set (0.00 sec)
```

由上述结果可知，视图 view_emp 只展示了 emp 表的部分数据，隐藏了另一部分数据。这样既可以对其他数据提供保护，又可以清晰地得到想看的数据。

2. 在多表上创建视图

下面通过具体示例演示如何在多表上创建视图，如例 8-2 所示。

【例 8-2】 在 emp 表和 emp_detail 表上创建视图 view_emp_detail，包含的列为 ID、NAME、SEX、AGE、DEPARTMENT、POS 和 EXPERENCE。

```
mysql > CREATE VIEW view_emp_detail
    -> (ID, NAME, SEX, AGE,DEPARTMENT,POS,EXPERENCE)
    -> AS
    -> SELECT a.ID,a.NAME,a.SEX,a.AGE,
    -> a.DEPARTMENT,b.POS,b.EXPERENCE
    -> FROM emp a,emp_detail b WHERE a.ID = b.ID;
Query OK, 0 rows affected (0.03 sec)
```

由上述结果可知，视图创建成功。接着使用 SELECT 语句查看视图，具体如下所示。

```
mysql > SELECT * FROM view_emp_detail;
+---+----+----+----+-----------+-----------+----------+
| ID | NAME | SEX | AGE | DEPARTMENT | POS         | EXPERENCE |
+---+----+----+----+-----------+-----------+----------+
| 1  | 孙一 | 女  | 20  | 人事部     | 人事管理     | 工作二年   |
| 2  | 钱二 | 女  | 21  | 人事部     | 人事招聘     | 工作二年   |
| 3  | 张三 | 男  | 22  | 研发部     | 初级工程师   | 工作一年   |
| 4  | 李四 | 女  | 23  | 研发部     | 中级工程师   | 工作二年   |
| 5  | 王五 | 女  | 24  | 研发部     | 高级工程师   | 工作三年   |
| 6  | 赵六 | 男  | 25  | 销售部     | 销售代表     | 工作二年   |
| 7  | 田七 | 女  | 26  | 销售部     | 销售员       | 工作一年   |
+---+----+----+----+-----------+-----------+----------+
7 rows in set (0.00 sec)
```

由上述结果可知，基于多表的视图中的数据来自于多个数据表，实际上是进行了多张表的连接查询。

8.2.3 查看视图

查看视图是指查看数据库中已经创建完成的视图，首先需要查询当前用户是否具有查看视图的权限。

```
mysql > SELECT Show_view_priv FROM mysql.user WHERE User = 'root';
+--------------+
| Show_view_priv |
+--------------+
| Y              |
| Y              |
+--------------+
2 rows in set (0.00 sec)
```

由上述结果可知，当前 root 用户具有查看视图的权限。查看视图有 3 种方式，接下来针对 3 种方式分别进行讲解。

1. 使用 DESCRIBE 语句查看视图的字段信息

通过 DESCRIBE 语句查看视图的字段信息，其语法格式如下。

```
DESCRIBE 视图名;
```

该语句与查询数据表的字段信息类似，同样可以使用简写 DESC，其语法格式如下。

```
DESC 视图名;
```

下面通过具体示例演示如何查看视图的字段信息，如例 8-3 所示。

【例 8-3】 使用 DESCRIBE 语句查看视图 view_emp_detail 的字段信息。

```
mysql > DESCRIBE view_emp_detail;
+---------+--------+----+----+-------+-----+
| Field     | Type     | Null | Key | Default | Extra |
+---------+--------+----+----+-------+-----+
| ID        | int(11)  | NO   |     | 0       |       |
```

```
| NAME       | char(30)  | NO  |     | NULL    |       |
| SEX        | char(2)   | NO  |     | NULL    |       |
| AGE        | int(11)   | NO  |     | NULL    |       |
| DEPARTMENT | char(10)  | NO  |     | NULL    |       |
| POS        | char(10)  | NO  |     | NULL    |       |
| EXPERENCE  | char(10)  | NO  |     | NULL    |       |
+----------+---------+----+----+-------+-----+
7 rows in set (0.01 sec)
```

由上述结果可知,视图 view_emp_ detail 的字段信息查看成功。

2. 使用 SHOW TABLE STATUS 语句查看视图的状态信息

通过 SHOW TABLE STATUS 语句查看视图的状态信息,其语法格式如下。

```
SHOW TABLE STATUS LIKE '视图名';
```

其中,"视图名"是字符串类型,需要使用单引号括起来。

下面通过具体示例演示如何查看视图的状态信息,如例 8-4 所示。

【例 8-4】 使用 SHOW TABLE STATUS 语句查看视图 view_emp 的状态信息。

```
mysql > SHOW TABLE STATUS LIKE 'view_emp'\G
*************************** 1. row ***************************
           Name: view_emp
         Engine: NULL
        Version: NULL
     Row_format: NULL
           Rows: NULL
 Avg_row_length: NULL
    Data_length: NULL
Max_data_length: NULL
   Index_length: NULL
      Data_free: NULL
 Auto_increment: NULL
    Create_time: NULL
    Update_time: NULL
     Check_time: NULL
      Collation: NULL
       Checksum: NULL
 Create_options: NULL
        Comment: VIEW
1 row in set (0.01 sec)
```

由上述结果可知,视图 view_emp 的基本信息中 Comment 值为 VIEW,Name 为 view_emp,其他值为 NULL。这是因为视图并不是具体的数据表,而是一张虚拟表,存储引擎、数据长度等信息都显示为 NULL。

3. 使用 SHOW CREATE VIEW 语句查看视图的创建信息

通过 SHOW CREATE VIEW 语句查看视图的创建信息,其语法格式如下。

```
SHOW CREATE VIEW 视图名;
```

下面通过具体示例演示如何查看视图的创建信息,如例 8-5 所示。

【例 8-5】 使用 SHOW CREATE VIEW 语句查看视图 view_emp_detail 的创建信息。

```
mysql > SHOW CREATE VIEW view_emp_detail\G
*************************** 1. row ***************************
            View: view_emp_detail
     Create View: CREATE ALGORITHM = UNDEFINED DEFINER = `root`@`localhost`
 SQL SECURITY DEFINER VIEW `view_emp_detail` AS select `a`.`ID` AS `ID`,`a`
.`NAME` AS `NAME`,`a`.`SEX` AS `SEX`,`a`.`AGE` AS `AGE`,`a`.`DEPARTMENT` AS
 `DEPARTMENT`,`b`.`POS` AS `POS`,`b`.`EXPERENCE` AS `EXPERENCE` from (`emp`
 `a` join `emp_detail` `b`) where (`a`.`ID` = `b`.`ID`)
character_set_client: gbk
collation_connection: gbk_chinese_ci
1 row in set (0.00 sec)
```

由上述结果可知,SHOW CREATE VIEW 语句可以查询到视图的名称、创建语句和字符编码。

8.2.4 修改视图

修改视图是指修改数据库中已存在的视图的定义,当基本表的某些字段发生改变时,通过修改视图来保持视图的正常使用。MySQL 中有两种修改视图的方法,分别如下所示。

1. 使用 CREATE OR REPLACE VIEW 语句修改视图

修改视图要求用户具有删除视图的权限,首先查询当前用户是否具有删除视图的权限。

```
mysql > select Drop_priv from mysql.user WHERE User = 'root';
+-----------+
| Drop_priv  |
+-----------+
| Y          |
| Y          |
+-----------+
2 rows in set (0.00 sec)
```

由上述结果可知,当前 root 用户具有删除视图的权限。

通过 CREATE OR REPLACE VIEW 语句修改视图,其语法格式如下。

```
CREATE [OR REPLACE] [ALGORITHM = {UNDEFINED | MERGE | TEMPTABLE}]
VIEW view_name[(column_list)]
AS SELECT_statement
[WITH [CASCADED | LOCAL] CHECK OPTION]];
```

用户可以发现,这是一个创建视图的语句。实际上,如果视图存在,则替换已有的视图;如果视图不存在,则创建一个新的视图。

下面通过具体示例演示使用 CREATE OR REPLACE VIEW 语句修改视图,如例 8-6 所示。

【例 8-6】 使用 CREATE OR REPLACE VIEW 语句将视图 view_emp_detail 修改为只保留前 3 列。

```
mysql > CREATE OR REPLACE VIEW view_emp_detail(ID, NAME, SEX)
    -> AS SELECT ID, NAME, SEX FROM emp;
Query OK, 0 rows affected (0.04 sec)
```

由上述结果可知,视图修改成功。接着使用 SELECT 语句查看视图,具体如下所示。

```
mysql > SELECT * FROM view_emp_detail;
+---+----+---+
| ID | NAME | SEX |
+---+----+---+
| 1  | 孙一 | 女  |
| 2  | 钱二 | 女  |
| 3  | 张三 | 男  |
| 4  | 李四 | 女  |
| 5  | 王五 | 女  |
| 6  | 赵六 | 男  |
| 7  | 田七 | 女  |
+---+----+---+
7 rows in set (0.00 sec)
```

由上述结果可知,通过 CREATE OR REPLACE VIEW 语句返回的视图只保留了表的前 3 列。

2. 使用 ALTER 语句修改视图

用户必须具有创建视图、删除视图的权限和涉及列的 SELECT 权限,才能使用 ALTER 语句修改视图。ALTER 语句修改视图的语法格式如下。

```
ALTER [ALGORITHM = {UNDEFINED | MERGE | TEMPTABLE}]
VIEW view_name[(column_list)]
AS SELECT_statement
[WITH [CASCADED | LOCAL] CHECK OPTION];
```

下面通过具体示例演示使用 ALTER 语句修改视图,如例 8-7 所示。

【例 8-7】 使用 ALTER 语句将视图 view_emp 修改为只显示员工姓名和员工年龄,其 SQL 语句如下。

```
mysql > ALTER VIEW view_emp
    -> AS SELECT NAME, AGE FROM emp;
Query OK, 0 rows affected (0.03 sec)
```

由上述结果可知,视图修改成功。使用 SELECT 语句查看视图,具体如下所示。

```
mysql > SELECT * FROM view_emp;
+----+----+
| NAME | AGE |
+----+----+
| 孙一 | 20  |
| 钱二 | 21  |
| 张三 | 22  |
| 李四 | 23  |
| 王五 | 24  |
| 赵六 | 25  |
| 田七 | 26  |
+----+----+
7 rows in set (0.00 sec)
```

由上述结果可知,通过 ALTER 语句修改后,视图只显示了员工姓名和员工年龄。

8.2.5 更新视图

用户可以通过 UPDATA 语句、INSERT 语句和 DELETE 语句操作对应基本表中的数据来更新视图,接下来将详细讲解这 3 种更新视图的方式。

1. 使用 UPDATE 语句更新视图

通过 UPDATE 语句更新视图中原有的数据,其语法格式如下。

```
UPDATE 视图名 SET 字段名 1 = 值 1 [,字段名 2 = 值 2, …… ] [WHERE 条件表达式];
```

其中,"字段名"表示要更新的字段名称;"值"指定字段更新的新数据,使用逗号分隔多个字段和值;"WHERE 条件表达式"是可选的,用于指定更新数据需要满足的条件。

下面通过具体示例演示使用 UPDATE 语句更新视图,如例 8-8 所示。

【例 8-8】 使用 UPDATE 语句将视图 view_emp_detail 中姓名为赵六的员工性别修改为女。首先查看视图 view_emp_detail 中的数据,具体如下所示。

```
mysql> SELECT * FROM view_emp_detail;
+---+----+---+
| ID | NAME | SEX |
+---+----+---+
| 1 | 孙一 | 女 |
| 2 | 钱二 | 女 |
| 3 | 张三 | 男 |
| 4 | 李四 | 女 |
| 5 | 王五 | 女 |
| 6 | 赵六 | 男 |
| 7 | 田七 | 女 |
+---+----+---+
7 rows in set (0.00 sec)
```

然后将姓名为赵六的员工性别修改为女,具体如下所示。

```
mysql> UPDATE view_emp_detail SET SEX = '女' WHERE NAME = '赵六';
Query OK, 0 rows affected (0.10 sec)
Rows matched: 1 Changed: 0 Warnings: 0
```

由上述结果可知,视图数据修改成功。接着使用 SELECT 语句查看视图,具体如下所示。

```
mysql> SELECT * FROM view_emp_detail;
+---+----+---+
| ID | NAME | SEX |
+---+----+---+
| 1 | 孙一 | 女 |
| 2 | 钱二 | 女 |
| 3 | 张三 | 男 |
| 4 | 李四 | 女 |
| 5 | 王五 | 女 |
| 6 | 赵六 | 女 |
```

```
| 7  | 田七 | 女 |
+---+----+---+
7 rows in set (0.00 sec)
```


由上述结果可知,姓名为赵六的员工性别为女,说明视图更新成功。接着查看基本表 emp 中的数据是否修改,具体如下所示。

```
mysql > SELECT * FROM emp;
+---+----+---+----+----------+------+----+-----+-----+
| ID | NAME | SEX | AGE | DEPARTMENT | SALARY | HOME | MARRY | HOBBY |
+---+----+---+----+----------+------+----+-----+-----+
| 1  | 孙一 | 女 | 20 | 人事部 | 4000 | 广东 | 否 | 网球 |
| 2  | 钱二 | 女 | 21 | 人事部 | 9000 | 北京 | 否 | 网球 |
| 3  | 张三 | 男 | 22 | 研发部 | 8000 | 上海 | 否 | 音乐 |
| 4  | 李四 | 女 | 23 | 研发部 | 9000 | 重庆 | 否 | 无   |
| 5  | 王五 | 女 | 24 | 研发部 | 9000 | 四川 | 是 | 足球 |
| 6  | 赵六 | 女 | 25 | 销售部 | 6000 | 福建 | 否 | 游戏 |
| 7  | 田七 | 女 | 26 | 销售部 | 5000 | 山西 | 否 | 篮球 |
+---+----+---+----+----------+------+----+-----+-----+
7 rows in set (0.00 sec)
```

由上述结果可知,基本表 emp 中的数据已经被修改,说明更新视图可以直接修改基本表中的数据。

2. 使用 INSERT 语句更新视图

通过 INSERT 语句在视图中插入数据,其语法格式如下。

```
INSERT INTO 视图名 VALUES (值 1,值 2,……);
```

其中,“值 1”、“值 2”表示每个字段要添加的数据,每个值的顺序和类型要与表中列的顺序和类型一一对应。

下面通过具体示例演示使用 INSERT 语句向视图中插入数据,如例 8-9 所示。

【例 8-9】 使用 INSERT 语句向视图 view_emp 插入数据,要求 NAME 为周八,AGE 为 25。

```
mysql > INSERT INTO view_emp VALUES('周八',25);
Query OK, 1 row affected, 3 warnings (0.07 sec)
```

由上述结果可知,视图数据插入成功。接着使用 SELECT 语句查看视图,具体如下所示。

```
mysql > select * from view_emp;
+----+----+
| NAME | AGE |
+----+----+
| 孙一 | 20 |
| 钱二 | 21 |
| 张三 | 22 |
| 李四 | 23 |
| 王五 | 24 |
| 赵六 | 25 |
| 田七 | 26 |
```

```
| 周八 | 25  |
+----+----+
8 rows in set (0.00 sec)
```

由上述结果可知，视图 view_emp 中多了一条 NAME 为周八，AGE 为 25 的数据。实际上，基本表中也插入了这条数据。

3. 使用 DELETE 语句更新视图

通过 DELETE 语句删除视图中的数据，其语法格式如下。

```
DELETE FROM 表名 [WHERE 条件表达式];
```

其中，WHERE 条件语句是可选的，用于指定删除数据需要满足的条件。通过 DELETE 语句可以删除全部数据或删除部分数据，具体如例 8-10 所示。

【例 8-10】 使用 DELETE 语句删除视图 view_emp 中 NAME 为周八的数据。

```
mysql > DELETE FROM view_emp WHERE NAME = '周八';
Query OK, 1 row affected (0.09 sec)
```

由上述结果可知，视图数据删除成功。接着使用 SELECT 语句查看视图，具体如下所示。

```
mysql > select * from view_emp;
+----+----+
| NAME | AGE |
+----+----+
| 孙一 | 20  |
| 钱二 | 21  |
| 张三 | 22  |
| 李四 | 23  |
| 王五 | 24  |
| 赵六 | 25  |
| 田七 | 26  |
+----+----+
7 rows in set (0.00 sec)
```

由上述结果可知，视图 view_emp 中 NAME 为周八的数据已经被删除。实际上，基本表中的该数据也被删除。

8.2.6 删除视图

若想删除视图，当前用户应该具有删除视图的权限，此处不再赘述查看删除视图权限的方法。删除视图的语法格式如下。

```
DROP VIEW[IF EXISTS] 视图名[,视图名 1]… [RESTRICT | CASCADE];
```

其中，“视图名”指要删除的视图名称，可以添加多个视图名称，每个名称之间需要用逗号隔开；IF EXISTS(可选参数)用于判断视图是否存在，若存在则删除。

下面通过具体示例演示删除视图，如例 8-11 所示。

【例 8-11】 将视图 view_emp_detail 删除。

```
mysql> DROP VIEW IF EXISTS view_emp_detail;
Query OK, 0 rows affected (0.00 sec)
```

由上述结果可知,视图删除成功。接着使用 SELECT 语句查看视图是否存在,具体如下所示。

```
mysql> SELECT * FROM view_emp_detail;
ERROR 1146 (42S02): Table 'qf_test6.view_emp_detail' doesn't exist
```

由上述结果可知,不存在视图 view_emp_detail,说明视图删除成功。

8.3 本章小结

本章主要介绍了视图的基本操作,包括创建、查看、修改、更新和删除视图。大家可能对视图有了进一步的理解,"治其器必求其用",学习视图既可以简化用户对数据的观察,又能帮助用户屏蔽真实表结构变化带来的影响。

8.4 习　　题

1. 填空题

(1) 视图是一种________,其内容由查询定义。

(2) 视图在数据库中并不以存储的________形式存在,它的数据来自定义视图查询时所引用的表。

(3) 数据的物理独立性是指用户的应用程序不依赖数据库的________。

(4) 在________时,当前用户必须具有创建视图的权限。

(5) 有了视图机制,就可以在设计数据库应用系统时,对不同的用户定义不同的视图,普通用户不能看到________。

2. 思考题

(1) 请简述创建视图的语法格式。

(2) 请简述查看视图的语法格式。

(3) 请简述修改视图的语法格式。

(4) 请简述更新视图的语法格式。

(5) 请简述删除视图的语法格式。

第9章 存储过程

本章学习目标

- 理解存储过程；
- 熟练掌握存储过程的相关操作。

在实际业务中，会遇到常用的或复杂的 SQL 命令，因此 MySQL 提供了存储过程。存储过程是预先写好的一组定义代码和 SQL 语句，经过编译后存储在数据库中，当遇到相同的需求时，调用这个存储过程的名字即可。本章将详细讲解存储过程的相关知识。

9.1 存储过程概述

9.1.1 存储过程的概念

存储过程是一组实现特定功能的 SQL 语句集，经过编译创建后存储在数据库中，用户可以通过调用存储过程的名字来执行它。存储过程经过一次编译后可以重复使用，减少了数据库开发人员的工作量。

9.1.2 存储过程的优缺点

存储过程的优点如下。

(1) 一次编译永久有效，提高了 SQL 语句的重用性和数据库执行速度。

(2) 调用存储过程时接收传递参数，降低网络传输的数据量，节省网络流量。

(3) 安全性高，限制用户对存储过程的使用权，方便实施企业规则。

存储过程的缺点如下。

(1) 移植性差，更换数据库系统时需要重写存储过程。

(2) 编写存储过程比一般 SQL 语句复杂，需要用户具有丰富的经验。

(3) 在编写存储过程时需要给用户授权。

9.2 存储过程的相关操作

9.1 节介绍了存储过程的概念，相信大家对存储过程有了一些了解。本节将进一步讲解存储过程的相关操作，包括创建、修改、删除和查看存储过程。

9.2.1 数据准备

创建 3 张数据表(用户表 users、学生表 stu 和学生分数表 stu_score)并插入数据用于后面的例题演示,以便于讲解存储过程的操作。其中,用户表 users 的表结构如表 9.1 所示。

表 9.1 users 表

字　段	字段类型	说　明	字　段	字段类型	说　明
id	int	用户编号	age	int	用户年龄
name	varchar(50)	用户姓名	email	varchar(50)	用户邮箱

表 9.1 中列出了 users 表的字段、字段类型和说明。接着创建 users 表,具体如下所示。

```
mysql> CREATE TABLE users(
    ->     ID INT PRIMARY KEY,
    ->     NAME VARCHAR(50),
    ->     AGE INT,
    ->     EMAIL VARCHAR(50)
    -> );
Query OK, 0 rows affected (0.21 sec)
```

users 表创建完成后,向表中插入数据,具体如下所示。

```
mysql> INSERT INTO users(ID,NAME,AGE,EMAIL) VALUES
    -> (1,'zs',22,'zs@qq.com'),
    -> (2,'ls',25,'ls@qq.com'),
    -> (3,'ww',28,'ww@qq.com');
Query OK, 3 rows affected (0.05 sec)
Records: 3 Duplicates: 0 Warnings: 0
```

由上述结果可知,数据插入完成。接着使用 SELECT 语句查看表中数据,具体如下所示。

```
mysql> SELECT * FROM users;
+---+----+----+---------+
| ID | NAME | AGE | EMAIL     |
+---+----+----+---------+
|  1 | zs   |  22 | zs@qq.com |
|  2 | ls   |  25 | ls@qq.com |
|  3 | ww   |  28 | ww@qq.com |
+---+----+----+---------+
3 rows in set (0.00 sec)
```

创建学生表 stu,表结构如表 9.2 所示。

表 9.2 stu 表

字　段	字段类型	说　明	字　段	字段类型	说　明
stu_id	int	学生编号	stu_sex	char(2)	学生性别
stu_name	char(10)	学生姓名	stu_age	int	学生年龄
stu_class	int	学生班级			

表 9.2 中列出了 stu 表的字段、字段类型和说明。接着创建 stu 表,具体如下所示。

```
mysql> CREATE TABLE stu(
    ->     STU_ID INT NOT NULL,
    ->     STU_NAME CHAR(10) NOT NULL,
```

```
    -> 	STU_CLASS INT NOT NULL,
    -> 	STU_SEX CHAR(2) NOT NULL,
    -> 	STU_AGE INT NOT NULL,
    -> 	PRIMARY KEY (STU_ID)
    -> );
Query OK, 0 rows affected (0.09 sec)
```

stu 表创建完成后，向表中插入数据，具体如下所示。

```
mysql> INSERT INTO stu VALUES
    -> (1,'aa',3,'女',23),
    -> (2,'bb',1,'男',12),
    -> (3,'cc',30,'女',11),
    -> (4,'dd',2,'男',22),
    -> (5,'ee',1,'女',23),
    -> (6,'ff',2,'女',13),
    -> (7,'gg',3,'男',10),
    -> (8,'hh',2,'女',11),
    -> (9,'ii',1,'男',13),
    -> (10,'jj',3,'女',27);
Query OK, 10 rows affected (0.06 sec)
Records: 10 Duplicates: 0 Warnings: 0
```

最后创建学生奖金表 stu_score，表结构如表 9.3 所示。

表 9.3　stu_score 表

字　　段	字段类型	说　　明
stu_id	int	学生编号
stu_score	int	学生分数

表 9.3 中列出了 stu_score 表的字段、字段类型和说明。接着创建 stu_score 表，具体如下所示。

```
mysql> CREATE TABLE stu_score(
    -> 	stu_id INT NOT NULL,
    -> 	stu_score INT NOT NULL,
    -> 	FOREIGN KEY(stu_id) REFERENCES stu(stu_id)
    -> );
Query OK, 0 rows affected (0.16 sec)
```

stu_score 表创建完成后，向表中插入数据，具体如下所示。

```
mysql> INSERT INTO stu_score VALUES
    -> (1,91),(2,62),(3,18),
    -> (4,95),(5,71),(6,82),
    -> (7,60),(8,52),(9,99),
    -> (10,46);
Query OK, 10 rows affected (0.06 sec)
Records: 10 Duplicates: 0 Warnings: 0
```

至此，3 张数据表创建完成，本章后面的演示例题会使用到这 3 张表。

9.2.2 创建存储过程

创建存储过程要求当前用户具有创建存储过程的权限，因此，首先查询当前 root 用户是否具有创建存储过程的权限。

```
mysql > select Create_routine_priv from mysql.user WHERE User = 'root';
+-----------------+
| Create_routine_priv |
+-----------------+
| Y               |
| Y               |
+-----------------+
2 rows in set (0.00 sec)
```

由上述结果可知，当前 root 用户具有创建存储过程的权限。MySQL 中创建存储过程的语法格式如下。

```
CREATE PROCEDURE sp_name([proc_parameter[...]])
[characteristic ...] routine_body
```

其中，创建存储过程的语句由多条子句构成。下面对语法格式中的每个关键字进行详细解析，具体如下。

(1) CREATE PROCEDURE：表示创建存储过程的关键字。

(2) sp_name：表示存储过程的名称。在前面加 # 为局部临时存储过程，加 # # 为全局临时存储过程。

(3) proc_parameter：表示指定存储过程的参数列表。该参数列表的形式如下。

```
[IN|OUT|INOUT] param_name type
```

其中，IN 表示输入参数；OUT 表示输出参数；INOUT 表示既可以输入也可以输出；param_name 表示参数名称；type 表示参数的数据类型，可以是 MySQL 中的任意类型。

(4) characteristic：用于指定存储过程的特性。创建存储过程的格式中，characteristic 有 5 种可选值，具体如下。

① COMMENT 'string'：用于对存储过程的描述。其中 string 为描述内容，comment 为关键字。

② LANGUAGE SQL：用于指明编写存储过程的语言为 SQL 语言。

③ DETERMINISTIC：表示存储过程对同样的输入参数产生相同的结果。NOT DETERMINISTIC 表示会产生不确定的结果(默认)。

④ {CONTAINS SQL|NO SQL|READS SQL DATA|MODIFIES SQL DATA}：指明使用 SQL 语句的限制。CONTAINS SQL 表示子程序不包含读或写数据的语句；NO SQL 表示子程序不包含 SQL 语句；READS SQL DATA 表示子程序包含读数据的语句，但不包含写数据的语句；MODIFIES SQL DATA 表示子程序包含写数据的语句。如果这些特征没有明确给定，默认的是 CONTAINS SQL。

⑤ SQL SECURITY{DEFINER|INVOKER}：指定有权限执行存储过程的用户。其

中 DEFINER 代表定义者，INVOKER 代表调用者，默认是 DEFINER。

(5) routine_body：表示存储过程的主体部分，包括在过程调用时必须执行的 SQL 语句。它以 BEGIN 开始，以 END 结束。如果存储过程体中只有一条 SQL 语句，可以省略 BEGIN-END 标志。

下面通过具体示例演示如何创建存储过程，如例 9-1 所示。

【例 9-1】 创建一个带参数 IN 的存储过程，通过传入用户名查询表 users 中的用户信息。

```
mysql > DELIMITER //
mysql > CREATE PROCEDURE SP_SEARCH(IN p_name CHAR(20))
    -> BEGIN
    -> IF p_name is null or p_name = '' THEN
    -> SELECT * FROM users;
    -> ELSE
    -> SELECT * FROM users WHERE name LIKE p_name;
    -> END IF;
    -> END //
Query OK, 0 rows affected (0.06 sec)
```

上述 SQL 语句中，"DELIMITER //"语句的作用是把 MySQL 的结束符设置为//。MySQL 默认的语句结束符号是分号，这与存储过程中的 SQL 语句结束符相冲突，因此使用 DELIMITER 语句改变默认的结束符，最后以"END //"语句结束存储过程。

存储过程创建完成后，通过 DELIMITER 语句恢复默认结束符，具体如下所示。

```
mysql > DELIMITER ;
```

此处需要注意，DELIMITER 关键字与设定的结束符之间必须有一个空格，否则设定无效。存储过程创建完成后，通过 CALL 语句调用存储过程，具体如下所示。

```
mysql > CALL SP_SEARCH('zs');
+---+----+----+---------+
| ID | NAME | AGE | EMAIL     |
+---+----+----+---------+
| 1  | zs   |  22 | zs@qq.com |
+---+----+----+---------+
1 row in set (0.00 sec)
Query OK, 0 rows affected (0.02 sec)
```

由上述结果可知，使用 CALL 关键字调用了存储过程 SP_SEARCH 并传入参数 zs，执行存储过程后，成功返回了用户 zs 的信息。

创建一个带参数 OUT 的存储过程，通过传入用户年龄查询表 users 中大于该年龄的用户信息，并且输出查询到的用户个数，具体如下所示。

```
mysql > DELIMITER //
mysql > CREATE PROCEDURE SP_SEARCH2(IN p_age INT,OUT p_int INT)
    -> BEGIN
    -> IF p_age is null or p_age = '' THEN
```

```
    -> SELECT * FROM users;
    -> ELSE
    -> SELECT * FROM users WHERE age > p_age;
    -> END IF;
    -> SELECT FOUND_ROWS() INTO p_int;
    -> END //
Query OK, 0 rows affected (0.03 sec)
```

由上述结果可知,存储过程创建成功。接着调用存储过程,具体如下所示。

```
mysql > DELIMITER ;
mysql > CALL SP_SEARCH2(22,@p_num);
+---+----+----+---------+
| ID | NAME | AGE | EMAIL      |
+---+----+----+---------+
| 2  | ls   |  25 | ls@qq.com |
| 3  | ww   |  28 | ww@qq.com |
+---+----+----+---------+
2 rows in set (0.00 sec)
Query OK, 1 row affected (0.01 sec)
```

由上述结果可知,通过 CALL 关键字调用了存储过程 SP_SEARCH2 并传入参数 22,执行存储过程后,结果返回了 users 表中年龄大于 22 的用户信息。通过查询@p_num 可以得到存储过程执行后的输出内容,即用户的个数,具体如下所示。

```
mysql > SELECT @p_num;
+-------+
| @p_num |
+-------+
|    2   |
+-------+
1 row in set (0.00 sec)
```

由上述结果可知,通过查询@p_num 得到了存储过程执行后的输出内容,即年龄大于 22 的用户数为 2。

创建一个带参数 INOUT 的存储过程,将输入的参数乘以 10 并输出,具体如下所示。

```
mysql > DELIMITER //
mysql > CREATE PROCEDURE SP_INOUT(INOUT p_num INT)
    -> BEGIN
    -> SET p_num = p_num * 10;
    -> END //
Query OK, 0 rows affected (0.00 sec)
```

由上述结果可知,存储过程创建成功。接着调用存储过程,具体如下所示。

```
mysql > DELIMITER ;
mysql > SET @p_num2 = 5;
Query OK, 0 rows affected (0.00 sec)
mysql > CALL SP_INOUT(@p_num2);
Query OK, 0 rows affected (0.00 sec)
```

```
mysql> SELECT @p_num2;
+----------+
| @p_num2  |
+----------+
|       50 |
+----------+
1 row in set (0.00 sec)
```

上述 SQL 语句中，首先通过 SET 关键字定义@p_num2 等于 5，然后通过 CALL 关键字调用存储过程 SP_INOUT 并传入参数@p_num2，最后通过 SELECT 关键字查询@p_num2 的值为 50。

9.2.3 查看存储过程

查看存储过程有 3 种方式，具体如下所示。

1. 使用 SHOW STATUS 语句查看存储过程

SHOW STATUS 语句查看存储过程的状态，其语法格式如下。

```
SHOW PROCEDURE STATUS [LIKE 'pattern']
```

下面通过具体示例演示查看存储过程的状态，如例 9-2 所示。

【例 9-2】 使用 SHOW STATUS 语句查看所有名称以 S 开头的存储过程的状态。

```
mysql> SHOW PROCEDURE STATUS LIKE 'S%'\G
*************************** 1. row ***************************
                  Db: qf_test6
                Name: SP_INOUT
                Type: PROCEDURE
             Definer: root@localhost
            Modified: 2017-11-30 15:34:12
             Created: 2017-11-30 15:34:12
       Security_type: DEFINER
             Comment:
character_set_client: gbk
collation_connection: gbk_chinese_ci
  Database Collation: utf8_general_ci
*************************** 2. row ***************************
                  Db: qf_test6
                Name: SP_SEARCH
                Type: PROCEDURE
             Definer: root@localhost
            Modified: 2017-11-30 14:39:42
             Created: 2017-11-30 14:39:42
       Security_type: DEFINER
             Comment:
character_set_client: gbk
collation_connection: gbk_chinese_ci
  Database Collation: utf8_general_ci
*************************** 3. row ***************************
                  Db: qf_test6
```

```
              Name: SP_SEARCH2
              Type: PROCEDURE
           Definer: root@localhost
          Modified: 2017-11-30 15:16:54
           Created: 2017-11-30 15:16:54
     Security_type: DEFINER
           Comment:
character_set_client: gbk
collation_connection: gbk_chinese_ci
  Database Collation: utf8_general_ci
3 rows in set (0.01 sec)
```

由上述结果可知,以S开头的存储过程总共有3个,通过SHOW STATUS语句返回了3个存储过程的Db、Name、Type等信息。

2. 使用SHOW CREATE语句查看存储过程

SHOW CREATE语句查看存储过程的创建信息,其语法格式如下。

```
SHOW CREATE PROCEDURE sp_name
```

下面通过具体示例演示查看存储过程的创建信息,如例9-3所示。

【例9-3】 使用SHOW CREATE语句查看存储过程SP_SEARCH2的创建信息。

```
mysql> SHOW CREATE PROCEDURE SP_SEARCH2\G
*************************** 1. row ***************************
           Procedure: SP_SEARCH2
            sql_mode:
    Create Procedure: CREATE DEFINER=`root`@`localhost` PROCEDURE
 `SP_SEARCH2`(IN p_age INT,OUT p_int INT)
BEGIN
IF p_age is null or p_age='' THEN
SELECT * FROM users;
ELSE
SELECT * FROM users WHERE age>p_age;
END IF;
SELECT FOUND_ROWS() INTO p_int;
END
character_set_client: gbk
collation_connection: gbk_chinese_ci
  Database Collation: utf8_general_ci
1 row in set (0.00 sec)
```

由上述结果可知,通过SHOW CREATE语句返回了存储过程SP_SEARCH2的Procedure、Create Procedure等信息。

3. 从information_schema.ROUTINES表中查看存储过程

在MySQL数据库中,存储过程的信息存储在information_schema数据库下的ROUTINES表中,可以通过查询该表的数据来查看存储过程的信息。

下面通过具体示例演示查看ROUTINES表中存储过程的信息,如例9-4所示。

【例9-4】 通过查询information_schema.ROUTINES表来查看存储过程SP_SEARCH的信息。

```
mysql> SELECT * FROM information_schema.ROUTINES
    -> WHERE ROUTINE_NAME = 'SP_SEARCH' AND ROUTINE_TYPE = 'PROCEDURE'\G
*************************** 1. row ***************************
           SPECIFIC_NAME: SP_SEARCH
         ROUTINE_CATALOG: def
          ROUTINE_SCHEMA: qf_test6
            ROUTINE_NAME: SP_SEARCH
            ROUTINE_TYPE: PROCEDURE
               DATA_TYPE:
CHARACTER_MAXIMUM_LENGTH: NULL
  CHARACTER_OCTET_LENGTH: NULL
       NUMERIC_PRECISION: NULL
           NUMERIC_SCALE: NULL
      CHARACTER_SET_NAME: NULL
          COLLATION_NAME: NULL
          DTD_IDENTIFIER: NULL
            ROUTINE_BODY: SQL
      ROUTINE_DEFINITION: BEGIN
IF p_name is null or p_name = '' THEN
SELECT * FROM users;
ELSE
SELECT * FROM users WHERE name LIKE p_name;
END IF;
END
           EXTERNAL_NAME: NULL
       EXTERNAL_LANGUAGE: NULL
         PARAMETER_STYLE: SQL
        IS_DETERMINISTIC: NO
         SQL_DATA_ACCESS: CONTAINS SQL
                SQL_PATH: NULL
           SECURITY_TYPE: DEFINER
                 CREATED: 2017-11-30 14:39:42
            LAST_ALTERED: 2017-11-30 14:39:42
                SQL_MODE:
         ROUTINE_COMMENT:
                 DEFINER: root@localhost
    CHARACTER_SET_CLIENT: gbk
    COLLATION_CONNECTION: gbk_chinese_ci
      DATABASE_COLLATION: utf8_general_ci
1 row in set (0.01 sec)
```

由上述结果可知，通过查询 information_schema.ROUTINES 表既可以查看存储过程 SP_SEARCHE 的基本信息，也可以查看存储过程 SP_SEARCHE 的创建语句。

9.2.4 修改存储过程

修改存储过程要求当前用户具有修改存储过程的权限。首先查询当前 root 用户是否具有修改存储过程的权限，具体如下所示。

```
mysql> select Alter_routine_priv from mysql.user WHERE User = 'root';
+------------------+
| Alter_routine_priv |
```

```
+----------------+
| Y              |
| Y              |
+----------------+
2 rows in set (0.00 sec)
```

由上述结果可知,当前 root 用户可以修改存储过程。MySQL 中修改存储过程的语法格式如下。

```
ALTER PROCEDURE sp_name [characteristic ...]
```

其中,sp_name 表示需要修改的存储过程的名称;characteristic 表示修改存储过程的具体部分,有 6 个可选值,具体如下。

(1) CONTAINS SQL:表示子程序包含 SQL 语句,但不包含读或写数据的语句。

(2) NO SQL:表示子程序中不包含 SQL 语句。

(3) READS SQL DATA:表示程序中包含读数据的语句。

(4) MODIFIES SQL DATA:表示子程序中包含写数据的语句。

(5) SQL SECURITY{DEFINER | INVOKER}:指明有权限执行的用户,默认取值为 DEFINER,表示只有定义者才能执行,而 INVOKER 表示只有调用者才可以执行。

(6) COMMENT '注释内容':表示注释信息。

下面通过具体示例演示如何修改存储过程,如例 9-5 所示。

【例 9-5】 修改存储过程 SP_SEARCH 的定义,将读写权限修改为 MODIFIES SQL DATA,并指明只有调用者可执行。

```
mysql > ALTER PROCEDURE SP_SEARCH
    -> MODIFIES SQL DATA
    -> SQL SECURITY INVOKER;
Query OK, 0 rows affected (0.01 sec)
```

由上述结果可知,存储过程修改完成。接着通过查询 information_schema.ROUTINES 表来查看存储过程 SP_SEARCH 的信息,并验证该信息是否被修改,具体如下所示。

```
mysql > SELECT SPECIFIC_NAME,SQL_DATA_ACCESS,SECURITY_TYPE
    -> FROM information_schema.ROUTINES
    -> WHERE ROUTINE_NAME = 'SP_SEARCH' AND ROUTINE_TYPE = 'PROCEDURE';
+-------------+----------------+------------+
| SPECIFIC_NAME | SQL_DATA_ACCESS   | SECURITY_TYPE |
+-------------+----------------+------------+
| SP_SEARCH     | MODIFIES SQL DATA | INVOKER       |
+-------------+----------------+------------+
1 row in set (0.01 sec)
```

由上述结果可知,存储过程 SP_SEARCH 的定义中读写权限为 MODIFIES SQL DATA,并显示只有调用者可执行,说明存储过程修改成功。

另外,MySQL 目前还无法对已经存在的存储过程代码进行修改,可以通过重新创建一个存储过程实现业务需求。

9.2.5 删除存储过程

删除存储过程要求用户具有删除存储过程的权限,删除存储过程的语法格式如下。

```
DROP PROCEDURE [IF EXISTS] sp_name
```

其中,sp_name 是需要删除的存储过程名称;IF EXISTS 可以防止在存储过程或函数不存在的情况下发生错误,并生成可以用 SHOW WARNINGS 语句查看的警告。

下面通过具体示例演示删除存储过程,如例 9-6 所示。

【例 9-6】 将存储过程 SP_SEARCH 删除。

```
mysql> DROP PROCEDURE SP_SEARCH;
Query OK, 0 rows affected (0.02 sec)
```

由上述结果可知,存储过程删除成功。

9.2.6 局部变量的使用

在 MySQL 中,局部变量的作用域是所在的存储过程,作用范围在 BEGIN 和 END 语句之间,并且保证在作用范围之外的语句中不能被获取和修改。MySQL 规定局部变量通过 DECLARE 语句定义,其语法格式如下。

```
DECLARE var_name[,varname]… date_typey[DEFAULT value];
```

其中,var_name 表示局部变量的名称,定义多个局部变量时,用逗号将各个变量名分隔开;DEFAULT value 子句表示为局部变量提供默认值,如果不使用该语句,局部变量的初始值为 NULL。

下面定义一个名称为 tmp 的局部变量,指定类型为 varchar(10),默认值为 abc,具体代码如下所示。

```
DECLARE tmp varchar(10) DEFAULT 'abc';
```

其中,定义了局部变量 tmp。MySQL 提供了 SET 语句为变量赋值,其语法格式如下。

```
SET var_name = expr[,var_name = expr]…;
```

其中,var_name 表示变量名,expr 表示赋值表达式。为多个变量赋值时,使用逗号将各个变量的赋值语句分隔开。接着声明局部变量 tmp,然后使用 SET 语句将 10 赋值给变量,具体代码如下所示。

```
DECLARE tmp INT;
SET tmp = 10;
```

其中,通过 DECLARE 语句声明 INT 类型局部变量 tmp,然后使用 SET 语句将变量 tmp 赋值为 10,完成了变量声明和赋值。此处需要注意,局部变量需要在存储过程体的 BEGIN-END 语句块中声明。

9.2.7 游标的使用

游标(cursor)也被称为光标,它实际上是从返回多条数据记录的结果集中每次提取一条记录,即可以遍历结果集中的所有行,但是一次只指向一行。游标的使用包括声明游标、打开游标、使用游标和关闭游标。接下来详细讲解游标的相关内容。

1. 声明游标

声明游标是使用游标的前提,而且必须声明在处理程序之前,变量和条件之后。MySQL 中通过 DECLARE 关键字声明游标,其语法格式如下。

```
DECLARE cursor_name CURSOR FOR select_statement;
```

其中,cursor_name 指定游标的名称; select_statement 代表查询语句,返回一个用于创建游标的结果集。声明游标是定义一个游标名称来对应一个查询语句,从而可以使用该游标对查询语句返回的结果集进行单行操作。

下面声明一个名为 cur_employee 的游标,具体代码如下所示。

```
DECLARE cur_employee CURSOR FOR SELECT name,age FROM employee;
```

其中,定义了一个名为 cur_employee 的游标,游标只局限于存储过程中,存储过程处理完成后,游标就消失了。

2. 打开游标

声明游标时虽然为游标指定了查询语句,但是该语句不会被立即执行,只有打开游标后,才会执行这些查询语句。打开游标的语法格式如下。

```
OPEN cursor_name;
```

其中,OPEN 是打开游标的关键字,cursor_name 表示游标的名称。此处需要注意,打开一个游标时,游标指向的是第一条记录的前边,并不指向第一条记录。

将游标 cur_employee 打开,具体代码如下所示。

```
OPEN cur_employee;
```

在 MySQL 中,一个游标可以被打开多次。用户每次打开游标后,显示的结果有时并不同,这种情况可能是因为其他用户或程序正在更新数据表。

3. 使用游标

MySQL 提供了 FETCH 关键字来使用游标,FETCH 命令以每次一条记录的方式取回活动集中的数据,其语法格式如下。

```
FETCH cur_name INTO record_list;
```

其中,cur_name 表示已经定义的游标的名称; record_list 表示变量列表,用于将游标中的 SELECT 语句查询出来的信息存入该参数,record_list 必须在声明游标前定义。

使用名称为 cur_employee 的游标,将查询出来的信息存入 emp_name 和 emp_age,具体代码如下所示。

```
FETCH cur_employee INTO emp_name,emp_age;
```

MySQL 中游标是只读的,用户只能按顺序从开始往后读取结果集。

4. 关闭游标

使用完游标后,应该利用 MySQL 提供的语法及时关闭游标,其语法格式如下。

```
CLOSE cursor_name;
```

其中,CLOSE 是关闭游标的关键字,cursor_name 表示已打开的游标的名称。因为 CLOSE 可以释放游标使用的所有内部内存和资源,所以当游标不再需要时都应该关闭。

将游标 cur_employee 关闭,具体代码如下所示。

```
CLOSE cur_employee;
```

其中,游标 cur_employee 已经关闭,如果没有重新打开,则不能继续使用它。声明过的游标不需要再次声明,使用 OPEN 语句打开即可。

9.2.8 流程控制

在编写存储过程中,可以使用流程控制实现那些需要循环执行的 SQL 语句。实际上,流程控制就是根据特定的条件执行制定的 SQL 语句。接下来详细讲解存储过程中常用的流程控制语句,主要是 IF 语句、CASE 语句、WHILE 语句。

1. IF 语句

IF 语句是流程控制中最常用的判断语句,根据是否满足条件来执行不同的语句,结果为 TRUE 或 FALSE。IF 语句的语法格式如下。

```
IF search_condition THEN statement_list
[ELSEIF search_condition THEN statement_list]
[ELSE statement_list]
END IF
```

其中,search_condition 表示条件判断语句; statement_list 表示不同条件的执行语句,可以包括一个或多个语句。其中,search_condition 如果返回值为 TRUE,相应 statement_list 中的 SQL 语句则被执行; 如果返回值为 FALSE,则 ELSE 子句的语句列表被执行。

下面通过具体示例演示 IF 语句的用法,具体如例 9-7 所示。

【例 9-7】 使用 IF 语句编写存储过程,要求通过传入的参数等级可以返回各个分数等级的学生编号和学生分数。

```
mysql> DELIMITER //
mysql> CREATE PROCEDURE SP_SCHOLARSHIP_LEVEL(IN p_level char(1))
    -> BEGIN
    -> IF p_level = 'A' THEN
    -> SELECT * FROM stu_score WHERE STU_SCORE >= 90;
    -> ELSEIF p_level = 'B' THEN
    -> SELECT * FROM stu_score WHERE STU_SCORE < 90 AND STU_SCORE >= 80;
```

```
    -> ELSEIF p_level  = 'C' THEN
    -> SELECT * FROM stu_score WHERE STU_SCORE < 80 AND STU_SCORE >= 70;
    -> ELSEIF p_level  = 'D' THEN
    -> SELECT * FROM stu_score WHERE STU_SCORE < 60;
    -> ELSE
    -> SELECT * FROM stu_score;
    -> END IF;
    -> END //
Query OK, 0 rows affected (0.00 sec)
```

由上述结果可知,存储过程创建完成。接着调用存储过程查询等级 A 的学生编号和学生分数,具体如下所示。

```
mysql> DELIMITER ;
mysql> CALL SP_SCHOLARSHIP_LEVEL('A');
+------+---------+
| stu_id | stu_score |
+------+---------+
|    1   |     91    |
|    4   |     95    |
|    9   |     99    |
+------+---------+
3 rows in set (0.02 sec)
Query OK, 0 rows affected (0.03 sec)
```

由上述结果可知,通过调用存储过程 SP_SCHOLARSHIP_LEVEL 并传入参数等级,成功查询到分数等级 A 的学生编号和学生分数。

2. CASE 语句

CASE 语句也是一种条件判断的语句,它可以使用多个条件进行查询,其语法格式如下。

```
CASE case_value
WHEN when_value THEN statement_list
[WHEN when_value THEN statement_list]…
[ELSE statement_list]
END CASE
```

其中,case_value 表示条件判断的变量,when_value 表示变量的取值。如果某个 when_value 表达式与 case_value 变量的值相同,则执行对应 THEN 关键字后的 statement_list 中的语句。

下面通过具体示例演示 CASE 语句的用法,具体如例 9-8 所示。

【例 9-8】 使用 CASE 语句编写存储过程,要求通过传入的参数等级可以返回各个分数等级的学生信息。

```
mysql> DELIMITER //
mysql> CREATE PROCEDURE SP_SCHOLARSHIP_LEVEL3(IN p_level char(1))
    -> BEGIN
    -> DECLARE p_num int DEFAULT 0;
```

```
    -> CASE p_level
    -> WHEN 'A' THEN
    -> SET p_num = 90;
    -> WHEN 'B' THEN
    -> SET p_num = 80;
    -> WHEN 'C' THEN
    -> SET p_num = 70;
    -> WHEN 'D' THEN
    -> SET p_num = 60;
    -> ELSE
    -> SET p_num = 0;
    -> END CASE;
    -> SELECT * FROM stu_score sc,stu s
    -> WHERE sc.STU_ID = s.STU_ID AND sc.STU_SCORE >= p_num;
    -> END //
Query OK, 0 rows affected (0.01 sec)
```

由上述结果可知,存储过程创建完成。为了进一步验证,调用存储过程返回等级 D 的学生信息,具体如下所示。

```
mysql> DELIMITER ;
mysql> CALL SP_SCHOLARSHIP_LEVEL3('D');
+--------+-----------+--------+----------+-----------+---------+---------+
| stu_id | stu_score | STU_ID | STU_NAME | STU_CLASS | STU_SEX | STU_AGE |
+--------+-----------+--------+----------+-----------+---------+---------+
|      1 |        91 |      1 | aa       |         3 | 女      |      23 |
|      2 |        62 |      2 | bb       |         1 | 男      |      12 |
|      4 |        95 |      4 | dd       |         2 | 男      |      22 |
|      5 |        71 |      5 | ee       |         1 | 女      |      23 |
|      6 |        82 |      6 | ff       |         2 | 女      |      13 |
|      7 |        60 |      7 | gg       |         3 | 男      |      10 |
|      9 |        99 |      9 | ii       |         1 | 男      |      13 |
+--------+-----------+--------+----------+-----------+---------+---------+
7 rows in set (0.08 sec)
Query OK, 0 rows affected (0.11 sec)
```

由上述结果可知,通过调用存储过程 SP_SCHOLARSHIP_LEVEL3 并传入参数 D 等级,成功返回了分数等级 D 的学生信息。

3. WHILE 语句

WHILE 语句用于创建一个带条件判断的循环过程,在语句执行时,如果满足条件,则执行循环内的语句,否则退出循环。WHILE 语法格式如下。

```
[begin_label:]
WHILE search_condition DO
statement_list
END WHILE
[end_label]
```

其中,search_condition 表示循环的执行条件,符合该条件时循环执行;statement_list 表示循环的执行语句;WHILE 语句内的语句或语句块被执行,直到 search_condition 为假时退出循环,使用 END WHILE 来结束。

下面通过具体示例演示 WHILE 语句的用法,具体如例 9-9 所示。

【例 9-9】 使用 WHILE 语句编写存储过程。

```
mysql> DELIMITER //
mysql> CREATE PROCEDURE sp_cal(IN p_num INT,OUT p_result INT)
    -> BEGIN
    -> SET p_result = 1;
    -> WHILE p_num > 1 DO
    -> SET p_result  =  p_num * p_result;
    -> SET p_num  =  p_num - 1;
    -> END WHILE;
    -> END //
Query OK, 0 rows affected (0.03 sec)
```

由上述结果可知,存储过程创建完成。调用存储过程并传入参数 5,计算最后循环相乘累加的值,具体如下所示。

```
mysql> DELIMITER ;
mysql> CALL sp_cal(5,@result);
Query OK, 0 rows affected (0.01 sec)
mysql> SELECT @result;
+--------+
| @result |
+--------+
|    120  |
+--------+
1 row in set (0.00 sec)
```

由上述结果可知,通过调用存储过程 sp_cal 并传入参数 5,得出计算结果为 120。

9.2.9 事件调度器

事件调度器是 MySQL 5.1 以上版本新增的功能,可以在指定的时间单元内执行特定的任务,也可以理解为时间触发器。默认情况下,在 MySQL 中事件调度器是关闭的,查看当前是否已开启事件调度器的语法格式如下。

```
SELECT @@event_scheduler;
```

查看当前 MySQL 中是否开启了事件调度器,具体如下所示。

```
mysql> SELECT @@event_scheduler;
+-----------------+
| @@event_scheduler |
+-----------------+
| OFF              |
+-----------------+
1 row in set (0.00 sec)
```

由上述结果可知,OFF 表示关闭的状态,说明没有开启事件调度器。开启事件调度器的语法格式如下。

```
SET GLOBAL event_scheduler = ON;
```

开启事件调度器，具体如下所示。

```
mysql > SET GLOBAL event_scheduler = ON;
Query OK, 0 rows affected (0.04 sec)
```

由上述结果可知，事件调度器成功开启。为了进一步验证，查看当前 MySQL 中事件调度器是否开启，具体如下所示。

```
mysql > SELECT @@event_scheduler;
+-----------------+
| @@event_scheduler |
+-----------------+
| ON              |
+-----------------+
1 row in set (0.00 sec)
```

由上述结果可知，ON 表示开启的状态，说明事件调度器已经开启。创建事件调度器的语法格式如下。

```
CREATE EVENT [IF NOT EXISTS] event_name
 ON SCHEDULE schedule
 [ON COMPLETION [NOT] PRESERVE]
 [ENABLE | DISABLE | DISABLE ON SLAVE]
 [COMMENT 'comment']
 DO sql_statement;
schedule:
 AT timestamp [ + INTERVAL interval] …
 | EVERY interval
[STARTS timestamp [ + INTERVAL interval] …]
[ENDS timestamp [ + INTERVAL interval] …]
interval:
 quantity {YEAR | QUARTER | MONTH | DAY | HOUR | MINUTE |
          WEEK | SECOND | YEAR_MONTH | DAY_HOUR | DAY_MINUTE |
          DAY_SECOND | HOUR_MINUTE | HOUR_SECOND | MINUTE_SECOND}
```

其中，event_name 表示创建的事件名称；schedule 表示执行计划，它有两个选项，在某一时刻执行或从某时到某时每隔一段时间执行；interval 表示时间间隔，可以精确到秒。

下面通过具体示例演示事件调度器的使用，首先创建一张测试表 test_event，具体如下所示。

```
mysql > CREATE TABLE test_event(
    ->      id INT PRIMARY KEY AUTO_INCREMENT,
    ->      create_time DATETIME
    -> );
Query OK, 0 rows affected (0.18 sec)
```

由上述结果可知，已经创建 test_event 表。接着创建事件调度器 test_event_1，实现每隔 5 秒向 test_event 表插入一条记录，具体如下所示。

```
mysql > CREATE EVENT test_event_1
    -> ON SCHEDULE
    -> EVERY 5 SECOND
    -> DO
    -> INSERT INTO test_event(create_time)
    -> VALUES(now());
Query OK, 0 rows affected (0.09 sec)
```

由上述结果可知,事件调度器创建完成。等 15 秒后查看表 test_event 中的数据,具体如下所示。

```
mysql > SELECT * FROM test_event;
+---+--------------------+
| id | create_time        |
+---+--------------------+
| 1  | 2017-12-04 17:31:15 |
| 2  | 2017-12-04 17:31:20 |
| 3  | 2017-12-04 17:31:25 |
+---+--------------------+
3 rows in set (0.05 sec)
```

由上述结果可知,表 test_event 中显示 3 条数据,并且 3 条数据的插入时间间隔为 5 秒。关于事件调度器的使用还有很多选项,如指定事件开始和结束时间,指定时间执行一次等。用户如果想更深入地掌握时间调度器可以参考官方文档,此处不再赘述。

9.3 本章小结

本章主要介绍了存储过程的概念,重点讲解了存储过程的相关操作,用户需要掌握创建、查看、修改、删除存储过程等操作。“不积跬步,无以至千里”。大家需要勤加练习存储过程的相关操作,提高数据库基础编程的能力。

9.4 习题

1. 填空题

(1) 存储过程是将________放入一个集合里。

(2) 在编写存储过程时,需要创建这些数据库对象的________。

(3) 在________时,当前用户必须具有创建存储过程的权限。

(4) ________变量可以在子程序中声明并使用。

(5) 在存储过程中可以使用________用于逐条读取查询结果集中的记录。

2. 选择题

(1) 查询存储过程的状态,可以使用(　　)语句。

A. SELECT STATUS　　B. SHOW

C. SHOW STATUS　　D. SHOW CREATE

(2) 查询存储过程的创建信息,可以使用(　　)语句。

A. SHOW　　B. SHOW CREATE

C. SELECT CREATE　　D. SHOW STATUS

(3) 在 MySQL 中,存储过程的信息存储在 information_schema 库下的(　　)表中。

A. PROFILING　　B. FILES

C. SCHEMATA　　D. ROUTINES

(4) MySQL 提供了(　　)语句定义局部变量。

A. DECLARE　　B. DISTINCT

C. AND　　D. LIKE

(5) 在 MySQL 中,使用(　　)关键字来使用游标。

A. LIMIT　　B. FETCH

C. OR　　D. HAVING

3. 思考题

(1) 请简述什么是存储过程。

(2) 请简述存储过程的优缺点。

(3) 请简述创建存储过程的语法格式。

(4) 请简述查看存储过程的 3 种方式。

(5) 请简述删除存储过程的语法格式。

第10章 触 发 器

本章学习目标

- 理解触发器；
- 熟练掌握触发器操作。

在数据库中，触发器与数据表密切相关，使用触发器可以保护表中的数据，尤其是多个数据表有联系的时候，使用触发器可以让不同的表保持数据的一致性。本章将详细讲解MySQL的触发器。

10.1 触发器概述

10.1.1 触发器的概念

MySQL中的触发器和存储过程都是MySQL管理数据库的工具。触发器(trigger)是MySQL中与表事件有关的一种特殊存储过程，只有在满足定义条件或者用户对表进行INSERT、DELETE、UPDATE操作时，才会激活触发器并执行触发器中定义的语句集合。

触发器只有在表、视图、模式和数据库发生了符合触发条件的触发事件时，才会执行触发操作。触发时间指的是在触发事件发生之前(BEFORE)或之后(AFTER)触发；触发操作指的是触发器触发后要完成的事；触发条件指的是由WHEN子句指定的逻辑表达式。

触发器类似于约束，但是比约束具有更强大的数据控制能力，它的存在可以保证数据的完整性。触发器可以支持约束的所有功能，但在实际应用中，触发器并不总是最好的方法。

触发器的优点如下。

(1) 自动执行：当满足触发器条件时，系统会自动执行定义好的相关操作。

(2) 级联更新：可以通过数据库中的相关表进行层叠更改。

(3) 强化约束：能够引用其他表中的列，从而实现比CHECK约束更为复杂的约束。

(4) 跟踪变化：可以阻止数据库中未经允许的更新和变化。

触发器的缺点如下。

(1) 维护困难：难以定位触发器的业务逻辑问题，如果触发器的数量较多，难以进行后期维护。

(2) 程序复杂：如果触发器的数量较多，容易造成代码结构混乱，程序的复杂性会增加。

10.1.2 触发器的作用

在实际应用中，用户可能会遇到一些情况。例如，在职员表中添加一条关于新职员的记录时，职工的总数就必须同时改变；删除一条职员信息时，需要删除其工资表上的薪资。虽然这两个例子要实现的SQL语句不同，但是它们的相同点是在一张表发生改变时，相关联表中的数据应该自动进行数据处理，这时就可以使用触发器处理。

触发器是一种特殊的存储过程，它在插入、删除或修改特定表中的数据时触发执行，它比数据库本身标准的功能有更精细和更复杂的数据控制能力。触发器主要有6个作用，具体如下。

(1) 实现安全性：可以基于数据库使用用户具有操作数据库的某种权利；可以基于时间限制用户的操作，如不允许下班后和节假日修改数据库数据；还可以基于数据库中的数据限制用户的操作，如不允许某个用户做修改操作。

(2) 审计：可以跟踪用户对数据库的操作，审计用户操作数据库的语句，把用户对数据库的更新写入审计表。

(3) 实现复杂的数据完整性规则：实现非标准的数据完整性检查和约束，触发器可产生比规则更为复杂的限制。与规则不同，触发器可以引用列或数据库对象，还可以提供可变的默认值。

(4) 实现复杂的非标准的数据库相关完整性规则：触发器可以对数据库中相关的表进行连环更新。

(5) 同步：实时地复制表中的数据。

(6) 自动计算数据值：如果数据的值达到了一定的要求，则进行特定的处理。

10.2 触发器操作

通过10.1节的学习，了解了触发器的基本概念。本节将进一步学习触发器的操作，主要包括触发器的创建、查看、使用和删除。

10.2.1 数据准备

首先，创建两张数据表(测试表test1和测试表test2)用于后面的演示触发器的操作，其中测试表test1的表结构如表10.1所示。

表10.1 test1表

字　　段	字段类型	说　　明
id	int	编号
name	varchar(50)	姓名

表10.1中列出了测试表test1的字段、字段类型和说明。接着创建测试表test1，具体如下所示。

```
mysql > CREATE TABLE test1(
    ->     id INT,
    ->     name VARCHAR(50)
    -> );
Query OK, 0 rows affected (0.16 sec)
```

测试表test2的表结构如表10.2所示。

表 10.2 test2 表

字　段	字段类型	说　明
id	int	编号
name	varchar(50)	姓名

表 10.2 中列出了测试表 test2 的字段、字段类型和说明。接着创建测试表 test2，具体如下所示。

```
mysql > CREATE TABLE test2(
    ->     id INT,
    ->     name VARCHAR(50)
    -> );
Query OK, 0 rows affected (0.16 sec)
```

至此，两张表创建完成，本章后面的演示例题通过这两张表进行讲解。

10.2.2 创建触发器

在 MySQL 中，创建触发器的语法格式如下。

```
CREATE TRIGGER trigger_name
trigger_time
trigger_event ON tbl_name
FOR EACH ROW
trigger_stmt
```

其中，各参数的含义如表 10.3 所示。

表 10.3 触发器参数及含义

参　数	说　明
trigger_name	触发器名称，需用户自行指定
trigger_time	触发时机，取值为 BEFORE 或 AFTER
trigger_event	触发事件，取值为 INSERT、UPDATE 或 DELETE
tb_name	建立触发器的表名，即在哪张表上建立触发器
trigger_stmt	触发器程序体，可以是一条 SQL 语句，也可以是 BEGIN 和 END 包含的多条语句

从表 10.3 可以看出，一共可以创建 6 种触发器，即 BEFORE INSERT、BEFORE UPDATE、BEFORE DELETE、AFTER INSERT、AFTER UPDATE 和 AFTER DELETE。需要注意的是，一个表上不能同时建立两个相同类型的触发器，即在一个表上最多建立 6 个触发器。

另外，在 MySQL 中还定义了 LOAD DATA 和 REPLACE 语句，用于激活触发器。LOAD DATA 语句用于将文件中的数据加载到数据表中，相当于一系列的 INSERT 操作；REPLACE 语句用于当表中存在 Primary key 或 Unique 索引时，如果插入的数据和原来 Primary key 或 Unique 索引一致，那么会先删除原来的数据进行更换。不同类型触发器的触发条件不同，关于各种触发器的激活和触发时机具体如下。

(1) INSERT 型触发器：当向表中插入记录时激活触发器，可以通过 INSERT、LOAD DATA 或 REPLACE 语句触发。

（2）UPDATE型触发器：当更改某一行数据时激活触发器，可以通过UPDATE语句触发。

（3）DELETE型触发器：当删除某一行数据时激活触发器，可以通过DELETE或REPLACE语句触发。

在学习了创建触发器语法格式后，下面通过具体示例演示INSERT型触发器的创建和使用，如例10-1所示。

【例10-1】 创建触发器t_afterinsert_on_test1，用于向测试表test1添加记录后自动将记录备份到测试表test2中。

```
mysql> DELIMITER //
mysql> CREATE TRIGGER t_afterinsert_on_test1
    -> AFTER INSERT ON test1
    -> FOR EACH ROW
    -> BEGIN
    ->     INSERT INTO test2(id,name) values(NEW.id,NEW.name);
    -> END //
Query OK, 0 rows affected (0.27 sec)
```

由上述结果可知，触发器创建完成。接着测试触发器的使用，首先向测试表test1中插入一条数据，具体如下所示。

```
mysql> DELIMITER ;
mysql> INSERT INTO test1(id,name) values(1,'zs');
Query OK, 1 row affected (0.24 sec)
```

由上述结果可知，数据插入完成。为了进一步验证数据是否被插入，通过SELECT语句查看表中数据，具体如下所示。

```
mysql> SELECT * FROM test1;
+---+-----+
| id | name |
+---+-----+
| 1 | zs   |
+---+-----+
1 row in set (0.03 sec)
```

由上述结果可知，test1表存在一条记录。为了进一步验证是否备份成功，可以查看test2表中的数据，具体如下所示。

```
mysql> SELECT * FROM test2;
+---+-----+
| id | name |
+---+-----+
| 1 | zs   |
+---+-----+
1 row in set (0.02 sec)
```

由上述结果可知，表test2的数据与表test1相同，说明表test2自动备份了向表test1中插入的数据。这是因为在进行INSERT操作时，激活了触发器t_afterinsert_on_test1，触发器自动向测试表 test2 中插入了同样的数据。

此处需要注意,例 10-1 中 trigger_test1 使用到的 NEW 关键字表示新插入的数据,MySQL 中与之相对的关键字为 OLD,两者在不同类型触发器中代表的含义如下。

(1) 在 INSERT 型触发器中,NEW 表示将要(BEFORE)或已经(AFTER)插入的新数据。

(2) 在 UPDATE 型触发器中,OLD 表示将要或已经被修改的原数据,NEW 表示将要或已经修改为的新数据。

(3) 在 DELETE 型触发器中,OLD 表示将要或已经被删除的原数据。

NEW 关键字的使用语法格式如下。

```
NEW.columnName
```

其中,columnName 代表相应数据表的某个列名。在触发器中 NEW 关键字可以使用 SET 进行赋值,以免造成触发器的循环调用,而 OLD 仅为可读。

下面通过具体示例演示 DELETE 型触发器的使用,如例 10-2 所示。

【例 10-2】 创建触发器 t_afterdelete_on_test1,用于删除测试表 test1 记录后自动将测试表 test2 中的对应记录删除。

```
mysql > DELIMITER //
mysql > CREATE TRIGGER t_afterdelete_on_test1
    -> AFTER DELETE ON test1
    -> FOR EACH ROW
    -> BEGIN
    ->      DELETE FROM test2 WHERE id = OLD.id;
    -> END //
Query OK, 0 rows affected (0.18 sec)
```

由上述结果可知,触发器创建完成。接着测试触发器的使用,首先删除测试表 test1 中 id 为 1 的数据,具体如下所示。

```
mysql > DELIMITER ;
mysql > DELETE FROM test1 WHERE id = 1;
Query OK, 1 row affected (0.16 sec)
```

由上述结果可知,数据删除完成。查看测试表 test1 中的数据,具体如下所示。

```
mysql > SELECT * FROM test1;
Empty set (0.00 sec)
```

由上述结果可知,数据删除完成。查看测试表 test2 中的数据,具体如下所示。

```
mysql > SELECT * FROM test2;
Empty set (0.00 sec)
```

由上述结果可知,测试表 test2 为空,说明测试表 2 中的记录同样被删除。这是因为在进行 DELETE 操作时,激活了触发器 t_afterdelete_on_test1,触发器自动删除了测试表 test2 中对应的记录。

10.2.3 查看触发器

查看触发器有两种方式，可以查看数据库中已经存在的触发器的定义、状态和语法等信息。下面针对这两种方式分别讲解。

1. 使用SHOW TRIGGERS语句查看触发器

SHOW TRIGGERS语句用于查看所有触发器的信息，不可以查询指定的触发器，其语法格式如下。

```
SHOW TRIGGERS\G
```

下面通过具体示例演示查看触发器，如例10-3所示。

【例10-3】 使用SHOW TRIGGERS语句查看所有触发器。

```
mysql> SHOW TRIGGERS\G
*************************** 1. row ***************************
             Trigger: t_afterinsert_on_test1
               Event: INSERT
               Table: test1
           Statement: BEGIN
      INSERT INTO test2(id,name) values(new.id,new.name);
END
              Timing: AFTER
             Created: NULL
            sql_mode:
             Definer: root@localhost
character_set_client: gbk
collation_connection: gbk_chinese_ci
  Database Collation: utf8_general_ci
*************************** 2. row ***************************
             Trigger: t_afterdelete_on_test1
               Event: DELETE
               Table: test1
           Statement: BEGIN
      DELETE FROM test2 WHERE id = OLD.id;
END
              Timing: AFTER
             Created: NULL
            sql_mode:
             Definer: root@localhost
character_set_client: gbk
collation_connection: gbk_chinese_ci
  Database Collation: utf8_general_ci
2 rows in set (0.03 sec)
```

由上述结果可知，数据库中有两个触发器，SHOW TRIGGERS语句可以查看数据库中所有的触发器及触发器的Trigger、Event、Table、Statement、Timing等。其中，Trigger表示触发器的名称，Event表示激活触发器的事件，Table表示激活触发器的操作对象表，Statement表示触发器执行的操作，Timing表示触发器触发的时间。

2. 从 information_schema. triggers 表中查看触发器

在 MySQL 中,触发器的信息存储在 information_schema 库下的 triggers 表中,因此通过 SELECT 语句查询触发器的信息,这种方法可以查看指定触发器的指定信息。

首先查看 triggers 的表结构,具体如下所示。

```
mysql > DESC information_schema.triggers;
+----------------------------+--------------+------+-----+---------+-------+
| Field                      | Type         | Null | Key | Default | Extra |
+----------------------------+--------------+------+-----+---------+-------+
| TRIGGER_CATALOG            | varchar(512) | NO   |     |         |       |
| TRIGGER_SCHEMA             | varchar(64)  | NO   |     |         |       |
| TRIGGER_NAME               | varchar(64)  | NO   |     |         |       |
| EVENT_MANIPULATION         | varchar(6)   | NO   |     |         |       |
| EVENT_OBJECT_CATALOG       | varchar(512) | NO   |     |         |       |
| EVENT_OBJECT_SCHEMA        | varchar(64)  | NO   |     |         |       |
| EVENT_OBJECT_TABLE         | varchar(64)  | NO   |     |         |       |
| ACTION_ORDER               | bigint(4)    | NO   |     | 0       |       |
| ACTION_CONDITION           | longtext     | YES  |     | NULL    |       |
| ACTION_STATEMENT           | longtext     | NO   |     | NULL    |       |
| ACTION_ORIENTATION         | varchar(9)   | NO   |     |         |       |
| ACTION_TIMING              | varchar(6)   | NO   |     |         |       |
| ACTION_REFERENCE_OLD_TABLE | varchar(64)  | YES  |     | NULL    |       |
| ACTION_REFERENCE_NEW_TABLE | varchar(64)  | YES  |     | NULL    |       |
| ACTION_REFERENCE_OLD_ROW   | varchar(3)   | NO   |     |         |       |
| ACTION_REFERENCE_NEW_ROW   | varchar(3)   | NO   |     |         |       |
| CREATED                    | datetime     | YES  |     | NULL    |       |
| SQL_MODE                   | varchar(8192)| NO   |     |         |       |
| DEFINER                    | varchar(77)  | NO   |     |         |       |
| CHARACTER_SET_CLIENT       | varchar(32)  | NO   |     |         |       |
| COLLATION_CONNECTION       | varchar(32)  | NO   |     |         |       |
| DATABASE_COLLATION         | varchar(32)  | NO   |     |         |       |
+----------------------------+--------------+------+-----+---------+-------+
22 rows in set (0.01 sec)
```

由上述结果可知,triggers 的表结构包含 Field、Type 等信息。

下面通过具体示例演示通过 information_schema. triggers 表查看触发器的信息,如例 10-4 所示。

【例 10-4】 通过 information_schema. triggers 表查看触发器 t_afterdelete_on_test1 的信息。

```
mysql > SELECT * FROM information_schema.triggers
    -> WHERE trigger_name = 't_afterdelete_on_test1'\G
*************************** 1. row ***************************
           TRIGGER_CATALOG: def
            TRIGGER_SCHEMA: qf_test6
              TRIGGER_NAME: t_afterdelete_on_test1
        EVENT_MANIPULATION: DELETE
      EVENT_OBJECT_CATALOG: def
       EVENT_OBJECT_SCHEMA: qf_test6
        EVENT_OBJECT_TABLE: test1
              ACTION_ORDER: 0
```

```
          ACTION_CONDITION: NULL
          ACTION_STATEMENT: BEGIN
     DELETE FROM test2 WHERE id = OLD.id;
END
        ACTION_ORIENTATION: ROW
             ACTION_TIMING: AFTER
ACTION_REFERENCE_OLD_TABLE: NULL
ACTION_REFERENCE_NEW_TABLE: NULL
  ACTION_REFERENCE_OLD_ROW: OLD
  ACTION_REFERENCE_NEW_ROW: NEW
                   CREATED: NULL
                  SQL_MODE:
                   DEFINER: root@localhost
      CHARACTER_SET_CLIENT: gbk
      COLLATION_CONNECTION: gbk_chinese_ci
        DATABASE_COLLATION: utf8_general_ci
1 row in set (0.06 sec)
```

由上述结果可知，通过 information_schema.triggers 表查看到了触发器 t_afterdelete_on_test1 的详细信息。其中，TRIGGER_SCHEMA 表示触发器所在的数据库；TRIGGER_NAME 表示触发器的名称；EVENT_OBJECT_TABLE 表示在哪个数据表上触发；ACTION_STATEMENT 表示触发器触发的时候执行的具体操作；ACTION_ORIENTATION 的值为 ROW，表示在每条记录上都触发；ACTION_TIMING 表示触发的时刻是 AFTER。

10.2.4 触发器使用的注意事项

触发器执行的语句有几个限制，具体如下。

(1) 在触发器的执行部分只能用 DML 语句（如 SELECT、INSERT、UPDATE、DELETE 语句），不能使用 DDL 语句（如 CREATE、ALTER、DROP 语句）。

(2) 不能在触发器中使用以显式或隐式方式开始或结束事务的语句，如 START TRANS-ACTION、COMMIT 和 ROLLBACK 等。

(3) MySQL 的触发器是按照 BEFORE 触发器、行操作、AFTER 触发器的顺序执行的，其中任何一步发生错误都不会继续执行剩下的操作。如果对事务表进行的操作出现错误，那么该操作将会被回滚；如果是对非事务表进行操作，那么就无法回滚，数据可能会出错。

(4) 一个数据表可以有多个触发器，但是一个触发器只能对应一个表。

(5) TRUNCATE TABLE 语句虽然与 DELETE 语句类似都可以删除记录，但是它不能激活 DELETE 类型的触发器，这是因为 TRUNCATE TABLE 语句是不记入日志的。

(6) WRITETEXT 语句不可以触发 INSERT 型和 UPDATE 型的触发器。

(7) 触发同一个触发器可以使用不同的 SQL 语句，如 INSERT 语句和 UPDATE 语句都可以激活同一个触发器。

10.2.5 删除触发器

删除触发器要求当前用户具有删除触发器的权限。使用 DROP 语句可以删除触发器，其语法格式如下。

```
DROP TRIGGER [IF EXISTS] [schema_name.]trigger_name
```

其中,schema_name 表示数据库名,是可选的; trigger_name 表示需要删除的触发器名称,如果只指定触发器名称,则会在当前数据库下查找该触发器; IF EXISTS 是可选的,表示如果触发器不存在,不会返回错误,而是产生一个警告。

下面通过具体示例演示删除触发器,如例 10-5 所示。

【例 10-5】 将触发器 t_afterdelete_on_test1 删除。

```
mysql > DROP TRIGGER qf_test6.t_afterdelete_on_test1;
Query OK, 0 rows affected (0.14 sec)
```

由上述结果可知,存储过程删除成功。为了验证触发器是否被删除,使用 SHOW TRIGGERS 语句查看数据库中所有的触发器,具体如下所示。

```
mysql > SHOW TRIGGERS\G
*************************** 1. row ***************************
          Trigger: t_afterinsert_on_test1
            Event: INSERT
            Table: test1
        Statement: BEGIN
   INSERT INTO test2(id,name) values(new.id,new.name);
END
           Timing: AFTER
          Created: NULL
         sql_mode:
          Definer: root@localhost
character_set_client: gbk
collation_connection: gbk_chinese_ci
  Database Collation: utf8_general_ci
1 row in set (0.01 sec)
```

由上述结果可知,数据库中不存在触发器 t_afterdelete_on_test1,说明通过 DROP TRIGGER 语句成功删除了触发器 t_afterdelete_on_test1。

10.3 触发器应用实例

在 10.2 节详细讲解了 MySQL 中触发器的操作,下面通过一个实例演示使用触发器更方便地实现数据完整性约束。

本节所讲解的实例需要两张表,一张为主表,另一张为从表,两张表通过外键相关联。如果把主表的记录删除,那么从表中相对应的记录就会失去意义。本实例利用触发器的作用实现自动将没有意义的数据删除,即实现数据的完整性约束。

首先,创建两张关联表(学生表 student 和交换生表 bor_student,表之间通过外键 stu_id 关联),其中学生表 student 的表结构如表 10.4 所示。

表 10.4 student 表

字　段	字段类型	说　明
stu_id	int	学生编号
stu_name	varchar(30)	学生姓名
stu_sex	enum('m','f')	学生性别

表 10.4 中列出了 student 表的字段、字段类型和说明。接着创建 student 表，具体如下所示。

```
mysql > CREATE TABLE student(
    ->     stu_id INT NOT NULL PRIMARY KEY,
    ->     stu_name VARCHAR(30) NOT NULL,
    ->     stu_sex enum('m','f') DEFAULT 'm'
    -> );
Query OK, 0 rows affected (0.16 sec)
```

创建完成 student 表后，向表中插入数据，具体如下所示。

```
mysql > INSERT INTO student VALUES
    -> (1,'zs','m'),
    -> (2,'ls','f'),
    -> (3,'ww','m');
Query OK, 3 rows affected (0.07 sec)
Records: 3 Duplicates: 0 Warnings: 0
```

由上述结果可知，数据插入完成。查看表中的数据，具体如下所示。

```
mysql > SELECT * FROM student;
+-------+--------+--------+
| stu_id | stu_name | stu_sex |
+-------+--------+--------+
|   1   | zs     | m      |
|   2   | ls     | f      |
|   3   | ww     | m      |
+-------+--------+--------+
3 rows in set (0.00 sec)
```

接着创建交换生表 bor_student，表结构如表 10.5 所示。

表 10.5 bor_student 表

字　段	字段类型	说　明
bor_id	int	交换编号
stu_id	int	学生编号
bor_date	date	交换日期
ret_date	date	返回日期

表 10.5 中列出了 bor_student 表的字段、字段类型和说明。创建 bor_student 表，具体如下所示。

```
mysql > CREATE TABLE bor_student(
    ->     bor_id INT NOT NULL AUTO_INCREMENT PRIMARY KEY,
    ->     stu_id INT NOT NULL,
    ->     bor_date DATE,
    ->     ret_date DATE,
    ->     FOREIGN KEY(stu_id) REFERENCES student(stu_id)
    -> );
Query OK, 0 rows affected (0.08 sec)
```

创建完成 bor_student 表后,向表中插入数据,具体如下所示。

```
mysql > INSERT INTO bor_student VALUES
    -> (1001,1,'2017 - 01 - 01','2017 - 01 - 20'),
    -> (1002,2,'2017 - 02 - 02','2017 - 03 - 01'),
    -> (1003,3,'2017 - 08 - 11','2017 - 10 - 21');
Query OK, 3 rows affected (0.11 sec)
Records: 3 Duplicates: 0 Warnings: 0
```

由上述结果可知,数据插入完成。查看表中数据,具体如下所示。

```
mysql > SELECT * FROM bor_student;
+------+------+------------+------------+
| bor_id | stu_id | bor_date     | ret_date     |
+------+------+------------+------------+
|  1001  |   1    | 2017 - 01 - 01 | 2017 - 01 - 20 |
|  1002  |   2    | 2017 - 02 - 02 | 2017 - 03 - 01 |
|  1003  |   3    | 2017 - 08 - 11 | 2017 - 10 - 21 |
+------+------+------------+------------+
3 rows in set (0.00 sec)
```

编写触发器 t_beforedelete,要求当 student 表中记录删除时,自动删除 bor_student 表中对应的数据,具体如下所示。

```
mysql > DELIMITER //
mysql > CREATE TRIGGER t_beforedelete
    -> BEFORE DELETE ON student FOR EACH ROW
    -> BEGIN
    -> DELETE FROM bor_student
    -> WHERE bor_student.stu_id = OLD.stu_id;
    -> END //
Query OK, 0 rows affected (0.08 sec)
```

触发器创建完成后,删除学生表中 stu_id 为 3 的记录,具体如下所示。

```
mysql > DELIMITER ;
mysql > DELETE FROM student
    -> WHERE stu_id = 3;
Query OK, 1 row affected (0.04 sec)
```

由上述结果可知,表 student 中 stu_id 为 3 的记录成功删除。为了验证数据是否被删除，查看 student 表中的数据，具体如下所示。

```
mysql> SELECT * FROM student;
+-------+--------+-------+
| stu_id | stu_name | stu_sex |
+-------+--------+-------+
|   1   | zs       | m       |
|   2   | ls       | f       |
+-------+--------+-------+
2 rows in set (0.00 sec)
```

表 student 中的记录删除后，接着查看从表 bor_student 中对应的记录是否存在，具体如下所示。

```
mysql> SELECT * FROM bor_student;
+------+------+------------+------------+
| bor_id | stu_id | bor_date     | ret_date     |
+------+------+------------+------------+
|  1001 |   1   | 2017-01-01 | 2017-01-20 |
|  1002 |   2   | 2017-02-02 | 2017-03-01 |
+------+------+------------+------------+
2 rows in set (0.00 sec)
```

由上述结果可知，表 bor_student 中不存在 stu_id 为 3 的记录，说明该记录被自动删除，这就是触发器自动维护数据完整性。

10.4 本章小结

本章首先介绍了触发器的概念，然后重点讲解了触发器的相关操作，包括触发器的创建、查看、使用和删除等。“学习不能好高骛远，须一步一个脚印；进步不能一步登天，须一步一级台阶”，本章最后一节的实例，读者需要多加练习，理解触发器的使用方法。通过本章的学习，大家需要通过动手实践去熟练掌握触发器的操作。

10.5 习　　题

1. 填空题

(1) 触发器的执行不是由程序调用，也不是手动开启，而是由________来触发。

(2) 触发器在操作表数据时立即被________。

(3) 触发器可用于执行管理任务，并强制影响数据库的________规则。

(4) 触发器是一种特殊的________，它在插入、删除或修改特定表中的数据时触发执行。

(5) 触发器可以跟踪用户对数据库的操作，审计用户操作数据库的语句，把用户对数据库的更新写入________。

2. 思考题

(1) 请简述什么是触发器。

(2) 请简述触发器的优点。

(3) 请简述触发器的作用。

(4) 请简述创建触发器的语法格式。

(5) 请简述删除触发器的语法格式。

第11章 数据库事务

本章学习目标

- 理解事务的概念；
- 熟练掌握事务的相关操作；
- 了解分布式事务的原理和语法。

MySQL允许多个用户同时登录数据库进行操作，是多用户的数据库管理系统。大多数情况下，不同的用户经常在同一时间以不同的目的和操作访问数据库。如果不同的用户访问同一份数据，那么一个用户在更改数据的过程中可能会有其他用户同时发起更改请求，这样不仅会造成两次查看数据的不准确性，甚至可能会导致服务器的宕机。为了解决这一问题，SQL用事务来控制单个用户的行为，用于保证数据的准确性和一致性。本章将详细讲解数据库中事务的管理和基本使用方法。

11.1 事务管理

事务处理机制在程序开发和后期的系统运行维护中起着非常重要的作用，该机制既保证了数据的准确，也使得整个数据系统更加安全。接下来将针对事务的概念和相关管理操作进行详细讲解。

11.1.1 事务的概念和使用

在现实生活中，人们会通过银行转账和汇款，从数据的角度来看，这是数据库中两个账户间的数据操作。例如，账户A给账户B转账100元，则账户A的余额减去100元，账户B的余额加上100元，这个过程需要使用两条SQL语句完成操作。但是，这个过程中可能会出现问题，如其中一条SQL语句出现异常没有执行或同时有别的用户也给账户B转账，可能会导致两个账户的金额出现异常，系统发生崩溃。

为了避免上述问题的发生，MySQL中可以使用事务对数据进行管理和操作。数据库事务(transaction)是指构成单一逻辑工作单位的操作集合。实际上，数据库中的一个操作序列由一组DML(INSERT、DELETE、UPDATE)语句组成，这些语句不可分割，只有当所有的SQL语句都被执行成功后，整个事务引发的操作才会更新到数据库中，如果有至少一条语句执行失败，所有操作都将会被取消。以用户转账为例，将需要执行的语句定义为事务，具体的转账流程如图11.1所示。

对于构成用户转账的数据库操作，要么全部执行，对数据库产生影响；要么全部不执行，对数据库不产生影响。总之，数据库总能保持一致性。

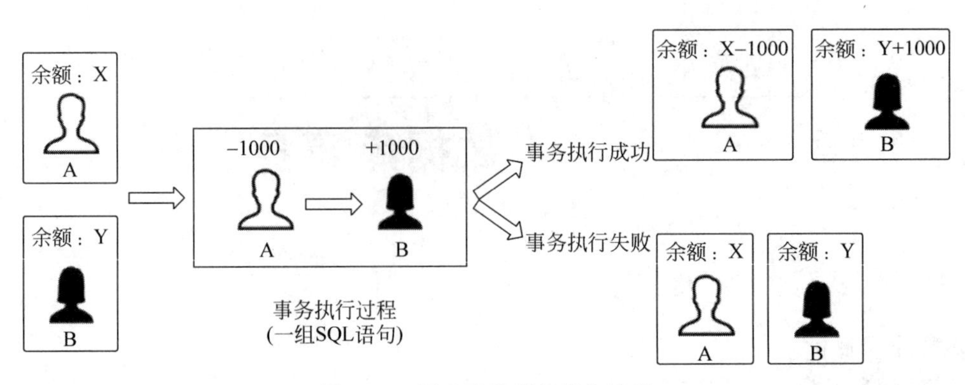

图 11.1　用户转账事务操作流程

在使用事务前，首先要开启事务，其 SQL 语句如下所示。

```
START TRANSACTION;
```

上述语句用于开启事务，事务开启后就可以执行 SQL 语句。SQL 语句执行完成后，需要提交事务，其 SQL 语句如下所示。

```
COMMIT;
```

上述语句用于提交事务。此处需要注意，MySQL 中 SQL 语句是默认自动提交的，而事务中的操作语句都需要使用 COMMIT 语句手动提交，只有提交完成后，事务才能生效。如果不想提交事务，可以 ROLLBACK 语句回滚事务，其 SQL 语句如下所示。

```
ROLLBACK;
```

上述语句用于事务回滚，回滚的是未提交的事务操作，已提交的事务操作是不能回滚的。

通过具体示例演示转账的事务操作，首先创建一个账户表 account，表结构如表 11.1 所示。

表 11.1　account 表

字　段	字段类型	说　明
id	int	账户编号
name	varchar(30)	账户姓名
money	float	账户余额

表 11.1 中列出了 account 表的字段、字段类型和说明。接着创建 account 表，具体如下所示。

```
mysql > CREATE TABLE account(
    ->     id INT PRIMARY KEY,
    ->     name VARCHAR(30),
    ->     money FLOAT
    -> );
Query OK, 0 rows affected (0.16 sec)
```

account 表创建完成后，向表中插入数据，具体如下所示。

```
mysql > INSERT INTO account VALUES
    -> (1,'A',1000),
    -> (2,'B',1000),
    -> (3,'C',1000);
Query OK, 3 rows affected (0.06 sec)
Records: 3 Duplicates: 0 Warnings: 0
```

由上述结果可知，数据插入完成。为了验证数据是否被添加，查看表 account 中的数据，具体如下所示。

```
mysql > SELECT * FROM account;
+---+----+------+
| id | name | money |
+---+----+------+
| 1 | A   | 1000 |
| 2 | B   | 1000 |
| 3 | C   | 1000 |
+---+----+------+
3 rows in set (0.02 sec)
```

由上述结果可知，account 表中共有 3 个账户(id)，奖金(money)都为 1000。MySQL 默认自动提交事务，通过 SHOW VARIABLES 语句查看系统变量 AUTOCOMMIT 值，具体如下所示。

```
mysql > SHOW VARIABLES LIKE 'autocommit';
+-----------+------+
| Variable_name | Value |
+-----------+------+
| autocommit    | ON    |
+-----------+------+
1 row in set (0.00 sec)
```

由上述结果可知，ON 是开启，说明 MySQL 自动提交的事务是开启的状态。因为事务需要手动提交，需要将自动提交关闭，具体如下所示。

```
mysql > SET autocommit = 0;
Query OK, 0 rows affected (0.00 sec)
```

由上述结果可知，0 代表 OFF，1 代表 ON，自动提交关闭执行成功。为了进一步验证，通过 SHOW VARIABLES 语句查看自动提交是否关闭，具体如下所示。

```
mysql > SHOW VARIABLES LIKE 'autocommit';
+------------+------+
| Variable_name | Value |
+------------+------+
| autocommit    | OFF   |
+------------+------+
1 row in set (0.00 sec)
```

由上述结果可知,MySQL 的自动提交事务已关闭。下面将通过具体示例演示事务的操作过程,如例 11-1 所示。

【例 11-1】 通过事务操作实现账户 A 给账户 B 转账 100 元。

```
mysql > START TRANSACTION;
Query OK, 0 rows affected (0.02 sec)

mysql > UPDATE account SET money = money - 100
    -> WHERE name = 'A';
Query OK, 1 row affected (0.15 sec)
Rows matched: 1 Changed: 1 Warnings: 0

mysql > UPDATE account SET money = money + 100
    -> WHERE name = 'B';
Query OK, 1 row affected (0.00 sec)
Rows matched: 1 Changed: 1 Warnings: 0

mysql > COMMIT;
Query OK, 0 rows affected (0.03 sec)
```

由上述结果可知,转账成功。首先使用 START TRANSACTION 语句开启事务,然后执行更新操作,将 A 账户的余额减少 100 元,B 账户的余额增加 100 元,最后使用 COMMIT 语句提交事务。为了进一步验证,使用 SELECT 语句查看表中的数据,具体如下所示。

```
mysql > SELECT * FROM account;
+---+----+-----+
| id | name | money |
+---+----+-----+
| 1 | A    | 900  |
| 2 | B    | 1100 |
| 3 | C    | 1000 |
+---+----+-----+
3 rows in set (0.00 sec)
```

由上述结果可知,通过事务操作成功实现了转账。此处需要注意,如果在执行转账操作过程中,任一步骤出现问题或数据库出现故障,事务不会提交,这保证了事务的同步性。接着通过具体示例演示这种情况,如例 11-2 所示。

【例 11-2】 通过事务操作实现账户 A 给账户 C 转账 100 元,当账户 A 的数据操作完成后,关闭数据库客户端,模拟数据库宕机。

```
mysql > START TRANSACTION;
Query OK, 0 rows affected (0.00 sec)

mysql > UPDATE account SET money = money - 100
    -> WHERE name = 'A';
Query OK, 1 row affected (0.11 sec)
Rows matched: 1 Changed: 1 Warnings: 0
```

由上述结果可知,事务开启后,账户 A 的余额减去了 100 元。为了进一步验证数据是否被修改，使用 SELECT 语句查看表中数据，具体如下所示。

```
mysql> SELECT * FROM account;
+---+----+-----+
| id | name | money |
+---+----+-----+
| 1  | A   |  800 |
| 2  | B   | 1100 |
| 3  | C   | 1000 |
+---+----+-----+
3 rows in set (0.00 sec)
```

由上述结果可知，账户 A 的余额从 900 元变为了 800 元，账户 A 的转账操作完成。此时关闭 MySQL 的客户端，并重新进入数据库，再次查看表 account 中的数据。

```
mysql> SELECT * FROM account;
+---+----+-----+
| id | name | money |
+---+----+-----+
| 1 | A   |  900 |
| 2 | B   | 1100 |
| 3 | C   | 1000 |
+----+------+-------+
3 rows in set (0.00 sec)
```

由上述结果可知，account 表中账户 A 的余额又恢复到了 900 元。这是因为在进行事务操作时，没有在最后手动提交事务，转账操作也就没有全部完成，为了保证数据的同步性，系统将数据操作进行了回滚。

11.1.2 事务的回滚

在操作一个事务时，如果发现某些操作是不合理、不正确的，只要事务还没有提交，就可以通过 ROLLBACK 语句进行回滚。实际上，可以理解为多条 SQL 语句执行时，如果任何一条失败，那么所有 SQL 语句都不执行，用来保证数据的完整性和一致性。

下面通过具体示例演示事务的回滚操作。如例 11-3 所示。

【例 11-3】 通过事务操作实现账户 B 给账户 C 转账 100 元，当转账操作完成后，使用 ROLLBACK 语句回滚转账操作。

```
mysql> START TRANSACTION;
Query OK, 0 rows affected (0.00 sec)

mysql> UPDATE account SET money = money - 100 WHERE name = 'B';
Query OK, 1 row affected (0.00 sec)
Rows matched: 1 Changed: 1 Warnings: 0

mysql> UPDATE account SET money = money + 100 WHERE name = 'C';
Query OK, 1 row affected (0.02 sec)
Rows matched: 1 Changed: 1 Warnings: 0
```

由上述结果可知，账户 B 给账户 C 转账 100 元。为了验证数据是否被修改，使用

SELECT 语句查看表中数据，具体如下所示。

```
mysql > SELECT * FROM account;
+---+----+-----+
| id | name | money |
+---+----+-----+
| 1 | A   | 900  |
| 2 | B   | 1000 |
| 3 | C   | 1100 |
+----+------+-------+
3 rows in set (0.00 sec)
```

由上述结果可知，账户 B 减少了 100 元，账户 C 增加了 100 元，转账操作完成。但此时没有手动提交事务，使用 ROLLBACK 语句可以回滚事务操作，具体如下所示。

```
mysql > ROLLBACK;
Query OK, 0 rows affected (0.03 sec)
```

由上述结果可知，回滚事务操作成功。再次查看表中数据，具体如下所示。

```
mysql > SELECT * FROM account;
+---+----+-----+
| id | name | money |
+---+----+-----+
| 1 | A   | 900  |
| 2 | B   | 1100 |
| 3 | C   | 1000 |
+---+----+-----+
3 rows in set (0.00 sec)
```

由上述结果可知，账户 B 和账户 C 恢复到转账操作之前的金额，这是因为 ROLLBACK 语句回滚了事务操作。

11.1.3 事务的属性

事务有很严格的定义，必须同时满足 4 个属性，即原子性(Atomicity)、一致性(Consistency)、隔离性(Isolation)和持久性(Durability)。这 4 个属性通常称为 ACID 特性，具体含义如下。

(1) 原子性(Atomicity)：一个事务必须被视为像原子一样不可分割的最小工作单位，对数据库的操作要么都执行，要么都不执行。

(2) 一致性(Consistency)：事务的执行结果应确保数据库的状态从一个一致性状态转变为另一个一致性状态，一致性状态的含义是数据库中的数据应满足完整性约束。

(3) 隔离性(Isolation)：多个事务并发执行时，各个事务的执行不应影响其他事务的执行。

(4) 持久性(Durability)：一个事务一旦提交，它对数据库所做的修改应该永久保存在数据库中，任何事务问题或系统故障都不会导致数据丢失。

以上是事务 4 个属性的概念，为了便于大家理解，下面以转账的例子来说明如何通过数据库事务保证数据的准确性和完整性。例如，账户 A 和账户 B 的余额都是 1000 元，账户 A 给账户 B 转账 100 元，则需要 6 个步骤，具体如下。

（1）从账户 A 中读取余额为 1000 元。

（2）账户 A 的余额减去 100 元。

（3）账户 A 的余额写入为 900 元。

（4）从账户 B 中读取余额为 1000 元。

（5）账户 B 的余额加上 100 元。

（6）账户 B 的余额写入为 1100 元。

对应如上 6 个步骤理解事务的 4 个属性，具体如下。

（1）原子性：保证 6 个步骤的所有过程都执行或都不执行，只要在执行任一步骤的过程中出现问题，就需要执行回滚操作。如执行到第 5 步时，账户 B 突然不可用（如被注销），那么之前的所有操作都应该回滚到执行事务之前的状态。

（2）一致性：在转账之前，账户 A 和账户 B 余额共有 1000＋1000＝2000 元。在转账之后，账户 A 和账户 B 余额共有 900＋1100＝2000 元。实际上，在执行该事务操作之后，数据从一个状态改变为另外一个状态。

（3）隔离性：在账户 A 向账户 B 转账的整个过程中，只要事务还未提交，查询账户 A 和账户 B 时，两个账户中金额都不会产生变化。如果在账户 A 给账户 B 转账的同时，有另外一个事务执行了账户 C 给账户 B 转账的操作，那么当两个事务都结束时，账户 B 中的金额应该是账户 A 转给账户 B 的金额、账户 C 转给账户 B 的金额与账户 B 原有的金额之和。

（4）持久性：只有提交事务使转账成功，两个账户中的金额数才会真正发生变化，即会将数据写入数据库并持久化保存。

另外需要注意的是，事务的原子性与一致性是密切相关的，原子性的破坏可能导致数据库的不一致，但数据的一致性问题并不都和原子性有关。如转账的例子中，在第 5 步时，为账户 B 只加了 50 元，该过程是符合原子性的，但数据的一致性就出现了问题。因此，事务的原子性与一致性缺一不可。

11.1.4 事务的隔离级别

数据库是多线程并发访问的，其明显的特征是资源可以被多个用户共享。当相同的数据库资源被多个用户（事务）同时访问时，如果没有采取必要的隔离措施，就会导致各种并发问题，破坏数据的完整性，因此需要为事务设置隔离级别。在 MySQL 中，事务有 4 种隔离级别，具体如下。

（1）Read Uncommitted（读未提交）：读未提交是指事务读取未提交。在事务中这是最低的隔离级别，并且引发了脏读，即所有事务都可以看到其他未提交事务的执行结果。这是非常危险的，因此很少用于实际应用。

（2）Read Committed（读已提交）：读已提交是指只能看见已经提交的事务所做的改变。虽然可以避免脏读，但是会引发不可重读性，该隔离级别满足了隔离的简单定义。不可重读性是指同一事务执行完全相同的 SELECT 语句时可能看到不一样的结果。可能有两个原因导致这种情况：是存在交叉的事务有新的 commit，导致了数据的改变；数据库被多个实例操作时，同一事务的其他实例在该实例处理期间可能会有新的 commit，而多个 commit 提交时只读一次出现结果不一致。该级别不是 MySQL 默认的隔离级别，但这是大多数数据库管理系统默认的隔离级别。

(3) Repeatable Read(可重复读)：可重复读是 MySQL 的默认事务隔离级别，它确保同一事务的多个实例在并发读取数据时会看到同样的数据，这可以避免脏读和重复读的问题，但不能避免幻读的问题。幻读(Phantom Read)是指当用户读取某个范围的数据行时，另一个事务又在该范围内插入了新行，当用户再读取该范围的数据行时，会发现有新的“幻影”行。

(4) Serializable(可串行化)：可串行化是事务中最高的隔离级别，它通过强制事务排序，使事务之间不可能相互冲突，从而解决幻读问题。实际上，它是在每个读的数据行上加了共享锁。这个隔离级别可能导致大量的超时现象和锁竞争，所以很少用于实际应用。

事务的隔离级别越高，越能保证数据的完整性和一致性，但是对并发性能的影响也会相应增大。另外，不同的隔离级别也可能会造成不同的并发异常，具体如表 11.2 所示。

表 11.2 隔离级别及问题

隔离级别	脏读	不可重复读	幻读
读未提交	√	√	√
读已提交	×	√	√
可重复读	×	×	√
可串行化	×	×	×

表 11.2 中列出了每个隔离级别可能出现的问题。下面将分别演示这些问题，在演示前需要了解一下隔离级别的相关操作。首先查看当前会话隔离级别，其 SQL 语句如下。

```
SELECT @@tx_isolation;
```

用户也可以使用 SET 语句设置当前会话隔离级别，其 SQL 语句如下。

```
SET SESSION TRANSACTION ISOLATION LEVEL
{READ UNCOMMITTED | READ COMMITTED | REPEATABLE READ | SERIALIZABLE}
```

其中，SESSION 表示设置的是当前会话的隔离级别；LEVEL 后有 4 个可选参数，分别对应 4 个隔离级别。

下面将通过具体示例分别演示 4 个隔离级别可能出现的问题。

1. 脏读

当事务的隔离级别为 Read Uncommitted(读未提交)时，可能出现脏读的问题，实际上是一个事务读取了另一个事务未提交的数据。下面打开两个 MySQL 客户端(客户端 A 和客户端 B)模拟两个线程操作数据，用于演示脏读的问题，具体如例 11-4 所示。

【例 11-4】 首先，查询客户端 A 的隔离级别，具体如下所示。

```
mysql > SELECT @@tx_isolation;
+-----------------+
| @@tx_isolation  |
+-----------------+
| REPEATABLE - READ |
+-----------------+
1 row in set (0.01 sec)
```

由上述结果可知，客户端 A 的默认隔离级别为 REPEATABLE-READ(可重复读)。接着查询客户端 B 的隔离级别，具体如下所示。

```
mysql > SELECT @@tx_isolation;
+-----------------+
| @@tx_isolation  |
+-----------------+
| REPEATABLE - READ |
+-----------------+
1 row in set (0.00 sec)
```

由上述结果可知，客户端 B 的默认隔离级别同样为 REPEATABLE-READ(可重复读)，这是因为 MySQL 默认隔离级别为 REPEATABLE-READ(可重复读)。接着通过不断改变客户端 A 的隔离级别，在客户端 B 修改数据，演示各个隔离级别出现的问题。

将客户端 A 的隔离级别设置为 Read Uncommitted(读未提交)，具体如下所示。

```
mysql > SET SESSION TRANSACTION ISOLATION LEVEL READ UNCOMMITTED;
Query OK, 0 rows affected (0.02 sec)
```

由上述结果可知，客户端 A 的隔离级别成功设置为 Read Uncommitted(读未提交)。在客户端 A 中查询表 account 的数据，具体如下所示。

```
mysql > SELECT * FROM account;
+---+----+------+
| id | name | money |
+---+----+------+
| 1 | A  |  900 |
| 2 | B  | 1100 |
| 3 | C  | 1000 |
+---+----+------+
3 rows in set (0.13 sec)
```

接着在客户端 B 中进行事务操作，在开启事务后，执行账户 A 给账户 C 转账 100 元的数据操作，但不进行事务的提交，具体如下所示。

```
mysql > START TRANSACTION;
Query OK, 0 rows affected (0.00 sec)

mysql > UPDATE account SET money = money - 100 WHERE name = 'A';
Query OK, 1 row affected (0.06 sec)
Rows matched: 1 Changed: 1 Warnings: 0

mysql > UPDATE account SET money = money + 100 WHERE name = 'C';
Query OK, 1 row affected (0.02 sec)
Rows matched: 1 Changed: 1 Warnings: 0
```

由上述结果可知，账户 A 给账户 C 成功转账 100 元。此时通过客户端 A 查看表 account 中的数据，具体如下所示。

```
mysql > SELECT * FROM account;
+---+----+-----+
| id | name | money |
+---+----+-----+
| 1 | A    |  800 |
| 2 | B    | 1100 |
| 3 | C    | 1100 |
+---+----+-----+
3 rows in set (0.00 sec)
```

由上述结果可知,在客户端 A 中查询表 account 中的数据,账户 A 已经给账户 C 转账了 100 元,但此时客户端 B 中的事务还没有提交,客户端 A 读取到了客户端 B 还未提交的事务中修改的数据,这就是脏读的问题。脏读会造成数据的不一致,容易使数据发生混乱。未提交的事务可以进行回滚操作,将客户端 B 的事务回滚,具体如下所示。

```
mysql > ROLLBACK;
Query OK, 0 rows affected (0.03 sec)
```

由上述结果可知,客户端 B 成功执行事务回滚。此时通过客户端 A 再次查询表 account 中的数据,具体如下所示。

```
mysql > SELECT * FROM account;
+---+----+-----+
| id | name | money |
+---+----+-----+
| 1 | A    |  900 |
| 2 | B    | 1100 |
| 3 | C    | 1000 |
+---+----+-----+
3 rows in set (0.00 sec)
```

由上述结果可知,客户端 A 查询到了客户端 B 事务回滚后的数据。此处需要注意,在实际应用中应根据实际情况,合理设置 Read Uncommitted(读未提交),为避免脏读的问题,尽量不要设置该隔离级别。

2. 不可重复读

当事务的隔离级别为 Read Committed(读已提交)时,可能出现不可重复读的问题,即一个事务范围内,多次查询某个数据却得到不同的结果。这是因为在查询过程中,数据没有被锁住,又被别的事务更新了,导致每次事务读取的都是最新的数据。具体如例 11-5 所示。

【例 11-5】 将客户端 A 的隔离级别设置为 Read Committed(读已提交),具体如下所示。

```
mysql > SET SESSION TRANSACTION ISOLATION LEVEL READ COMMITTED;
Query OK, 0 rows affected (0.00 sec)
```

由上述结果可知,客户端 A 的隔离级别设置为了 Read Committed(读已提交)。在客户端 A 中开启一个事务,执行查询表 account 的数据,具体如下所示。

```
mysql> START TRANSACTION;
Query OK, 0 rows affected (0.00 sec)

mysql> SELECT * FROM account;
+---+----+-----+
| id | name | money |
+---+----+-----+
| 1 | A   |  900 |
| 2 | B   | 1100 |
| 3 | C   | 1000 |
+---+----+-----+
3 rows in set (0.00 sec)
```

接着在客户端B中进行事务操作，在开启事务后，执行账户A给账户C转账100元操作，并使用COMMIT语句提交事务，具体如下所示。

```
mysql> START TRANSACTION;
Query OK, 0 rows affected (0.00 sec)

mysql> UPDATE account SET money = money - 100 WHERE name = 'A';
Query OK, 1 row affected (0.00 sec)
Rows matched: 1 Changed: 1 Warnings: 0

mysql> UPDATE account SET money = money + 100 WHERE name = 'C';
Query OK, 1 row affected (0.00 sec)
Rows matched: 1 Changed: 1 Warnings: 0

mysql> COMMIT;
Query OK, 0 rows affected (0.03 sec)
```

由上述结果可知，客户端B中的事务操作完成，账户A给账户C转账了100元。此时在客户端A未完成的事务中查询表account中的数据，具体如下所示。

```
mysql> SELECT * FROM account;
+---+----+-----+
| id | name | money |
+---+----+-----+
| 1 | A   |  800 |
| 2 | B   | 1100 |
| 3 | C   | 1100 |
+---+----+-----+
3 rows in set (0.00 sec)
```

由上述结果可知，客户端A查询出了客户端B修改后的数据，说明客户端A在同一个事务中查询同一个表所得到的两次查询结果不一致，这就是不可重复读的问题。Read Committed(读已提交)隔离级别可以避免脏读问题，因此在大多数应用场景中，数据库管理系统可以接受不可重复读的问题。大部分数据库管理系统会使用该隔离级别，如ORACLE数据库管理系统。

3. 幻读

当事务的隔离级别为Repeatable Read(可重复读)时，可能出现幻读的问题。幻读是指事务读取某个范围的数据时,两次查询的数据条数不一致,这是由于其他事务在查询过程中进行了更新操作。幻读和不可重复读的不同点在于,不可重复读是针对确定的某一条记录而言,而幻读是针对不确定的多条记录。具体如例 11-6 所示。

【例 11-6】 将客户端 A 的隔离级别设置为 Repeatable Read(可重复读),具体如下所示。

```
mysql > SET SESSION TRANSACTION ISOLATION LEVEL REPEATABLE READ;
Query OK, 0 rows affected (0.00 sec)
```

由上述结果可知,客户端 A 的隔离级别成功设置为 Repeatable Read(可重复读)。在客户端 A 中开启一个事务,执行查询表 account 的数据,具体如下所示。

```
mysql > START TRANSACTION;
Query OK, 0 rows affected (0.00 sec)

mysql > SELECT * FROM account;
+---+----+-----+
| id | name | money |
+---+----+-----+
| 1 | A    | 800  |
| 2 | B    | 1100 |
| 3 | C    | 1100 |
+---+----+-----+
3 rows in set (0.00 sec)
```

接着在客户端 B 中进行更新操作,添加一个余额为 500 元的账户 D,具体如下所示。

```
mysql > INSERT INTO account VALUES(4,'D',500);
Query OK, 1 row affected (0.05 sec)
```

由上述结果可知,在客户端 B 中成功添加账户 D。此时在客户端 A 未提交的事务中查询表 account 中的数据,具体如下所示。

```
mysql > SELECT * FROM account;
+---+----+-----+
| id | name | money |
+---+----+-----+
| 1 | A    | 800  |
| 2 | B    | 1100 |
| 3 | C    | 1100 |
+---+----+-----+
3 rows in set (0.00 sec)
```

由上述结果可知,客户端 A 中查询 account 表的数据时并没有出现幻读的问题,这与预期结果不同。没有出现幻读的原因是 MySQL 的存储引擎通过多版本并发控制机制(MVCC)解决了数据幻读的问题。由此可知,当 MySQL 的隔离级别为 Repeatable Read(可重复读)时,可以避免幻读的问题。

4. 可串行化

当事务的隔离级别为最高级别 Serializable(可串行化)时,该级别会在每一行读取的数据上都加上锁,从而使各事务之间不会出现相互冲突的情况,但这种方式会导致系统资源占用过多,出现大量的超时现象。具体如例 11-7 所示。

【例 11-7】 将客户端 A 的隔离级别设置为 Serializable(可串行化),具体如下所示。

```
mysql > SET SESSION TRANSACTION ISOLATION LEVEL SERIALIZABLE;
Query OK, 0 rows affected (0.00 sec)
```

由上述结果可知,已经将客户端 A 的隔离级别设置为 Serializable(可串行化)。在客户端 A 中开启一个事务,执行查询表 account 的数据,具体如下所示。

```
mysql > START TRANSACTION;
Query OK, 0 rows affected (0.00 sec)

mysql > SELECT * FROM account;
+---+----+-----+
| id | name | money |
+---+----+-----+
| 1 | A    |  800 |
| 2 | B    | 1100 |
| 3 | C    | 1100 |
| 4 | D    |  500 |
+---+----+-----+
4 rows in set (0.00 sec)
```

接着在客户端 B 中进行更新操作,添加一个余额为 800 元的账户 E,具体如下所示。

```
mysql > INSERT INTO account VALUES(5,'E',800);
```

由上述结果可知,客户端 B 中的添加操作卡住不动。出现这种情况的原因是此时客户端 A 的事务隔离级别为 Serializable(可串行化),客户端 A 中的事务还没有提交,所以客户端 B 必须等待客户端 A 中的事务提交后,才可以进行添加数据的操作。当客户端 A 长时间没有提交事务时,客户端 B 会报错,具体如下所示。

```
mysql > INSERT INTO account VALUES(5,'E',800);
ERROR 1205 (HY000): Lock wait timeout exceeded; try restarting transaction
```

由上述结果可知,因为操作超时,导致数据添加失败。这就是隔离级别 Serializable(可串行化)可能出现的超时问题,长时间的等待会占用一大部分的系统资源,降低了系统的性能。在实际应用中,事务的隔离级别很少设置为 Serializable(可串行化)。

11.2 分布式事务的使用

在单系统中,为了保证 ACID 原则,多次数据库操作用事务进行管理。单系统里的各个模块如果是独立出来的微服务,那么单系统里的事务就不能保证各个数据库操作的一致性,因此就需要分布式事务来进行统一管理。一个分布式事务会涉及多个行动,这些行动本身是事务性的,所有行动都必须一起成功完成或一起被回滚。接下来将详细讲解 MySQL 的分布式事务。

11.2.1 分布式事务的原理

在 MySQL 中,使用分布式事务的应用程序涉及一个或多个资源管理器和一个事务管理器,具体如下。

(1) 资源管理器(Resource Manager):用于提供通向事务资源的途径。数据库服务器是一种资源管理器,该管理器必须可以提交或回滚由 RM 管理的事务。例如,多台 MySQL 服务器作为资源管理器,或者多台 MySQL 服务器和多台 Oracle 服务器共同作为资源管理器。

(2) 事务管理器(Transaction Manager):用于协调分布式事务的一部分事务。TM 与管理每个事务的 RM 进行通信,在一个分布式事务中,每个单个事务均是分布式事务的"分支事务",分布式事务和各分支通过一种命名方法进行标识。

MySQL 执行分布式事务时,MySQL 服务器相当于一个用于管理分布式事务中的资源管理器,与 MySQL 服务器连接的客户端相当于事务管理器。

要执行一个分布式事务,必须知道分布式事务涉及的资源管理器,并把每个资源管理器的事务执行到事务可以被提交或回滚时,根据每个资源管理器报告的执行情况,所有分支事务必须作为一个原子性操作全部提交或回滚。

用于执行分布式事务的过程使用两阶段提交,发生时间是分布式事务的各个分支需要进行的行动已经执行之后,两个阶段分别如下。

(1) 在第一阶段,TM 告知所有 RM 进行 PREPARE 操作,即所有 RM 被告知将要执行 COMMIT 操作,然后分支响应是否准备好进行 COMMIT 操作。

(2) 在第二阶段,TM 告知所有 RM 进行 COMMIT 或者回滚。如果在 PREPARE 时,有任意一个 RM 响应无法进行 COMMIT 操作,那么所有的 RM 将被告知进行回滚操作,否则所有的 RM 将被告知进行 COMMIT 操作。

某些情况下,如果一个分布式事务只有一个 RM,那么也可以使用一阶段提交,即该 RM 会被告知同时进行 PREPARE 和 COMMIT 操作。

11.2.2 分布式事务的语法和使用

MySQL 中与分布式事务相关的 SQL 语句如下。

```
XA {START|BEGIN} xid [JOIN|RESUME]             # 开始一个分布式事务
XA END xid [SUSPEND [FOR MIGRATE]]             # 操作分布式事务
XA PREPARE xid                                 # 准备提交事务
XA COMMIT xid [ONE PHASE]                      # 提交事务
XA ROLLBACK xid                                # 回滚事务
XA RECOVER [CONVERT XID]                       # 查看处于 PREPARE 状态的事务
```

xid 用于标识一个分布式事务,其组成如下。

```
xid: gtrid [, bqual [, formatID ]]
```

其中,gtrid 是必需的,为字符串类型,表示全局事务标识符;bqual 是可选的,为字符串类型,默认是空串,表示分支限定符;formatID 是可选的,默认值为 1,用于标识由 gtrid 和

bqual 值使用的格式。

接下来通过具体案例演示分布式事务的实现，如例 11-8 所示。

【例 11-8】 演示分布式事务将使用两台 MySQL 服务器，分别为数据库 DB1 和数据库 DB2。首先查看数据库 DB1 是否支持分布式事务。

```
mysql > SHOW VARIABLES LIKE 'innodb_support % ';
+------------------+-------+
| Variable_name    | Value |
+------------------+-------+
| innodb_support_xa | ON   |
+------------------+-------+
1 row in set (0.00 sec)
```

由上述结果可知，数据库 DB1 支持分布式事务。接着查看数据库 DB2 是否支持分布式事务，具体如下所示。

```
mysql > SHOW VARIABLES LIKE 'innodb_support % ';
+------------------+-------+
| Variable_name    | Value |
+------------------+-------+
| innodb_support_xa | ON   |
+------------------+-------+
1 row in set (0.00 sec)
```

由上述结果可知，数据库 DB2 同样支持分布式事务。在数据库 DB1 中启动一个分布式事务的一个分支事务，xid 的 gtrid 为 test，bqual 为 db1，具体如下所示。

```
mysql > XA START 'test','db1';
Query OK, 0 rows affected (0.02 sec)
```

在数据库 DB2 中启动一个分布式事务的一个分支事务，xid 的 gtrid 为 test，bqual 为 db2，具体如下所示。

```
mysql > XA START 'test','db2';
Query OK, 0 rows affected (0.00 sec)
```

在数据库 DB1 中向 account 表插入账户 E，余额为 100 元，具体如下所示。

```
mysql > INSERT INTO account VALUES(5,'E',100);
Query OK, 1 row affected (0.02 sec)
```

由上述结果可知，数据插入完成。接着在数据库 DB2 中向 account 表插入账户 F，余额为 200 元，具体如下所示。

```
mysql > INSERT INTO account VALUES(6,'F',200);
Query OK, 1 row affected (0.00 sec)
```

由上述结果可知，数据插入完成。在数据库 DB1 中查看表 account，具体如下所示。

```
mysql> SELECT * FROM account;
+---+----+-----+
| id | name | money |
+---+----+-----+
| 1 | A    | 800 |
| 2 | B    | 1100 |
| 3 | C    | 1100 |
| 4 | D    | 500 |
| 5 | E    | 100 |
+---+----+-----+
5 rows in set (0.00 sec)
```

在数据库 DB2 中查看表 account,具体如下所示。

```
mysql> SELECT * FROM account;
+---+----+-----+
| id | name | money |
+---+----+-----+
| 1 | A    | 800 |
| 2 | B    | 1100 |
| 3 | C    | 1100 |
| 4 | D    | 500 |
| 6 | F    | 200 |
+---+----+-----+
5 rows in set (0.00 sec)
```

由上述结果可知,数据库 DB1 和数据库 DB2 的数据不同步。这是因为分布式事务还没有提交,所以分支事务暂时无法查看到其他分支事务插入的数据。接着对数据库 DB1 进行第一阶段提交,且进入 prepare 状态,具体如下所示。

```
mysql> XA END 'test','db1';
Query OK, 0 rows affected (0.00 sec)

mysql> XA PREPARE 'test','db1';
Query OK, 0 rows affected (0.03 sec)
```

对数据库 DB2 进行第一阶段提交,且进入 prepare 状态,具体如下所示。

```
mysql> XA END 'test','db2';
Query OK, 0 rows affected (0.00 sec)

mysql> XA PREPARE 'test','db2';
Query OK, 0 rows affected (0.03 sec)
```

由上述结果可知,此时两个事务的分支都进入准备提交阶段。此处需要注意,在此之前的操作遇到任何错误,都应回滚所有分支的操作,以确保分布式事务的正确性。在数据库 DB1 中提交事务,具体如下所示。

```
mysql> XA COMMIT 'test','db1';
Query OK, 0 rows affected (0.04 sec)
```

在数据库 DB2 中提交事务，具体如下所示。

```
mysql > XA COMMIT 'test','db2';
Query OK, 0 rows affected (0.03 sec)
```

由上述结果可知，两个事务分支都成功提交，此时可以在两个数据库中查询表 account 的数据。首先在数据库中 DB1 查询表 account 的数据，具体如下所示。

```
mysql > SELECT * FROM account;
+---+----+-----+
| id | name | money |
+---+----+-----+
| 1 | A   |  800 |
| 2 | B   | 1100 |
| 3 | C   | 1100 |
| 4 | D   |  500 |
| 5 | E   |  100 |
| 6 | F   |  200 |
+---+----+-----+
6 rows in set (0.00 sec)
```

接着在数据库 DB2 中查询表 account 的数据，具体如下所示。

```
mysql > SELECT * FROM account;
+---+----+-----+
| id | name | money |
+---+----+-----+
| 1 | A   |  800 |
| 2 | B   | 1100 |
| 3 | C   | 1100 |
| 4 | D   |  500 |
| 5 | E   |  100 |
| 6 | F   |  200 |
+---+----+-----+
6 rows in set (0.00 sec)
```

由上述结果可知，分布式事务成功提交且数据一致，说明分支事务的插入数据操作成功。

11.3 本章小结

本章首先介绍了事务的基本概念，然后详细介绍了事务管理的相关操作，包括事务的使用、回滚操作等，接着介绍了事务的 ACID 特性和事务的隔离级别，最后介绍了分布式事务的原理与用法。“博观而约取，厚积而薄发”，通过本章的学习，大家需要重点掌握事务管理，初步了解分布式事务的使用。

11.4 习　　题

1. 填空题

(1) ________处理机制在程序开发中有非常重要的作用,可以使整个系统更安全。

(2) 在 MySQL 中可以使用________开启事务。

(3) 在 MySQL 中可以使用________提交事务。

(4) 在 MySQL 中可以使用________回滚事务。

(5) ________是事务中最低的隔离级别,在该隔离级别,所有事务都可以看到其他未提交事务的执行结果。

2. 思考题

(1) 请简述事务的概念。

(2) 请简述事务的属性有哪些。

(3) 请简述事务的隔离级别有哪些。

(4) 请简述事务的隔离级别可能会产生什么问题。

(5) 请简述分布式事务的原理。

11.5 实验:事务的应用

1. 实验目的及要求

通过本次实验熟练掌握事务的相关操作和分布式事务的应用。

2. 实验需求

某网店为回馈新老客户,推出商品促销活动。此活动涉及两张数据表,即商品表和订单表,两张表通过外键相关联。商品表 sh_goods 的数据如表 11.3 所示。

表 11.3　sh_goods 表

商品编号(g_id)	商品名(g_name)	库存(stock)
1	速冲咖啡	10
2	面包	8
3	薯片	50
4	橙汁	20

订单表 sh_order 的数据如表 11.4 所示。

表 11.4　sh_order 表

订单号(o_id)	商品编号(g_id)	下单数(num)
1001	1	2

(1) 根据表格设计并创建数据库 mytest11 和数据表 sh_goods 表、sh_order 表。

(2) 根据表格内容添加数据。

(3) 用户消费后,利用事务为客户表添加用户信息,消费金额小于活动最小消费金额时,取消该用户数据的添加。

(4) 添加一台 MySQL 服务器，同步以上数据。利用分布式事务同步添加新的数据。

3. 实验步骤

(1) 根据表格设计并创建数据库 mytest11 和数据表 sh_goods 表、sh_order 表。

```
mysql> create database mytest11;
Query OK, 1 row affected
#使用 mytest11
mysql> use mytest11;
Database changed

mysql> create table sh_goods(
    -> g_id int primary key,
    -> g_name varchar(50) not null,
    -> stock int unsigned
    -> );
Query OK, 0 rows affected

mysql> create table sh_order(
    -> o_id int primary key,
    -> g_id int not null,
    -> num int unsigned,
    -> foreign key(g_id) references sh_goods(g_id)
    -> );
Query OK, 0 rows affected
```

(2) 根据表格内容添加数据。

创建完成 sh_goods 表后，向表中插入数据，具体如下所示。

```
mysql> insert into sh_goods values
    -> (1,'速冲咖啡',10),
    -> (2,'面包',8),
    -> (3,'薯片',50),
    -> (4,'橙汁',20);
Query OK, 4 rows affected
Records: 4 Duplicates: 0 Warnings: 0
```

创建完成 sh_order 表后，向表中插入数据，具体如下所示。

```
mysql> insert into sh_order values
    -> (1001,1,2);
Query OK, 1 row affected
```

(3) 用户消费后，利用事务为客户表添加用户信息，消费金额小于活动最小消费金额时，取消该用户数据的添加。

首先查看客户表，具体如下所示。

```
mysql> select * from sh_order;
+------+----+----+
| o_id  | g_id | num  |
+------+----+----+
```

```
| 1001 | 1    | 2    |
+------+------+------+
1 row in set
```


然后开启事务,具体如下所示。

```
mysql> start transaction;
Query OK, 0 rows affected
```

在事务中执行添加数据的操作,具体如下所示。

```
mysql> insert into sh_order value
  -> (1002,2,9);
Query OK, 1 row affected

mysql> update sh_goods set stock = stock - 9 where g_id = 2;
1264 - Out of range value adjusted for column 'stock' at row 1
```

由上述结果可知,向订单表添加数据后,需要同时修改商品表中对应商品的库存量,此处订单为 2 号商品 9 件,而 2 号商品的库存量为 8 件,则下单失败,需要取消以上所有操作,以保证数据的一致性。回滚事务,取消开启事务后执行的 INSERT 和 UPDATE 操作,如下所示。

```
mysql> rollback;
Query OK, 0 rows affected
```

事务操作完成后,查看订单表,具体如下所示。

```
mysql> select * from sh_order;
+------+------+------+
| o_id | g_id | num  |
+------+------+------+
| 1001 | 1    | 2    |
+------+------+------+
1 row in set
```

(4) 添加一台 MySQL 服务器,作为数据库 DB2,同步以上数据。利用分布式事务同步添加新的数据。

在数据库 DB2 上执行实验步骤(1)、(2)的操作。

首先查看两台 MySQL 服务器是否支持分布式事务,具体如下所示。

```
mysql> show variables like 'innodb_support%';
+-------------------+-------+
| Variable_name     | Value |
+-------------------+-------+
| innodb_support_xa | ON    |
+-------------------+-------+
1 row in set
```

在数据库 DB1 中启动一个分布式事务的分支事务,并添加一条数据,具体如下所示。

```
mysql > xa start 'test11','db1';
Query OK, 0 rows affected
#添加 1002 数据
mysql > insert into sh_order values
    -> (1002,3,10);
Query OK, 1 row affected
```

在数据库 DB2 中启动一个分布式事务的分支事务，并添加一条数据，具体如下所示。

```
mysql > xa start 'test11','db2';
Query OK, 0 rows affected
#添加 1003 数据
mysql > insert into sh_order values
    -> (1003,4,4);
Query OK, 1 row affected
```

此时查看数据库 DB1 和数据库 DB2 中数据表的数据，具体如下所示。

```
#DB1
mysql > select * from sh_order;
+------+----+----+
| o_id  | g_id | num  |
+------+----+----+
| 1001  | 1    | 2    |
| 1002  | 3    | 10   |
+------+----+----+
2 rows in set

#DB2
mysql > select * from sh_order;
+------+----+----+
| o_id  | g_id | num  |
+------+----+----+
| 1001  | 1    | 2    |
| 1003  | 4    | 4    |
+------+----+----+
2 rows in set
```

由上述结果可知，两台 MySQL 服务器中的数据库数据没有同步。对数据库 DB1 和数据库 DB2 进行第一阶段提交，且进入 prepare 状态，具体如下所示。

```
#DB1 - 第一阶段提交
mysql > xa end 'test11','db1';
Query OK, 0 rows affected
#DB1 - 准备提交事务
mysql > xa prepare 'test11','db1';
Query OK, 0 rows affected

#DB2 - 第一阶段提交
mysql > xa end 'test11','db1';
Query OK, 0 rows affected
#DB2 - 准备提交事务
```

```
mysql > xa prepare 'test11','db1';
Query OK, 0 rows affected
```


由上述结果可知,此时两个事务的分支都进入准备提交阶段。在数据库 DB1 和数据库 DB2 中提交事务,具体如下所示。

```
# DB1 - 提交事务
mysql > xa commit 'test11','db1';
Query OK, 0 rows affected
# DB2 - 提交事务
mysql > xa commit 'test11','db2';
Query OK, 0 rows affected
```

此时可以在两个数据库中查询表中数据,具体如下所示。

```
# DB1
mysql > select * from sh_order;
+-----+----+----+
| o_id | g_id | num |
+-----+----+----+
| 1001 | 1 | 2 |
| 1002 | 3 | 10 |
| 1003 | 4 | 4 |
+-----+----+----+
3 rows in set

# DB2
mysql > select * from sh_order;
+-----+----+----+
| o_id | g_id | num |
+-----+----+----+
| 1001 | 1 | 2 |
| 1002 | 3 | 10 |
| 1003 | 4 | 4 |
+-----+----+----+
3 rows in set
```

第 12 章 MySQL 高级操作

本章学习目标

- 掌握数据的备份与还原；
- 掌握权限管理；
- 了解 MySQL 分区。

前面章节学习了 MySQL 的基础知识，在 MySQL 中还有一些高级的操作，如数据备份与还原、权限管理和数据库分区等，本章将对这些高级操作进行详细讲解。

12.1 数据的备份与还原

在实际应用中，数据库服务器一般安置在两个地方。这是因为在操作数据库时，难免会出现一些意外情况导致数据丢失，如管理员操作失误、病毒入侵、自然灾害等不确定因素。为了确保数据的安全和尽快恢复，需要对数据进行定期备份，这样当遇到意外情况时，可以尽快将数据还原，从而最大限度地减少损失。接下来详细讲解数据的备份和还原。

12.1.1 数据的备份

数据库备份与日志备份是数据库维护的日常工作，备份的目的是当数据库出现故障或者遭到破坏时，可以根据备份的数据库和事务日志文件还原到最近的时间点，这样可以将损失降到最低。在现实生活中也有类似备份的情况，如为车子多配几把钥匙，考试时多带几支笔等。备份可以有效地减少意外情况带来的损失，提高安全性。接下来详细讲解数据备份的实现。

1. 以命令行的方式备份

MySQL 提供了 mysqldump 命令来实现数据的备份，在使用 mysqldump 命令备份数据库时，直接在 DOS 命令行窗口中执行即可，不需要登录 MySQL 数据库。其语法格式如下。

```
mysqldump -uusername -ppassword dbname > path:filename.sql
```

其中，-u 后的参数 username 表示用户名，-p 后的参数 password 表示登录密码，dbname 表示需要备份的数据库名称，path 表示备份文件存放的路径，filename.sql 代表备份文件的名称。用户可以使用“mysqldump --help”命令来获取关于 mysqldump 命令的使用帮助，mysqldump 命令中常用的参数如下。

(1) -A 或者--all-databases：指定所有库文件。

(2) 数据库名 表名：例如“school stu_info t1”表示 school 数据库中 stu_info 表和 t1 表。

(3) -B 或者--databases：表示指定多个数据库。

(4) --single-transaction：InnoDB 一致性，服务可用性。

(5) --master-data=0|1|2：其中 0 表示不记录二进制日志文件及位置；1 表示以 CHANGE MASTER TO 的方式记录位置，可用于恢复后直接启动从服务器；2 表示以 CHANGE MASTER TO 的方式记录位置，但默认被注释。前提是需要开启二进制日志。

(6) --dump-slave：用于在 slave 服务器上 dump 数据，从而建立新的 slave。由于在使用 mysqldump 时会进行锁表，所以大多数情况下的导出操作会在只读备份的数据库上操作。该参数主要是为了获取主库的 Relay_Master_Log_File(二进制日志)和 Exec_Master_Log_Pos(主服务器二进制日志中数据所处的位置)，并且该参数目前只在 MySQL 5.7 以上的版本中存在。

(7) --no-data 或者-d：不导出任何数据，只导出数据库表结构。

(8) --lock-all-tables：锁定所有表。对 MyISAM 引擎的表开始备份前，先锁定所有表。

(9) --opt：同时启动各种高级选项。

(10) -R 或者--routines：备份存储过程和存储函数。

(11) -F 或者--flush-logs：备份之前刷新日志并截断日志，备份之后创建新的 binlog。

(12) --triggers：备份触发器。

在演示示例之前，需要先创建用于备份的数据库和表。下面通过具体示例演示如何进行数据备份，如例 12-1 所示。

【例 12-1】 首先创建数据库 backups。

```
mysql > CREATE DATABASE backups;
Query OK, 1 row affected (0.03 sec)
```

由上述结果可知，已经创建数据库 backups。接着切换到该数据库，具体如下所示。

```
mysql > use backups;
Database changed
```

由上述结果可知，当前数据库为 backups。接着创建数据表 test1，表结构如表 12.1 所示。

表 12.1　test1 表

字　段	数据类型	约　束
id	INT	PRIMARY KEY
name	VARCHAR(50)	
addr	VARCHAR(50)	

创建表 test1，具体如下所示。

```
mysql > CREATE TABLE test1(
    ->      id INT PRIMARY KEY,
    ->      name VARCHAR(50),
    ->      addr VARCHAR(50)
    -> );
Query OK, 0 rows affected (0.20 sec)
```

由上述结果可知，已经创建 test1 表。向表中插入数据，具体如下所示。

```
mysql> INSERT INTO test1(id,name,addr) VALUES(1,'zs','bj');
Query OK, 1 row affected (0.08 sec)
```

由上述结果可知，插入数据完成。为了验证数据是否添加成功，使用 SELECT 语句查看表 test1 中的数据，具体如下所示。

```
mysql> SELECT * FROM test1;
+---+----+----+
| id | name | addr |
+---+----+----+
| 1 | zs   | bj   |
+---+----+----+
1 row in set (0.00 sec)
```

此时，用于备份的数据库与数据表都已经创建完成，并且数据表已经添加数据。接着打开 DOS 命令行窗口，使用命令行的方式备份数据库 backups，输入命令如下。

```
C:\Users\Administrator> mysqldump -uroot -pqf1234 backups > D:backups.sql
```

其中，-u 后的用户名为 root，-p 后的登录密码为 qf1234(本书中的数据库密码)，需要备份的数据库为 backups，D 代表备份文件存放的路径为 D 盘，备份文件的名称为 backups.sql。为了验证是否备份成功，可以到 D 盘根目录下查找 backups.sql 文件，如图 12.1 所示。

backups.sql	2021/8/10 16:47	SQL Text File	2 KB

图 12.1　backups.sql

图 12.1 中是备份后的 SQL 文件，打开文件，查看其内容如下。

```
-- MySQL dump 10.13 Distrib 8.0.25, for Win64 (x86_64)
--
-- Host: localhost Database: backups
-- ------------------------------------------------------
-- Server version 8.0.25

/*!40101 SET @OLD_CHARACTER_SET_CLIENT = @@CHARACTER_SET_CLIENT */;
/*!40101 SET @OLD_CHARACTER_SET_RESULTS = @@CHARACTER_SET_RESULTS */;
/*!40101 SET @OLD_COLLATION_CONNECTION = @@COLLATION_CONNECTION */;
/*!50503 SET NAMES utf8mb4 */;
/*!40103 SET @OLD_TIME_ZONE = @@TIME_ZONE */;
/*!40103 SET TIME_ZONE = '+00:00' */;
/*!40014 SET @OLD_UNIQUE_CHECKS = @@UNIQUE_CHECKS, UNIQUE_CHECKS = 0 */;
/*!40014 SET @OLD_FOREIGN_KEY_CHECKS = @@FOREIGN_KEY_CHECKS, FOREIGN_KEY_CHECKS = 0 */;
/*!40101 SET @OLD_SQL_MODE = @@SQL_MODE, SQL_MODE = 'NO_AUTO_VALUE_ON_ZERO' */;
/*!40111 SET @OLD_SQL_NOTES = @@SQL_NOTES, SQL_NOTES = 0 */;

--
-- Table structure for table `test1`
--
```

```
DROP TABLE IF EXISTS `test1`;
/*!40101 SET @saved_cs_client     = @@character_set_client */;
/*!50503 SET character_set_client = utf8mb4 */;
CREATE TABLE `test1` (
 `id` int NOT NULL,
 `name` varchar(50) DEFAULT NULL,
 `addr` varchar(50) DEFAULT NULL,
 PRIMARY KEY (`id`)
) ENGINE = InnoDB DEFAULT CHARSET = utf8mb4 COLLATE = utf8mb4_0900_ai_ci;
/*!40101 SET character_set_client = @saved_cs_client */;

--
-- Dumping data for table `test1`
--

LOCK TABLES `test1` WRITE;
/*!40000 ALTER TABLE `test1` DISABLE KEYS */;
INSERT INTO `test1` VALUES (1,'zs','bj');
/*!40000 ALTER TABLE `test1` ENABLE KEYS */;
UNLOCK TABLES;
/*!40103 SET TIME_ZONE = @OLD_TIME_ZONE */;

/*!40101 SET SQL_MODE = @OLD_SQL_MODE */;
/*!40014 SET FOREIGN_KEY_CHECKS = @OLD_FOREIGN_KEY_CHECKS */;
/*!40014 SET UNIQUE_CHECKS = @OLD_UNIQUE_CHECKS */;
/*!40101 SET CHARACTER_SET_CLIENT = @OLD_CHARACTER_SET_CLIENT */;
/*!40101 SET CHARACTER_SET_RESULTS = @OLD_CHARACTER_SET_RESULTS */;
/*!40101 SET COLLATION_CONNECTION = @OLD_COLLATION_CONNECTION */;
/*!40111 SET SQL_NOTES = @OLD_SQL_NOTES */;

-- Dump completed on 2021-08-10 16:47:44
```

从上述文件中可以看出，备份文件中包括 mysqldump 的版本号、操作系统位数、MySQL 主机名、版本号和备份的数据库名称。备份文件中还包括数据表的创建和添加数据的语句，其中以“--”字符开头的都是 SQL 的注释；以“/*!”开头、“*/”结尾的语句都是可执行的 MySQL 注释。这些语句可以被 MySQL 执行，但在其他数据库管理系统中将被作为注释忽略，这样做可提高数据库的可移植性。

另外，以“/*! 40101”开头、“*/”结尾的注释语句中，40101 是 MySQL 数据库的版本号，相当于 MySQL 4.1.1。在还原数据时，如果当前 MySQL 的版本比 MySQL 4.1.1 高，“/*! 40101”和“*/”之间的内容就被当作 SQL 命令来执行；如果当前版本比 MySQL 4.1.1 低，“/*! 40101”和“*/”之间的内容就被当作注释。

2. 以图形化的方式备份

前面讲解了以命令行的方式备份，在第 1 章讲解了 MySQL 客户端工具 SQLyog 的使用，同样可以使用 SQLyog 来完成数据库备份，也就是以图形化的方式备份，这样使用起来更加便捷。首先打开 SQLyog，如图 12.2 所示。

单击“连接”按钮，进入 SQLyog 主页面，如图 12.3 所示。

在图 12.3 中，左侧导航栏中是 MySQL 中所有的库，此处需要备份的是 backups 库，右击 backups，弹出的菜单如图 12.4 所示。

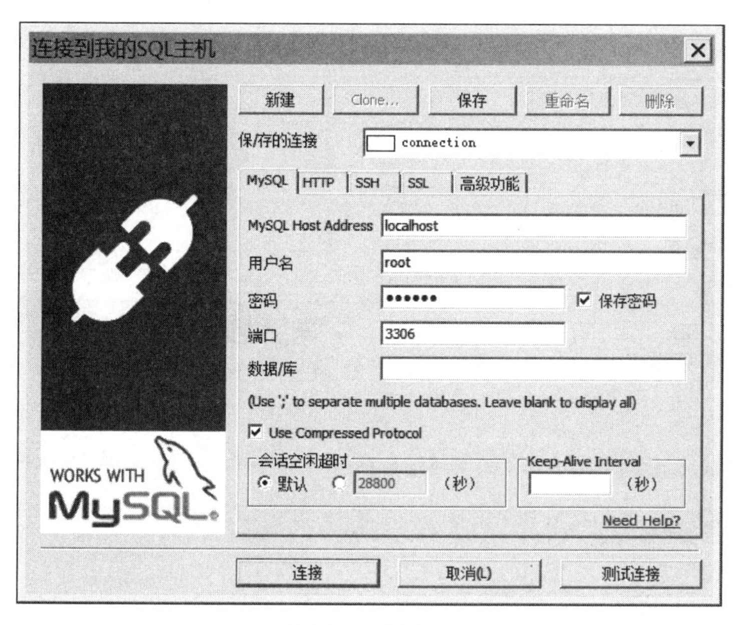

图 12.2　SQLyog

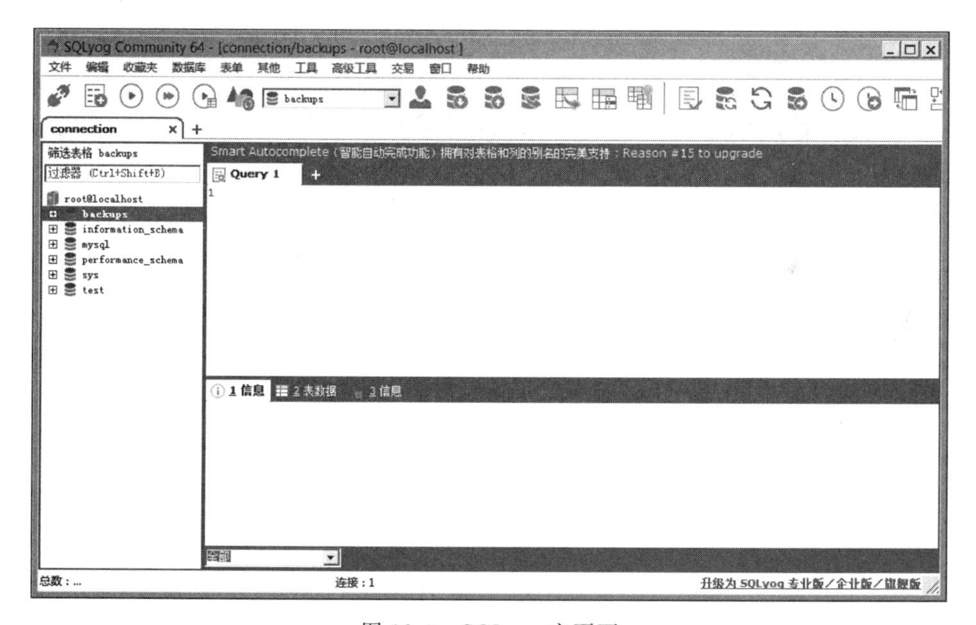

图 12.3　SQLyog 主页面

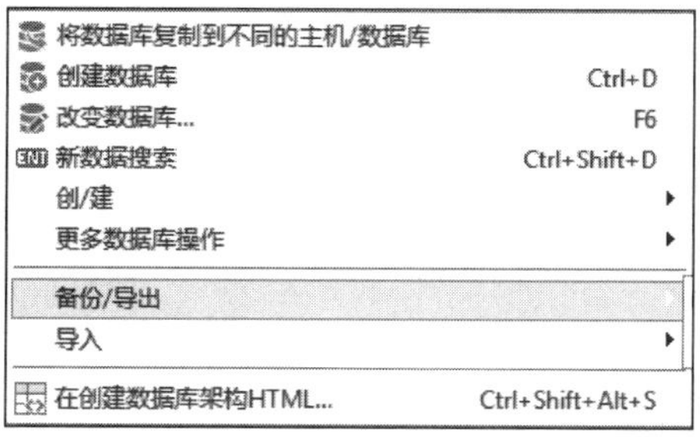

将数据库复制到不同的主机/数据库	
创建数据库	Ctrl+D
改变数据库...	F6
新数据搜索	Ctrl+Shift+D
创/建	▸
更多数据库操作	▸
备份/导出	▸
导入	▸
在创建数据库架构HTML...	Ctrl+Shift+Alt+S

图 12.4　右键菜单

选择“备份/导出”→“备份数据库,转储到 SQL...”,如图 12.5 所示。

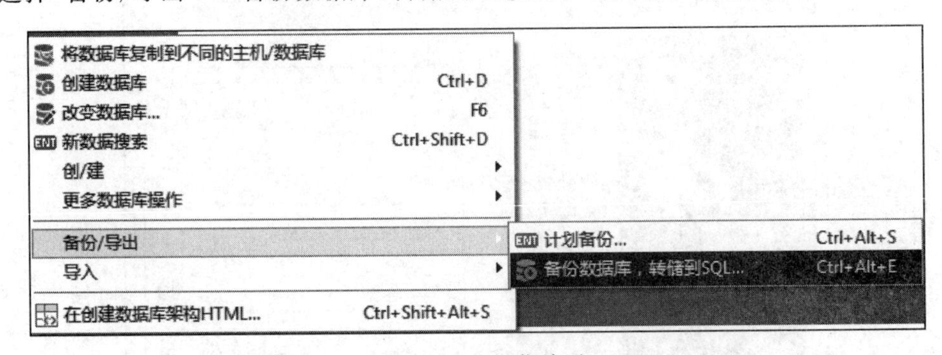

图 12.5 选择菜单项

此时出现“SQL 转储”对话框,如图 12.6 所示。

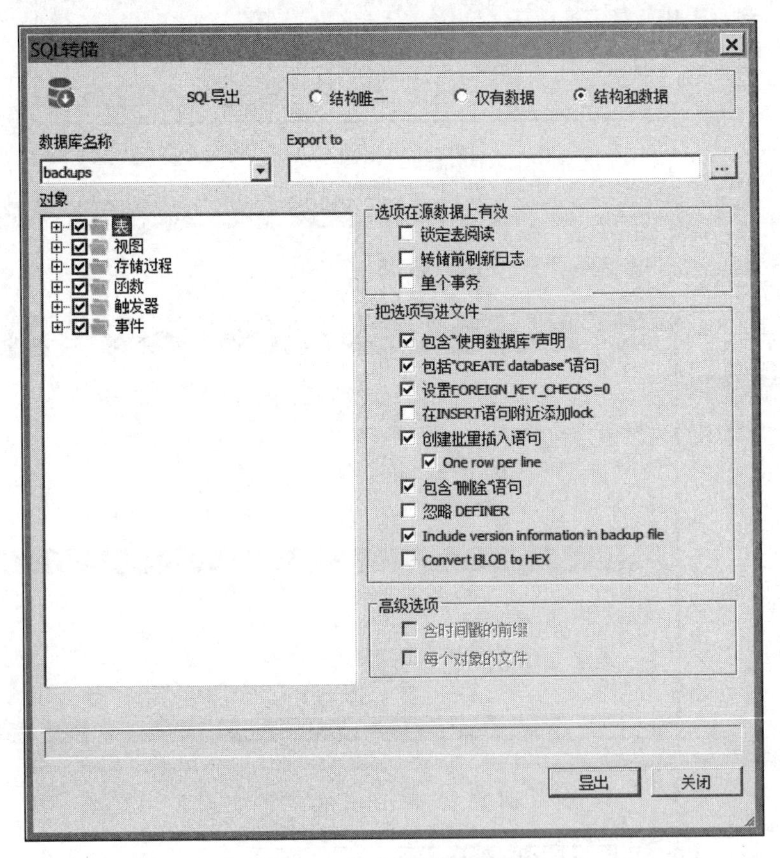

图 12.6 “SQL 转储”对话框

单击 Export to 文本框右边的“...”按钮,在弹出的“另存为”对话框中设置导出文件的存储路径,如图 12.7 所示。

设置存储路径后单击“保存”按钮,回到“SQL 转储”对话框。单击“导出”按钮,如图 12.8 所示。

然后单击“完成”按钮,此时可以到桌面查找 backups.sql 文件,如图 12.9 所示。

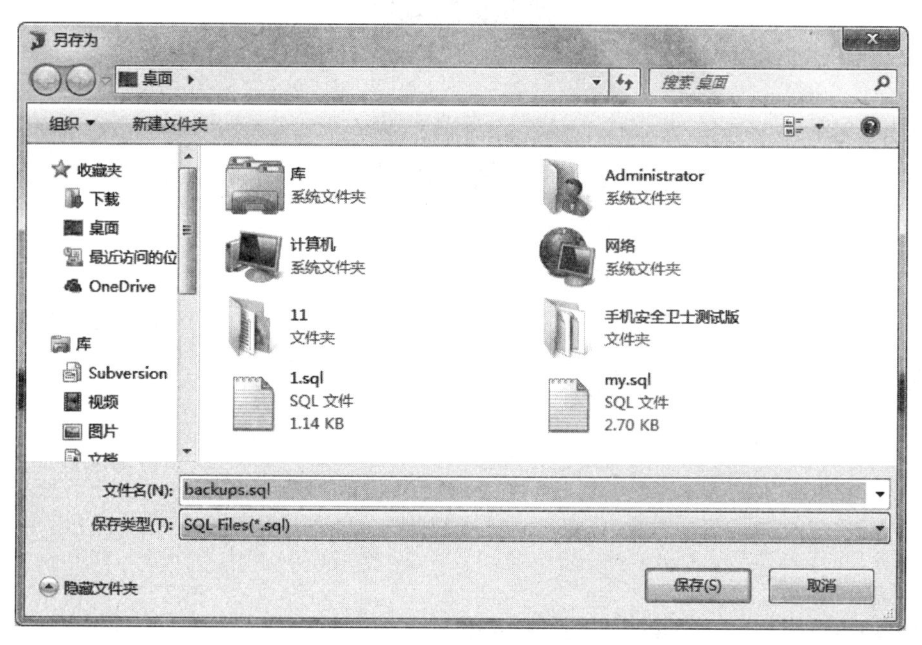

图 12.7　设置存储路径

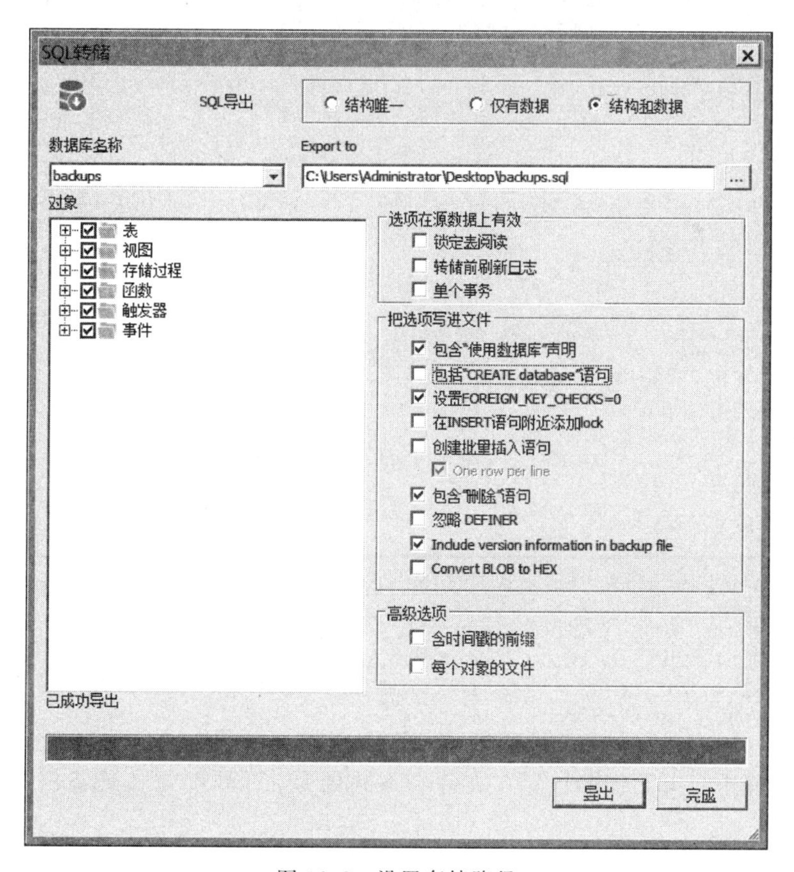

图 12.8　设置存储路径

图 12.9 backups.sql 文件

图 12.9 是备份后的 SQL 文件,打开文件,查看其内容如下。

```
/*
SQLyog Community v13.1.7 (64 bit)
MySQL - 8.0.25 : Database - backups
*********************************************************************
*/

/*!40101 SET NAMES utf8 */;

/*!40101 SET SQL_MODE='' */;

/*!40014 SET @OLD_UNIQUE_CHECKS=@@UNIQUE_CHECKS, UNIQUE_CHECKS=0 */;
/*!40014 SET @OLD_FOREIGN_KEY_CHECKS=@@FOREIGN_KEY_CHECKS, FOREIGN_KEY_CHECKS=0 */;
/*!40101 SET @OLD_SQL_MODE=@@SQL_MODE, SQL_MODE='NO_AUTO_VALUE_ON_ZERO' */;
/*!40111 SET @OLD_SQL_NOTES=@@SQL_NOTES, SQL_NOTES=0 */;
CREATE DATABASE /*!32312 IF NOT EXISTS*/`backups` /*!40100 DEFAULT CHARACTER SET utf8mb4
COLLATE utf8mb4_0900_ai_ci */ /*!80016 DEFAULT ENCRYPTION='N' */;

USE `backups`;

/*Table structure for table `test1` */

DROP TABLE IF EXISTS `test1`;

CREATE TABLE `test1` (
 `id` int NOT NULL,
 `name` varchar(50) DEFAULT NULL,
 `addr` varchar(50) DEFAULT NULL,
 PRIMARY KEY (`id`)
) ENGINE=InnoDB DEFAULT CHARSET=utf8mb4 COLLATE=utf8mb4_0900_ai_ci;

/*Data for the table `test1` */

insert into `test1`(`id`,`name`,`addr`) values (1,'zs','bj');

/*!40101 SET SQL_MODE=@OLD_SQL_MODE */;
/*!40014 SET FOREIGN_KEY_CHECKS=@OLD_FOREIGN_KEY_CHECKS */;
/*!40014 SET UNIQUE_CHECKS=@OLD_UNIQUE_CHECKS */;
/*!40111 SET SQL_NOTES=@OLD_SQL_NOTES */;
```

从上述文件中可知,与命令行方式备份不同的是,图形化方式的备份文件中还包含 SQLyog 的版本号。

3. data 目录备份

使用 data 目录备份的方法很简单,找到 data 目录后,将 data 目录下的文件全部复制下来就可以完成数据库的备份了，包括所有数据库、数据表、用户及用户的权限。在实际应用中，当数据库服务器发生瘫痪时，可以将 data 目录直接复制，等数据库服务器部署环境之后，再用复制的 data 目录覆盖现有目录即可。

12.1.2 数据的还原

前面讲解了数据的备份，当数据出现丢失等情况时，就可以使用数据还原减少损失，接下来详细讲解数据还原的实现。

1. 通过命令行的方式还原

MySQL 提供了 mysql 命令来实现数据的还原，其语法格式如下：

```
mysql -uusername -ppassword dbname < path:filename.sql
```

其中，-u 后的参数 username 表示用户名，-p 后的参数 password 表示登录密码，dbname 表示需要还原的数据库名称，path 代表备份文件存放的路径，filename.sql 代表备份文件的名称。

在使用 mysql 命令还原数据库时，不需要登录 MySQL 数据库，直接在 DOS 命令行窗口中执行即可。下面通过具体示例演示数据还原的实现，为了演示还原操作，需要先删除用于测试的表 test1，具体如下所示。

```
mysql > DROP TABLE test1;
Query OK, 0 rows affected (0.03 sec)
```

由上述结果可知，已经删除数据表 test1。为了进一步验证这个结果，需要查看 backups 库中是否存在数据表，具体如下所示。

```
mysql > SHOW TABLES;
Empty set (0.00 sec)
```

由上述结果可知，backups 库中为空，说明表 test1 被成功删除。下面进行数据还原，打开 DOS 命令行窗口，输入命令如下。

```
C:\Users\Administrator > mysql -uroot -pqf1234 backups < D:backups.sql
```

其中，-u 后的用户名为 root，-p 后的登录密码为 qf1234(本书中的数据库密码)，backups 表示需要还原的数据库名称，D 代表备份文件存放的路径为 D 盘，backups.sql 代表备份文件的名称。登录 MySQL 数据库，查看 backups 库中的表，具体如下所示。

```
mysql > use backups;
Database changed
mysql > SHOW TABLES;
+-----------------+
| Tables_in_backups |
+-----------------+
| test1           |
+-----------------+
1 row in set (0.00 sec)
```

由上述结果可知,表 test1 已经被还原。使用 SELECT 语句查看表中数据,具体如下所示。

```
mysql > SELECT * FROM test1;
+---+----+----+
| id | name | addr |
+---+----+----+
| 1 | zs   | bj   |
+---+----+----+
1 row in set (0.00 sec)
```

由上述结果可知,表 test1 中的数据也被成功还原。

2. 通过 source 命令还原

除了使用 mysql 命令,还可以登录 MySQL 数据库,使用 source 命令还原数据。下面演示使用 source 命令还原数据,同样将表 test1 删除,然后登录 MySQL 数据库,具体如下所示。

```
mysql > source D:\backups.sql
Query OK, 0 rows affected (0.00 sec)
Query OK, 0 rows affected (0.00 sec)
......
Query OK, 0 rows affected (0.00 sec)
```

由上述结果可知,备份数据被成功还原。此时查看表 test1 中的数据,具体如下所示。

```
mysql > SELECT * FROM test1;
+---+----+----+
| id | name | addr |
+---+----+----+
| 1 | zs   | bj   |
+---+----+----+
1 row in set (0.00 sec)
```

由上述结果可知,表 test1 中的数据被成功还原。

3. 通过图形化的方式还原

同样地,数据还原也可以通过图形化的方式实现,也就是使用 SQLyog 还原数据。下面通过删除 backups 库之后再恢复 backups 库的方式进行数据还原演示。首先右击 backups 库,弹出的菜单如图 12.10 所示。

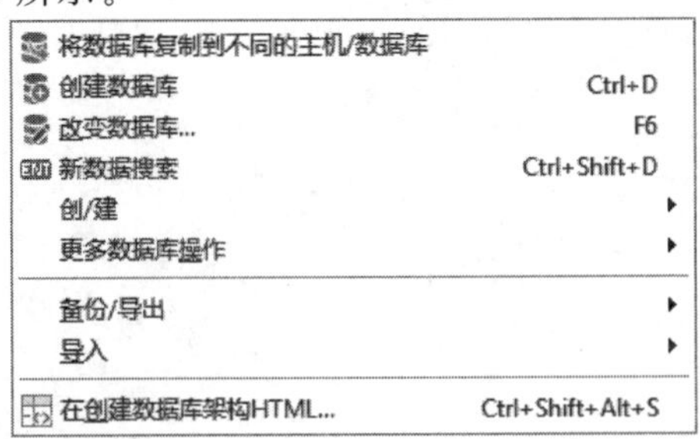

图 12.10　右键菜单(1)

然后选择菜单“更多数据库操作”→“删除数据库...”,如图 12.11 所示。

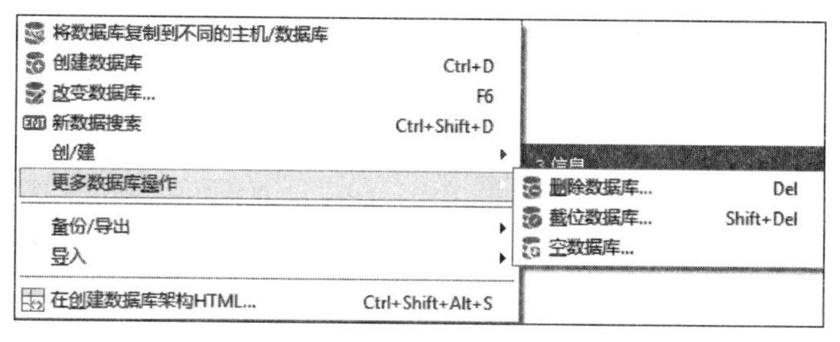

图 12.11 选择菜单

此时弹出确认对话框,单击“是”按钮,如图 12.12 所示。

图 12.12 确认对话框

数据库 backups 被成功删除后,开始数据还原,右击 root@localhost,弹出的菜单如图 12.13 所示。

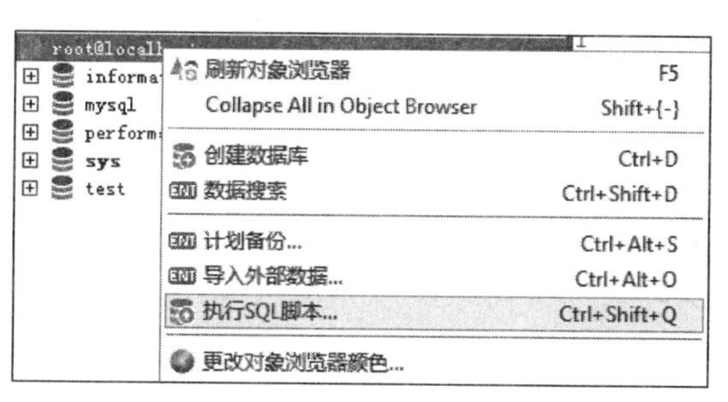

图 12.13 右键菜单(2)

选择“执行 SQL 脚本...”,此时弹出执行窗口,选择备份数据的文件,如图 12.14 所示。

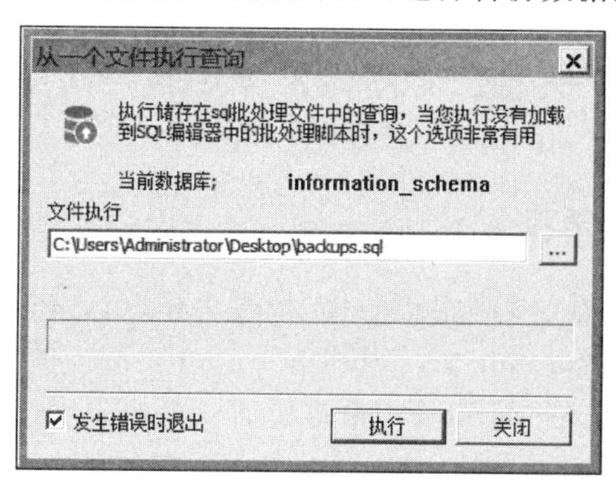

图 12.14 执行窗口(1)

单击"执行"按钮,如图 12.15 所示。

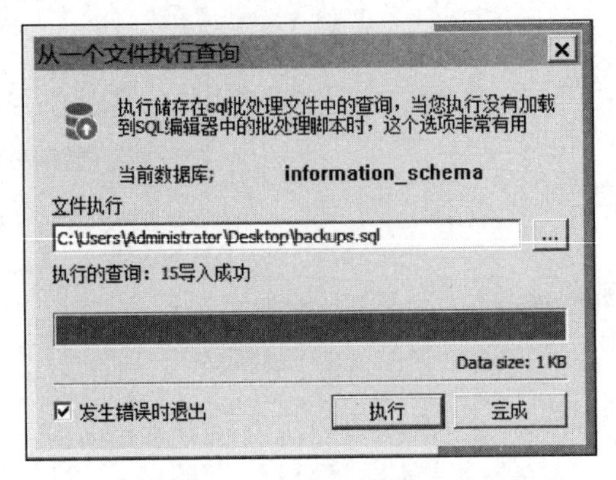

图 12.15　执行窗口(2)

单击"完成"按钮,按 F5 刷新数据库,然后可以看到 backups 库和表已经被还原,如图 12.16 所示。

打开数据表 test1 查看,如图 12.17 所示。

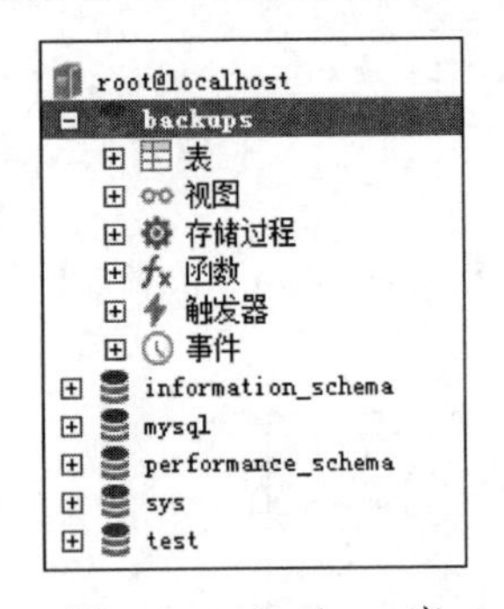

图 12.16　backups 库

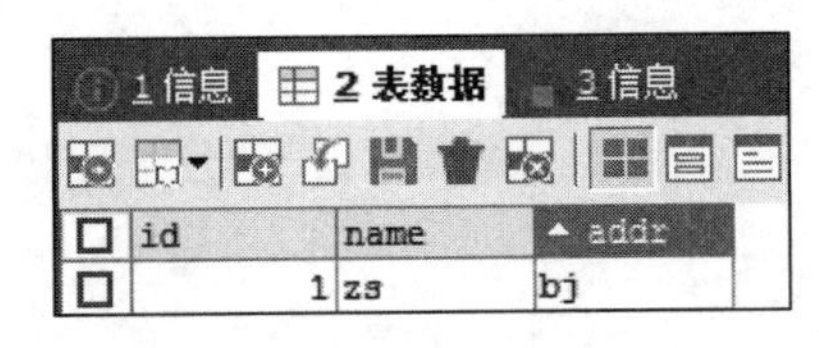

图 12.17　表 test1

图 12.17 证明表中数据已被成功还原,这就是利用 SQLyog 还原数据的方式。

12.2　权限与账户管理

MySQL 是一个多用户数据库,它具有功能强大的访问控制系统,为了保证数据的安全性,管理员可以为每个用户设置不同的权限以满足不同用户的需求。本节将详细讲解 MySQL 的权限管理。

12.2.1　MySQL 的权限

权限表由 mysql_install_db 脚本初始化,是用于存放权限信息的表,包括 user 表、db 表、host 表、tables_priv 表、column_priv 表和 procs_priv 表。通过权限表可以控制用户对数据库的访问,其中 user 表是 MySQL 中最重要的一个权限表,它记录允许连接到服务器的账号信息,里面的权限是全局性的。MySQL 的相关权限在 user 表中都有对应的列,这些权限有不同的权限范围,具体如表 12.2 所示。

表 12.2　MySQL 的权限与 user 表

user 表中的权限列	权 限 名 称	权 限 范 围
Create_priv	CREATE	数据库、表、索引
Drop_priv	DROP	数据库、表、视图
Grant_priv	GRANT OPTION	数据库、表、存储过程
References_priv	REFERENCES	数据库、表
Event_priv	EVENT	数据库
Alter_priv	ALTER	数据库
Delete_priv	DELETE	表
Insert_priv	INSERT	表
Index_priv	INDEX	表
Select_priv	SELECT	表、列
Update_priv	UPDATE	表、列
Create_temp_table_priv	CREATE TEMPORARY TABLES	表
Lock_tables_priv	LOCK TABLES	表
Trigger_priv	TRIGGER	表
Create_view_priv	CREATE VIEW	视图
Show_view_priv	SHOW VIEW	视图
Alter_routine_priv	ALTER ROUTINE	存储过程、函数
Create_routine_priv	CREATE ROUTINE	存储过程、函数
Execute_priv	EXECUTE	存储过程、函数
File_priv	FILE	范围服务器上的文件
Create_tablespace_priv	CREATE TABLESPACE	服务器管理
Create_user_priv	CREATE USER	服务器管理
Process_priv	PROCESS	存储过程、函数
Reload_priv	RELOAD	访问服务器上的文件
Repl_client_priv	REPLICATION CLIENT	服务器管理
Repl_slave_priv	REPLICATION SLAVE	服务器管理
Show_db_priv	SHOW DATABASES	服务器管理
Shutdown_priv	SHUTDOWN	服务器管理
Super_priv	SUPER	服务器管理

表 12.2 列出了 MySQL 的权限及权限的范围，读者对表中权限了解即可，不需要刻意记忆。

12.2.2　MySQL 默认的库

读者可以回看本书的 1.3.1 节，MySQL 安装完成后会自动创建默认的数据库，这些自动创建的数据库包含 MySQL 一些基本数据和配置信息。首先，查看本书讲解数据库时所用的数据库版本，具体如下所示。

```
mysql > select version();
+---------+
| version() |
+---------+
| 8.0.25    |
+---------+
1 row in set (0.00 sec)
```

在 MySQL 安装完成后,查看默认的数据库,具体如下所示。

```
mysql > show databases;
+------------------+
| Database         |
+------------------+
| information_schema |
| mysql            |
| performance_schema |
| sys              |
+------------------+
4 rows in set (0.28 sec)

mysql >
```

MySQL 8.0 默认创建的数据库包括 information_schema、mysql、performance_schema 和 sys,这些数据库的意义如下。

1. information_schema

information_schema 数据库中保存着关于 MySQL 服务器维护的所有其他数据库的信息,这些信息被统称为元数据。需要注意的是,在 information_schema 中存在一些只读表,这些表实际上只是视图而不是基本表,因此这些表中将无法看到与之相关的任何文件。

information_schema 数据库也被称为"系统目录"和"数据字典",每个用户都有权访问这些表,但只能看到表中与用户具有访问权限相应的行,其他信息则会显示为 NULL。information_schema 库中主要包含的表和属性说明具体如表 12.3 所示。

表 12.3 information_schema 库中的主要表

表 名 称	说 明
SCHEMATA	提供当前 MySQL 实例中所有数据库的信息,主要包括架构名称、系统默认的字符集、默认的排序规则等
TABLES	提供关于数据库中表的信息(包括视图),详细表述了某个表的所属模式、类型、引擎、创建时间等信息,命令 SHOW TABLES FROM SCHEMANAME 的结果取自此表
COLUMNS	提供表中的列信息,详细表述了某张表的所有列及每个列的信息,SHOW COLUMNS FROM SCHEMANAME. TABLENAME 命令的结果取自此表
STATISTICS	提供关于表索引的信息,SHOW INDEX FROM SCHEMANAME. TABLENAME 的结果取自此表
USER_PRIVILEGES	用户权限表,提供关于全程权限的信息,信息源来自 mysql. user 授权表,为非标准表
SCHEMA_PRIVILEGES	提供有关架构(数据库)权限的信息,信息源来自 mysql. db 授权表,为非标准表
TABLE_PRIVILEGES	提供关于表权限的信息,信息源来自 mysql. tables_priv 授权表,为非标准表
COLUMN_PRIVILEGES	列权限表,提供关于列权限的信息,信息源来自 mysql. columns_priv 授权表,为非标准表

续表

表 名 称	说 明
CHARACTER_SETS	字符集表，提供 MySQL 实例中可用的字符集信息，show character set 结果集取自此表
COLLATIONS	提供有关字符集的排序规则的信息
COLLATION_CHARACTER_SET_APPLICABILITY	指明什么字符集适用于什么排序规则
TABLE_CONSTRAINTS	描述哪些表具有约束
KEY_COLUMN_USAGE	描述哪些键列具有约束
ROUTINES	提供关于存储子程序（存储程序和函数）的信息，此表不包含自定义函数（UDF）
VIEWS	提供关于数据库中的视图的信息，需要有 SHOW VIEWS 权限，否则无法查看视图信息
TRIGGERS	提供关于触发程序的信息，需要有超级权限才能查看该表

关于 information_schema 库的更多信息，读者可以参考更加详细的官方文档。

2. mysql

mysql 库是系统的核心数据库，主要负责存储数据库的用户、权限设置、关键字等 MySQL 需要使用的控制和管理信息。另外，此表不可以删除，如果对 MySQL 不是很了解，也不建议修改这个数据库里面表的信息。使用相关 SQL 语句可以查看 mysql 库中的表，具体如下所示。

```
mysql> use mysql;
Reading table information for completion of table and column names
You can turn off this feature to get a quicker startup with -A

Database changed
mysql> show tables;
+---------------------------+
| Tables_in_mysql           |
+---------------------------+
| columns_priv              |
| db                        |
| engine_cost               |
| event                     |
| func                      |
| general_log               |
| gtid_executed             |
| help_category             |
| help_keyword              |
| help_relation             |
| help_topic                |
| innodb_index_stats        |
| innodb_table_stats        |
| ndb_binlog_index          |
| plugin                    |
| proc                      |
| procs_priv                |
| proxies_priv              |
```

```
| server_cost                |
| servers                    |
| slave_master_info          |
| slave_relay_log_info       |
| slave_worker_info          |
| slow_log                   |
| tables_priv                |
| time_zone                  |
| time_zone_leap_second      |
| time_zone_name             |
| time_zone_transition       |
| time_zone_transition_type  |
| user                       |
+----------------------------+
31 rows in set (0.00 sec)
```

在默认的 mysql 数据表中关于系统访问权限和授权信息的表如下。

- user：包含用户账户、全局权限和其他非权限列表(安全配置选项和资源控制选项列)。
- db：数据库级别的权限表。
- tables_priv：表级别的权限表。
- columns_priv：列级别的权限表。
- procs_priv：存储过程和函数权限表。
- proxies_priv：代理用户权限表。

3. performance_schema

performance_schema 是 MySQL 5.5 版本中加入的一个优化引擎，用于在运行时检查服务器内部执行的信息，在 MySQL 8.0 版本中默认为开启状态(5.5 版本默认为关闭状态)。如果要开启该引擎，需要在 MySQL 配置文件 my.ini 中设置静态参数 performance_schema 才可以启动该功能，具体如下所示。

```
[mysqld]
performance_schema = ON
```

用户也可以通过相关命令查看 performance_schema 引擎是否已开启，具体的 SQL 语句如下所示。

```
mysql > show variables like 'performance_schema';
+--------------------+-------+
| Variable_name      | Value |
+--------------------+-------+
| performance_schema | ON    |
+--------------------+-------+
1 row in set (0.10 sec)
```

需要注意的是，因为 performance_schema 库中表的存储引擎均为 PERFORMANCE_SCHEMA，所以用户不能创建存储引擎为 PERFORMANCE_SCHEMA 的表。

MySQL 服务器维护着许多指示其配置方式的系统变量，这些性能模式表中提供了系统变量信息。performance_schema 库中的表可以分为以下几类。

（1）设置表：主要用于配置和显示监视特征。

（2）当前事件表：这类表包含每个线程的最新事件，按层次不同，事件类型可分为阶段事件（events_stages_current）、语句事件（events_statements_current）和事务事件（events_transactions_current）。

（3）历史记录表：与当前事件表具有相同的结构，但包含更多行。如果需要更改历史记录表的大小，可以在服务器启动时设置适当的系统变量。例如，如果需要设置等待事件历史记录表的大小，可以设置 performance_schema_events_waits_history_size 和 performance_schema_events_waits_history_long_size。

（4）汇总表：主要包含按事件组聚合的信息，包括已从历史记录表中丢弃的事件。

（5）实例表：记录要检测的对象类型，当服务器使用检测对象时会产生一个事件，这类表提供了事件名称和说明性注释或状态信息。

（6）杂项表：不属于任何其他表组。

需要注意的是，performance_schema 库主要收集系统性能的数据，而 information_schema 库主要存储系统方面的元数据，对两者要加以区分。

4. sys

sys 库所有的数据来源于 performance_schema，主要是为了将 performance_schema 的复杂度降低，让数据库管理员（DBA，DatabaseAdministrator）和开发人员能更好地阅读库中的内容，借此了解库的运行情况并进行性能调优和诊断。

12.2.3 用户管理

1. 创建用户

在实际的应用环境中，为了避免用户恶意冒名使用 root 账户控制数据库，通常会创建一系列具备适当权限的普通账户，从而尽可能地不用或少用 root 账户登录系统，以此来确保数据的安全访问。下面首先介绍 MySQL 中创建普通用户的方法。

MySQL 中使用 CREATE USER 命令可以创建一个或者多个 MySQL 账户，并设置相应的登录密码，其语法格式如下所示。

```
CREATE USER 'username'@'hostname' [IDENTIFIED BY [PASSWORD] 'password']
```

其中，CREATE USER 表示创建新的 MySQL 用户；username 表示用户名；hostname 表示主机名，可以是 IP、IP 段、域名和%，%表示任何地方，有的版本%不包括本地，此时需要再创建一个 localhost 用户；IDENTIFIED BY 子句为自选句，用于为账户设定密码；password 表示密码。

此处需要注意，创建用户时应该拥有 MySQL 数据库的全局 CREATE USER 权限或 INSERT 权限，创建成功的用户会在 mysql.user 表中创建一条新记录。

下面通过具体示例演示如何创建用户，如例 12-2 所示。

【例 12-2】 创建用户 Mike，用户登录密码为 admin123。

```
mysql > CREATE USER 'Mike'@'localhost' IDENTIFIED BY 'admin123';
Query OK, 0 rows affected (0.03 sec)
```

由上述结果可知,用户创建完成。需要注意的是,如果不显示创建的用户,可以使用强制刷新命令来刷新数据库和数据表,具体如下所示。

```
flush privileges;
```

为了进一步验证,查看用户 Mike,具体如下所示。

```
mysql> select * from mysql.user where user = 'Mike'\G
*************************** 1. row ***************************
                  Host: localhost
                  User: Mike
           Select_priv: N
           Insert_priv: N
           Update_priv: N
           Delete_priv: N
           Create_priv: N
             Drop_priv: N
           Reload_priv: N
         Shutdown_priv: N
          Process_priv: N
             File_priv: N
            Grant_priv: N
       References_priv: N
            Index_priv: N
            Alter_priv: N
          Show_db_priv: N
            Super_priv: N
 Create_tmp_table_priv: N
      Lock_tables_priv: N
          Execute_priv: N
       Repl_slave_priv: N
      Repl_client_priv: N
      Create_view_priv: N
        Show_view_priv: N
   Create_routine_priv: N
    Alter_routine_priv: N
      Create_user_priv: N
            Event_priv: N
          Trigger_priv: N
Create_tablespace_priv: N
              ssl_type:
            ssl_cipher: NULL
           x509_issuer: NULL
          x509_subject: NULL
         max_questions: 0
           max_updates: 0
       max_connections: 0
  max_user_connections: 0
                plugin: caching_sha2_password
 authentication_string: $A$085$"↓.STW>fh;}=OrnJ~KBx8venBU7p4521Hz.U/rGog9ZkNc4UR?qySRBOBhwJD
      password_expired: N
 password_last_changed: 2021-08-18 17:34:01
```

```
    password_lifetime: NULL
       account_locked: N
     Create_role_priv: N
Drop_role_priv: N
Password_reuse_history: NULL
Password_reuse_time: NULL
Password_require_current: NUll
  User_attributes: NULL
1 row in set (0.00 sec)
```

由上述结果可知，用户 Mike 创建成功。用户创建完成后，可以查看 mysql. user 表来获取用户的基本信息。

```
mysql > select user,host from mysql.user;
+----------------+-------------+
| user           | host        |
+----------------+-------------+
| Mike           | localhost   |
| tom            | 192.168.2.% |
| mysql.infoschema | localhost |
| mysql.session  | localhost   |
| mysql.sys      | localhost   |
| root           | localhost   |
+----------------+-------------+
5 rows in set (0.01 sec)
```

2. 修改密码

账户密码作为登录数据库的关键参数，其安全性是非常重要的。在实际的应用环境中，会经常不定期地修改密码，以此来降低黑客或其他无权限人员入侵的风险。Root 作为数据库系统的最高权限账户，其账户信息的安全性是非常重要的。登录 Root 账户可以使用 ALTER 语句修改指定用户的登录密码，其语法格式如下。

```
ALTER USER 'username'@'hostname' [IDENTIFIED BY [PASSWORD] 'password']
```

将例 12-1 中 Mike 的登录密码修改为 Mike123，具体如下所示。

```
mysql > ALTER USER 'Mike'@'localhost' IDENTIFIED BY 'Mike123';
Query OK, 0 rows affected (0.03 sec)
```

由上述结果可知，密码修改成功。

3. 删除用户

在 MySQL 中可以使用 DROP USER 语句删除用户，也可以直接使用 DELETE 语句删除 mysql. user 表中对应的用户信息，从而达到删除用户的目的。删除用户的具体语法如下。

```
//使用 DROP USER 语句删除用户的语句格式
DROP USER 'username'@'hostname';

//使用 DELETE 语句删除用户的语句格式
DELETE FROM mysql.user WHERE host = 'hostname'and user = 'username'
```

需要注意的是,如果用户已经登录数据库服务器,删除用户的操作并不会阻止此用户当前的操作,命令需要在用户对话被关闭后才生效。

下面通过具体示例演示如何删除用户,如例 12-3 所示。

【例 12-3】 创建新用户 user1,密码为 admin1;创建新用户 user2,密码为 admin2。

```
mysql > CREATE USER 'user1'@'localhost' IDENTIFIED BY 'admin1';
Query OK, 0 rows affected (0.02 sec)

mysql > CREATE USER 'user2'@'localhost' IDENTIFIED BY 'admin2';
Query OK, 0 rows affected (0.03 sec)
```

由上述结果可知,用户 user1 和 user2 已经创建完成。为了进一步验证,使用 SELECT 语句查看 user 表,具体如下所示。

```
mysql > select user,host from mysql.user;
+-----------------+-------------+
| user            | host        |
+-----------------+-------------+
| Mike            | localhost   |
| tom             | 192.168.2.% |
| mysql.infoschema| localhost   |
| mysql.session   | localhost   |
| mysql.sys       | localhost   |
| root            | localhost   |
| user1           | localhost   |
| user2           | localhost   |
+-----------------+-------------+
8 rows in set (0.01 sec)
```

由上述结果可知,已经存在用户 user1 和 user2。使用 DROP USER 语句删除用户 user1,使用 DELETE 语句删除用户 user2,具体如下所示。

```
//使用 DROP USER 语句删除用户 user1
mysql > DROP USER 'user1'@'localhost';
Query OK, 0 rows affected (0.03 sec)

//使用 DELETE 语句删除用户 user2
mysql > DELETE FROM mysql.user WHERE host = 'localhost'and user = 'user2'
Query OK, 0 rows affected (0.00 sec)
```

由上述结果可知,已经删除了用户 user1 和 user2。为了进一步验证,使用 SELECT 语句查看 user 表,具体如下所示。

```
mysql > select user,host from mysql.user;
+-----------------+-------------+
| user            | host        |
+-----------------+-------------+
| Mike            | localhost   |
| tom             | 192.168.2.% |
| mysql.infoschema| localhost   |
```

```
| mysql.session     | localhost    |
| mysql.sys         | localhost    |
| root              | localhost    |
+-----------------+--------------+
6 rows in set (0.01 sec)
```

由上述结果可知,user 表中不存在用户 user1 和 user2,说明删除成功。

12.2.4 授予权限

前面讲解了 MySQL 的权限类型,下面讲解如何授予权限。MySQL 中提供了 GRANT 语句来为用户授予权限,其语法格式如下。

```
GRANT privileges[(columns)][,privileges[(columns)]]
 ON database.table
 TO 'username'@'hostname'
[IDENTIFIED BY [PASSWORD] 'password']
[,'username'@'hostname'[IDENTIFIED BY [PASSWORD] 'password']]…
[WITH GRANT OPTION]
```

其中,关键字和参数解释如下。

(1) privileges: 表示权限类型,例如 select、update、insert、delete、drop、create 等操作。all privileges 表示所有权限。

(2) columns: 表示权限作用于哪一列。该参数可以省略,此时权限作用于整个表。

(3) username: 表示用户名。

(4) hostname: 表示主机名。

(5) IDENTIFIED BY: 用于指定用户的登录密码。需要注意的是,为已经存在的用户授权时,需要忽略此句。

(6) PASSWORD: 用户设置密码的关键字,可省略。

(7) password: 表示用户的新密码。

(8) WITH GRANT OPTION: 表示该用户可给其他用户赋予权限,但不能超过该用户已有的权限。需要注意的是,在创建用户的时候不指定 WITH GRANT OPTION 选项会导致此后该用户不能使用 GRANT 命令创建用户或给其他用户授权。

下面通过具体示例演示如何授予权限,如例 12-4 所示。

【例 12-4】 创建新用户 user123,密码为 admin123,使用 GRANT 语句用户授予所有数据库的 INSERT 和 SELECT 权限。

```
mysql > CREATE USER 'user123'@'hostname' IDENTIFIED BY 'admin123';
Query OK, 0 rows affected (0.03 sec)

mysql > GRANT INSERT,SELECT ON *.* TO 'user123'@'localhost';
Query OK, 0 rows affected (0.13 sec)
```

由上述结果可知,新用户创建成功。授权语句中,第 1 个 * 表示通配数据库,可指定新建用户只可操作的数据库;第 2 个 * 表示通配表,可指定新建用户只可操作的数据库下的某个表;localhost 表示本地才可连接。

为了进一步验证,查看用户 user123 的权限,具体如下所示。

```
mysql > SELECT Host,User,Insert_priv,Select_priv FROM
mysql.user WHERE user = 'user123'\G
**************************** 1. row ****************************
     Host: localhost
     User: user123
Insert_priv: Y
Select_priv: Y
1 row in set (0.02 sec)
```

由上述结果可知,用户 user123 的 Host 为 localhost,权限为 INSERT 和 SELECT,说明已成功创建用户并授予权限。

12.2.5 查看权限

授予权限完成后,可以通过 SELECT 语句指定用户信息来查看用户权限,这种方式比较烦琐。为了方便用户查询权限信息,MySQL 提供了 SHOW GRANTS 语句,其语法格式如下。

```
SHOW GRANTS FOR 'username'@'hostname';
```

其中,只需要指定用户名和主机名即可。

下面通过具体示例演示 SHOW GRANTS 语句的用法,如例 12-5 所示。

【例 12-5】 使用 SHOW GRANTS 语句查看用户 user123 的用户权限,具体如下所示。

```
mysql > SHOW GRANTS FOR 'user123'@'localhost'\G
**************************** 1. row ****************************
Grants for user123@localhost: GRANT SELECT, INSERT ON *.* TO
'user123'@'localhost' IDENTIFIED BY PASSWORD
'*01A6717B58FF5C7EAFFF6CB7C96F7428EA65FE4C'
1 row in set (0.00 sec)
```

由上述结果可知,用户 user123 有 INSERT 和 SELECT 权限,这种方式比较方便快捷。

12.2.6 收回权限

数据库管理员在管理用户时,有时出于安全性考虑,可能收回一些已授予的权限。MySQL 提供了 REVOKE 语句用于收回权限,其语法格式如下。

```
REVOKE privileges [columns][,privileges[(columns)]] ON
database.table From 'username'@'hostname'
[,'username'@'hostname']…
```

其中,privileges 参数表示要收回的权限; columns 表示权限作用于哪列,如果不指定该参数,表示作用于整个表。

下面通过具体示例演示 REVOKE 语句的使用,如例 12-6 所示。

【例 12-6】 使用 REVOKE 语句收回用户 user123 的 INSERT 权限,具体如下所示。

```
mysql > REVOKE INSERT ON * . * FROM 'user123'@'localhost';
Query OK, 0 rows affected (0.03 sec)
```

由上述结果可知，权限收回成功。为了进一步验证，使用 SELECT 语句查看 user123 用户的权限，具体如下所示。

```
mysql > SELECT Host, User, Insert_priv FROM mysql.user
WHERE user = 'user123'\G
*************************** 1. row ***************************
      Host: localhost
      User: user123
Insert_priv: N
1 row in set (0.00 sec)
```

由上述结果可知，用户 user123 的 Insert_priv 已经修改为 N，说明 INSERT 权限已被收回。

12.3 MySQL 分区

MySQL 从 5.1 版本开始支持分区功能。分区是一种物理数据库设计技术，其主要目的是在特定的 SQL 操作中，通过减少数据读写的总量来缩减 SQL 语句的响应时间。同时对于应用来说，分区是完全透明的。接下来详细讲解 MySQL 分区的相关知识。

12.3.1 分区概述

MySQL 数据库中的数据以文件的形式存在磁盘上，默认放在/mysql/data 目录下。如果一张表的数据量过大，查询数据就会变得很慢，这时可以利用 MySQL 的分区功能，在物理上将一张表对应的文件分割成许多小块，这样在查询一条记录时就不需要全表查找了，只需要知道这条记录在哪一块，然后在具体数据块中查询即可。如果表中数据量过大，可能一个磁盘存放不下，这时可以把数据分配到不同的磁盘中去。

MySQL 分区分为横向分区和纵向分区两种方式，下面举例说明横向分区和纵向分区的含义。

(1) 横向分区：例如，一张表有 100 万条数据，可以分成 10 份，第一份的 10 万条数据放到第一个分区，第二份的 10 万条数据放到第二个分区，以此类推。横向分区把表分成了 10 份，与水平分表类似。取出一条数据时，这条数据包含了表结构中的所有字段，即横向分区并没有改变表的结构。

(2) 纵向分区：例如，在设计用户表的时候，起初没有考虑周全，把个人的所有信息都放到了一张表中，这样表中就会有比较大的字段，如个人简介，而这些简介可能不需要经常用到，应该在需要时再去查询。这时可以利用纵向分区将大字段对应的数据进行分块存放，从而提高磁盘 I/O 效率，与垂直分表类似。

从 MySQL 横向分区和纵向分区的原理来看，与 MySQL 水平分表和垂直分表类似，但它们是有区别的。分表注重的是存取数据时如何提高 MySQL 的并发能力，而分区注重的是如何突破磁盘的 I/O 能力，从而达到提高 MySQL 性能的目的。分表会把一张数据表真正地拆分为多个表,而分区是把表的数据文件和索引文件进行分割,达到分而治之的效果。MySQL 8.0 版本不支持纵向分区,在纵向分区中,表的不同列被分配给不同的物理分区。

MySQL 分区的优点非常多,以下只强调最重要的两点。

(1) 性能的提升:在扫描操作中,如果 MySQL 的优化器能确定哪个分区中才包含特定查询中需要的数据,就能直接去扫描具体分区的数据,而不用浪费很多时间扫描不相关的数据。

(2) 对数据管理的简化:MySQL 分区技术可以提升 DBA 对数据的管理能力,通过分区,DBA 可以简化特定数据操作的执行方式。另外,分区是由 MySQL 直接管理的,DBA 不需要手动划分和维护。

12.3.2 分区类型详解

MySQL 8.0 版本对于分区表功能进行了较大的修改,在 MySQL 8.0 以下的版本中,分区表在 Server 层实现,支持多种存储引擎;从 MySQL 8.0 版本开始,分区表功能移到引擎层实现。在 MySQL 8.0 版本中,唯一支持分区的存储引擎是 InnoDB 和 NDB,而 MyISAM、MERGE、CSV 和 FEDERATED 存储引擎不支持分区。

在 MySQL 5.7 以下的版本中查看数据库是否支持分区,具体如下所示。

```
mysql > SHOW VARIABLES LIKE '%part%';
+-------------------+-------+
| Variable_name     | Value |
+-------------------+-------+
| have_partitioning | YES   |
+-------------------+-------+
1 row in set (0.04 sec)
```

从以上执行结果可以看出,have_partitioning 的值为 YES,说明当前 MySQL 数据库支持分区,并且默认是开启的状态。需要注意的是,MySQL 8.0 版本不再支持 partition 和 skip-partition 参数。

MySQL 提供的分区属于横向分区,通过运用不同算法和规则,将数据分配到不同的区块。MySQL 分区中常用的类型有 RANGE 分区、LIST 分区、HASH 分区和 KEY 分区,下面将详细讲解这些分区类型的使用。另外,在语句中使用任何分区选项之前可以指明存储引擎,MySQL 8.0 版本默认的存储引擎为 InnoDB。

1. RANGE 分区

按照 RANGE 分区的表是利用取值范围将数据分区,区间需要连续并且不能互相重叠,MySQL 中使用 VALUES LESS THAN 操作符进行分区定义。

下面通过具体示例演示 RANGE 分区的使用,如例 12-7 所示。

【例 12-7】 创建员工表 emp,按照员工工资进行 RANGE 分区,范围为 1000 元以下、1000~1999 元和 1999 元以上,表结构如表 12.4 所示。

表 12.4 emp 表

字　段	字段类型	说　明
id	int	员工编号
name	varchar(30)	员工姓名

续表

字　段	字段类型	说　明
deptno	int	部门编号
birthdate	date	员工生日
salary	int	员工工资

创建 emp 表并分区，具体如下所示。

```
mysql > CREATE TABLE emp(
    ->     id INT NOT NULL,
    ->     name VARCHAR(30),
    ->     deptno INT,
    ->     birthdate DATE,
    ->     salary INT
    -> )
    -> ENGINE = INNODB
    -> PARTITION BY RANGE(salary)(
    ->     PARTITION p1 VALUES LESS THAN(1000),
    ->     PARTITION p2 VALUES LESS THAN(2000),
    ->     PARTITION p3 VALUES LESS THAN maxvalue
    -> );
Query OK, 0 rows affected (0.18 sec)
```

由上述结果可知，表 emp 创建完成，使用 PARTITION BY RANGE 按照员工工资进行了 RANGE 分区；使用 PARTITION 将表中数据分为了三个分区 p1、p2 和 p3；使用 VALUES LESS THAN 操作符进行了分区范围的规定，分别为 1000 元以下、1000～1999 元和 1999 元以上，其中 maxvalue 表示 1999 元以上的范围。

接着创建员工表 emp2，按照员工生日进行 RANGE 分区，范围为 1980 年以前、1980～1989 年和 1989 年以后，具体如下所示。

```
mysql > CREATE TABLE emp2(
    ->     id INT NOT NULL,
    ->     name VARCHAR(30),
    ->     deptno INT,
    ->     birthdate DATE,
    ->     salary INT
    -> )
    -> ENGINE = INNODB
    -> PARTITION BY RANGE(YEAR(birthdate))(
    ->     PARTITION p1 VALUES LESS THAN(1980),
    ->     PARTITION p2 VALUES LESS THAN(1990),
    ->     PARTITION p3 VALUES LESS THAN maxvalue
    -> );
Query OK, 0 rows affected (0.2 5 sec)
```

由上述结果可知，表 emp2 创建完成，使用 PARTION BY RANGE 按照员工生日进行了 RANGE 分区，此处需要注意，表达式 YEAR(birthdate)必须有返回值；使用 PARTITION 将表中数据分为了三个分区 p1、p2 和 p3；使用 VALUES LESS THAN 操作符进行了分区范围的规定，分别为 1980 年以前、1980～1989 年和 1989 年以后，其中

maxvalue 表示 1989 年以后的范围。

MySQL 5.1 版本支持整数列分区，若想在日期或字符串类型的列上进行分区，就要使用函数进行转换，否则无法利用 RANGE 分区来提高性能。MySQL 5.5 以上的版本改进了 RANGE 分区功能，提供了支持非整数分区的 RANGE COLUMNS 分区，这样创建日期分区就不需要通过函数进行转换。RANGE COLUMNS 分区和 RANGE 分区是非常类似的，但是两者也有很多不同。例如，RANGE COLUMNS 不可以使用表达式，只能使用列名；RANGE COLUMNS 接受一个或多个字段的列表；RANGE COLUMNS 分区列是不限制于数字列的，而且字符串、DATE 和 DATETIME 列也可以在分区列使用。

下面通过具体示例演示 RANGE COLUMNS 分区的使用，如例 12-8 所示。

【例 12-8】 创建员工表 emp3，按照员工生日进行 RANGE COLUMNS 分区，范围分别为 1980 年 1 月 1 日以前、1980 年 1 月 1 日至 1989 年 12 月 31 日和 1989 年 12 月 31 日以后。

```
mysql > CREATE TABLE emp3(
    ->      id INT NOT NULL,
    ->      name VARCHAR(30),
    ->      deptno INT,
    ->      birthdate DATE,
    ->      salary INT
    -> )
    -> PARTITION BY RANGE COLUMNS(birthdate)(
    ->      PARTITION p1 VALUES LESS THAN('1980 - 01 - 01'),
    ->      PARTITION p2 VALUES LESS THAN('1990 - 01 - 01'),
    ->      PARTITION p3 VALUES LESS THAN maxvalue
    -> );
Query OK, 0 rows affected (0.17 sec)
```

由上述结果可知，创建表 emp3 并且分区成功。SQL 中使用 PARTITION BY RANGE COLUMNS 语句，按照 birthdate 进行分区。此处 birthdate 为日期类型，没有通过函数进行转换，原因是 RANGE COLUMNS 分区支持非整数分区。

当需要删除过期数据时，只需要删除一个具体的分区即可。对于数据量大的表来说，删除分区比逐条删除数据的效率要高得多。删除分区的语法格式如下。

```
ALTER TABLE 表名 DROP PARTITION 分区名;
```

下面通过具体示例演示删除分区的实现，如例 12-9 所示。

【例 12-9】 删除表 emp3 中的分区 p1。

```
mysql > ALTER TABLE emp3 DROP PARTITION p1;
Query OK, 0 rows affected (0.53 sec)
Records: 0 Duplicates: 0 Warnings: 0
```

由上述结果可知，SQL 语句执行成功，分区 p1 被删除，但 0 行数据受影响，因为此时表 emp3 中没有数据。

2. LIST 分区

LIST 分区与 RANGE 分区类似，LIST 分区是基于列值匹配一个离散值集合中的某个值来进行选择，RANGE 分区是从属于一个连续区间值的集合。MySQL 中使用 PARTITION BY LIST(expr)子句实现 LIST 分区，expr 是某列值或基于某列值返回一个整数值的表达式。然后通过 VALUES IN(value_list)的方式来定义分区，其中 value_list 是一个以逗号分隔的整数列表。与 RANGE 分区不同的是，LIST 分区不必声明任何特定的顺序。

下面通过具体示例演示 LIST 分区的使用，如例 12-10 所示。

【例 12-10】 创建员工表 emp4，按照部门编号进行 LIST 分区，范围为 10 号部门、20 号部门和 30 号部门。

```
mysql > CREATE TABLE emp4(
    ->     id INT NOT NULL,
    ->     name VARCHAR(30),
    ->     deptno INT,
    ->     birthdate DATE,
    ->     salary INT
    -> )
    -> PARTITION BY LIST(deptno)(
    ->     PARTITION p1 VALUES IN(10),
    ->     PARTITION p2 VALUES IN(20),
    ->     PARTITION p3 VALUES IN(30)
    -> );
Query OK, 0 rows affected (0.18 sec)
```

由上述结果可知，表 emp4 创建完成，使用 PARTITION BY LIST 按照部门编号进行了 LIST 分区，使用 PARTITION 将表中数据分为了三个分区 p1、p2 和 p3，使用 VALUES IN 操作符指定了分区范围为 10 号部门、20 号部门和 30 号部门。

MySQL 5.5 以上的版本改进了 LIST 分区功能，提供了支持非整数分区的 LIST COLUMNS 分区，这样创建日期分区就不需要通过函数进行转换。

下面通过具体示例演示 LIST COLUMNS 分区的使用，如例 12-11 所示。

【例 12-11】 创建员工表 emp5，按照部门编号进行 LIST 分区，范围分别为 5 号部门、15 号部门和 25 号部门，其中部门编号 deptno 为 VARCHAR(10)类型。

```
mysql > CREATE TABLE emp5(
    ->     id INT NOT NULL,
    ->     name VARCHAR(30),
    ->     deptno VARCHAR(10),
    ->     birthdate DATE,
    ->     salary INT
    -> )
    -> PARTITION BY LIST COLUMNS(deptno)(
    ->     PARTITION p1 VALUES IN('5'),
    ->     PARTITION p2 VALUES IN('15'),
    ->     PARTITION p3 VALUES IN('25')
    -> );
Query OK, 0 rows affected (0.14 sec)
```

由上述结果可知，表 emp5 创建成功并根据 deptno 对表中数据进行了分区，分区范围分别为 5 号部门、15 号部门和 25 号部门，其中部门编号 deptno 为 VARCHAR(10)类型。

此处使用了 LIST COLUMNS 进行分区,无须进行类型转换,直接使用即可。注意 VALUES IN 后的枚举值也必须是字符串类型,否则会报错误。

3. HASH 分区

HASH 分区主要用来确保数据在预先确定数目的分区中平均分布。在 RANGE 和 LIST 分区中,必须明确指定一个给定的列值或列值集合应该保存在哪个分区中;而在 HASH 分区中,MySQL 会自动完成这些工作,只需要基于将被哈希的列值指定一个列值或表达式,以及指定被分区的表将要被分割成的分区数量即可。

MySQL 支持两种 HASH 分区——常规 HASH 分区和线性 HASH 分区。常规 HASH 分区使用的是取模算法,线性 HASH 分区使用的是一个线性的 2 的幂运算法则。MySQL 中使用 PARTITION BY HASH(expr) PARTITIONS num 子句对分区类型、分区键和分区个数进行定义,其中 expr 是某列值或基于某列值返回一个整数值的表达式,num 是一个非负的整数,表示分割成分区的数量,默认为 1。

下面通过具体示例演示常规 HASH 分区的用法,如例 12-12 所示。

【例 12-12】 创建员工表 emp6,按照员工生日分成 4 个常规 HASH 分区。

```
mysql > CREATE TABLE emp6(
    ->     id INT NOT NULL,
    ->     name VARCHAR(30),
    ->     deptno VARCHAR(10),
    ->     birthdate DATE,
    ->     salary INT
    -> )
    -> PARTITION BY HASH(YEAR(birthdate))
    -> PARTITIONS 4;
Query OK, 0 rows affected (0.21 sec)
```

由上述结果可知,员工表 emp6 创建完成,使用 PARTITION BY HASH 进行了 HASH 分区,根据员工生日分为 4 个分区。其实对于表达式 expr,即上述 SQL 中的 YEAR(birthdate),可以计算出它会被保存在哪个分区中。假设将要保存记录的分区编号为 N,那么 N=MOD(expr,num)。例如,例 12-12 中 emp 表有 4 个分区,向表中插入数据,具体如下所示。

```
mysql > INSERT INTO emp6 VALUES(1,'zs','10','2017 - 12 - 01',1000);
Query OK, 1 row affected (0.10 sec)
```

由上述结果可知,数据插入成功。这条语句中 birthdate 为 2017-12-01,那么 YEAR(birthdate)为 2017,可以计算出保存该条记录的分区,具体如下所示。

```
MOD(2017,4) = 1
```

以上计算是取模运算,运算结果为 1,所以该条数据会保存到第一个分区中。

常规 HASH 将数据尽可能平均地分布到每个分区,让每个分区管理的数据减少,提高了查询效率。但这里还存在着一个隐藏的问题,可能会发生在需要增加分区或合并分区时。假设有 5 个常规 HASH 分区,新增一个常规 HASH 分区,那么原来的取模算法是 MOD(expr,5),根据余数 0~4 分布在 5 个分区中;增加分区后,取模算法变为了 MOD(expr,6),分区数量增加了，所以之前所有分区中的数据要重新计算分区。这样做的代价太大了，不适合于需求多变的实际应用。为了降低分区管理的代价，MySQL 提供了线性 HASH 分区，分区函数是一个线性的 2 的幂运算。

线性 HASH 分区和常规 HASH 分区的语法区别在于 PARTITION BY 子句，线性 HASH 需要加上 LINEAR 关键字。

下面通过具体示例演示线性 HASH 的使用，如例 12-13 所示。

【例 12-13】 创建员工表 emp7，按照员工工资分为 3 个线性 HASH 分区。

```
mysql > CREATE TABLE emp7(
    ->      id INT NOT NULL,
    ->      name VARCHAR(30),
    ->      deptno VARCHAR(10),
    ->      birthdate DATE,
    ->      salary INT
    -> )
    -> PARTITION BY LINEAR HASH(salary)
    -> PARTITIONS 3;
Query OK, 0 rows affected (0.26 sec)
```

由上述结果可知，表 emp7 创建完成并创建了 3 个分区，使用 PARTITION BY LINEAR HASH 创建了线性 HASH 分区，比前面的常规 HASH 分区更适合于需求多变的应用场景。

4. KEY 分区

KEY 分区类似于 HASH 分区，区别在于 KEY 分区不允许用户自定义表达式，需要使用 MySQL 服务器提供的 HASH 函数。另外，KEY 分区还支持使用除 BOLB 和 TEXT 类型外的其他类型的列作为分区键。使用 PARTITION BY KEY(expr)子句可以创建一个 KEY 分区，expr 是零个或多个字段名的列表。

下面通过具体示例演示 KEY 分区的用法，如例 12-14 所示。

【例 12-14】 创建员工表 emp8，其中员工编号为主键，按照员工编号进行 KEY 分区，分为 4 个分区。

```
mysql > CREATE TABLE emp8(
    ->      id INT PRIMARY KEY,
    ->      name VARCHAR(30),
    ->      deptno VARCHAR(10),
    ->      birthdate DATE,
    ->      salary INT
    -> )
    -> PARTITION BY KEY()
    -> PARTITIONS 4;
Query OK, 0 rows affected (0.19 sec)
```

由上述结果可知，表 emp8 创建完成并创建了 4 个分区。与 HASH 分区不同的是，创建 KEY 分区表时可以不指定分区键，默认会选择使用主键作为分区键。

12.4 本章小结

本章介绍了数据的备份与还原、权限与用户管理及 MySQL 分区。通过本章的学习,大家应重点掌握数据的备份与还原及用户管理,理解并学会应用用户的授予权限、查看权限和收回权限等操作,通过示例的操作进一步体会操作如何保证数据的安全。

12.5 习　　题

1. 填空题

(1) 在使用数据库时,为了减少数据丢失的损失,通常将数据________。

(2) 在 MySQL 数据库中,为了保证数据的安全性,管理员需要为每个用户赋予不同的________,以满足不同的用户需求。

(3) MySQL 从 5.1 版本开始支持________的功能,它是一种物理数据库设计技术。

(4) ________分区是基于列值匹配一个离散值集合中的某个值来进行选择的。

(5) MySQL 支持两种 HASH 分区,分别为常规 HASH 分区和________ HASH 分区。

2. 选择题

(1) MySQL 提供了(　　)命令来实现数据的备份。

A. mysqldump　　B. copy

C. drop　　D. alter

(2) MySQL 提供了(　　)语句来查看权限信息。

A. SHOW CREATE　　B. SHOW GRANTS

C. SHOW　　D. SELECT GRANTS

(3) MySQL 提供了(　　)语句来收回权限。

A. DELETE　　B. DROP

C. REVOKE　　D. ALTER

(4) (　　)的表是利用取值范围将数据分区,区间要连续并且不能互相重叠。

A. LIST 分区　　B. RANGE 分区

C. HASH 分区　　D. 子分区

(5) MySQL 中常规 HASH 分区使用的是(　　)。

A. 取模算法　　B. 轮询算法

C. 哈希算法　　D. 递归算法

3. 思考题

(1) 请简述如何实现数据备份。

(2) 请简述如何实现数据还原。

(3) 请简述如何授予权限。

12.6 实验：MySQL 高级操作的应用

1. 实验目的及要求

通过本次实验掌握数据的备份与还原、权限管理及 MySQL 分区的应用。

2. 实验要求

商品表结构如表 12.5 所示。

表 12.5　商品表

字　　段	字 段 类 型	说　　明
pid	int	商品编号
pname	varchar(30)	商品名
price	float	商品价格
shelf_time	date	上架时间
sort_id	varchar(10)	所属类别编号

商品表部分数据如表 12.6 所示。

表 12.6　商品表部分数据

pid	pname	price	shelf_time	sort_id
1	戴尔电脑	5000	2019.10.12	1001
2	格力空调	4000	2018.1.22	1003
3	戴森吹风机	1000	2019.11.20	1006
4	李宁运动鞋	500	2020.2.10	1004
5	百雀羚	368	2021.6.15	1002

部分 MySQL 版本不支持分区，读者只需要了解分区技术如何使用即可。创建商品表并分区，根据本章知识完成以下实验要求。

(1) 使用 GRANT 语句创建新用户，用户名为 userqf，密码为 adminqf，授予全部权限。

(2) 查看用户 userqf 的用户权限。

(3) 收回用户 userqf 的 INSERT 权限。

(4) 创建并使用数据库 mytest12。

(5) 创建 products1 表，按照商品价格进行 RANGE 分区，范围分别为 1000 元以下、1000～1999 元和 1999 元以上。

(6) 创建 products2 表，按照商品上架时间进行 RANGE COLUMNS 分区，范围分别为 2019 年 1 月 1 日以前、2019 年 1 月 1 日至 2019 年 12 月 31 日、2020 年 1 月 1 日至 2020 年 12 月 31 日和 2020 年 12 月 31 日以后。

(7) 删除 products2 表中的分区 p1。

(8) 创建 products3 表，按照商品所属类别编号进行 LIST COLUMNS 分区，范围分别为 1010、1020、1030。

(9) 创建 products4 表，按照商品价格分为 3 个线性 HASH 分区。

(10) 创建 products5 表，其中商品编号为主键，按照商品编号进行 KEY 分区，分为 4 个分区。

(11) 使用命令行的方式备份数据库 mytest12。

(12) 删除数据库 mytest12,再使用命令行的方式还原数据库 mytest12。

3. 实验步骤

(1) 使用 GRANT 语句创建新用户,用户名为 userqf,密码为 adminqf,授予全部权限。

```
mysql> grant all privileges on *.* to 'userqf'@'localhost'
    -> identified by 'adminqf';
Query OK, 0 rows affected
```

(2) 查看用户 userqf 的用户权限。

```
mysql> select * from mysql.user where user = 'userqf'\G
```

(3) 收回用户 userqf 的所有权限。

```
mysql> revoke all privileges on *.* from 'userqf'@'localhost';
Query OK, 0 rows affected
```

(4) 创建并使用数据库 mytest12。

```
mysql> create database mytest12;
Query OK, 1 row affected
#使用 mytest12
mysql> use mytest12;
Database changed
```

(5) 创建 products1 表,按照商品价格进行 RANGE 分区,范围分别为 1000 元以下、1000~1999 元和 1999 元以上。

```
mysql> create table products1(
    ->  pid int not null,
    ->  pname varchar(30),
    ->  price float,
    ->  shelf_time date,
    ->  sort_id varchar(10)
    -> )
    -> partition by range(price)(
    ->  partition p1 values less than(1000),
    ->  partition p2 values less than(2000),
    ->  partition p3 values less maxvalue
    -> );
```

(6) 创建 products2 表,按照商品上架时间进行 RANGE COLUMNS 分区,范围分别为 2019 年 1 月 1 日以前、2019 年 1 月 1 日至 2019 年 12 月 31 日、2020 年 1 月 1 日至 2020 年 12 月 31 日和 2020 年 12 月 31 日以后。

```
mysql> create table products2(
    ->  pid int not null,
    ->  pname varchar(30),
```

```
    -> price float,
    -> shelf_time date,
    -> sort_id varchar(10)
    -> )
    -> partition by range columns(shelf_time)(
    -> partition p1 values less than('2019-01-01'),
    -> partition p2 values less than('2020-01-01'),
    -> partition p3 values less than('2021-01-01'),
    -> partition p4 values less maxvalue
    -> );
```

(7) 删除 products2 表中的分区 p1。

```
mysql> alter table products2 drop partition p1;
Query OK, 0 rows affected (0.23 sec)
Records: 0 Duplicates: 0 Warnings: 0
```

(8) 创建 products3 表，按照商品所属类别编号进行 LIST COLUMNS 分区，范围分别为 1010、1020、1030。

```
mysql> create table products3(
    -> pid int not null,
    -> pname varchar(30),
    -> price float,
    -> shelf_time date,
    -> sort_id varchar(10)
    -> )
    -> partition by list columns(sort_id)(
    -> partition p1 values in('1010'),
    -> partition p2 values in('1020'),
    -> partition p3 values in('1030'),
    -> );
```

(9) 创建 products4 表，按照商品价格分为 3 个线性 HASH 分区。

```
mysql> create table products4(
    -> pid int not null,
    -> pname varchar(30),
    -> price float,
    -> shelf_time date,
    -> sort_id varchar(10)
    -> )
    -> partition by linear hash(price)
    -> partition 3;
```

(10) 创建 products5 表，其中商品编号为主键，按照商品编号进行 KEY 分区，分为 4 个分区。

```
mysql> create table products5(
    -> pid int primary key,
    -> pname varchar(30),
```

```
    -> price float,
    -> shelf_time date,
    -> sort_id varchar(10)
    -> )
    -> partition by key()
    -> partition 4;
```

(11) 使用命令行的方式备份数据库 mytest12。

```
C:\Users\Administrator > mysqldump - uroot - padmin mytest12 > D:mytest12_backups.sql
```

(12) 删除数据库 mytest12,再使用命令行的方式还原数据库 mytest12。

```
# 删除 mytest12 数据库,其中的表会被全部删除
mysql > drop database mytest12;
# 创建一个新的 mytest12 数据库
mysql > create database mytest12;
# 使用数据库
mysql > use mytest12;
# 还原数据库
mysql > source D:\mytest12_backups.sql
```

由于数据库的图形化备份和还原步骤较为简单,读者可自行练习。

第13章 综合案例

本章学习目标

- 综合练习前面章节所学知识。

通过前面章节的学习，大家已经掌握了 MySQL 的基本操作和高级应用。本章将通过一个案例对前面所学知识进行综合练习，提高大家在实际开发中应用 MySQL 数据库的能力。

13.1 数据准备

学校之间经常会举办一些演讲竞赛以丰富学生的生活，给不同学校的学生提供互相交流学习的机会。本章以此为例设计数据表，然后讲解综合案例。

首先创建 5 张数据表（学校表 school、教师表 teacher、学生表 student、学生备注信息表 stu_remarks 和竞赛表 contest）并插入数据用于后面的例题演示，其中学校表 school 的表结构如表 13.1 所示。

表 13.1 school 表

字 段	字段类型	说 明
sch_id	char(5)	学校编号
sch_name	varchar(30)	学校名称

表 13.1 中列出了学校表的字段、字段类型和说明，其中 sch_id 为主键，sch_name 不为 NULL。在创建表之前需要先创建数据库，数据库名称为 qfexample。

```
mysql > CREATE DATABASE qfexample;
Query OK, 1 row affected (0.00 sec)

mysql > USE qfexample;
Database changed

mysql > SET NAMES gbk;
Query OK, 0 rows affected (0.00 sec)

mysql > CREATE TABLE school(
    ->      sch_id CHAR(5) PRIMARY KEY,
    ->      sch_name VARCHAR(30) NOT NULL
    -> );
Query OK, 0 rows affected (0.08 sec)
```

学校表创建完成后，向表中插入数据，具体如下所示。

```
mysql> INSERT INTO school VALUES
    -> ('S0001','北京大学'),
    -> ('S0002','清华大学'),
    -> ('S0003','浙江大学'),
    -> ('S0004','复旦大学'),
    -> ('S0005','南京大学'),
    -> ('S0006','上海交通大学'),
    -> ('S0007','武汉大学'),
    -> ('S0008','中国人民大学'),
    -> ('S0009','吉林大学'),
    -> ('S0010','厦门大学');
Query OK, 10 rows affected (0.07 sec)
Records: 10 Duplicates: 0 Warnings: 0
```

接着创建教师表 teacher,表结构如表 13.2 所示。

表 13.2　teacher 表

字　段	字段类型	说　明
t_id	varchar(30)	教师编号
t_name	varchar(50)	教师姓名
t_sex	varchar(10)	教师性别
t_phone	varchar(30)	教师电话
t_date	date	教师入职日期
sch_id	char(5)	所属学校编号

表 13.2 中列出了教师表的字段、字段类型和说明,其中 t_id 为主键,sch_id 为外键(关联 school 表中的 sch_id 字段)。

```
mysql> CREATE TABLE teacher(
    ->   t_id VARCHAR(30) PRIMARY KEY,
    ->   t_name VARCHAR(50),
    ->   t_sex VARCHAR(10),
    ->   t_phone VARCHAR(30),
    ->   t_date DATE,
    ->   sch_id CHAR(5),
    ->   FOREIGN KEY (`sch_id`) REFERENCES `school` (`sch_id`)
    -> );
Query OK, 0 rows affected (0.08 sec)
```

教师表创建完成后,向表中插入数据,具体如下所示。

```
mysql> INSERT INTO teacher VALUES
    -> ('T100001','浩然','男','13816668888','2012-05-02','S0002'),
    -> ('T100002','智宇','男','13816661188','2014-07-22','S0006'),
    -> ('T100003','永昌','男','13816662288','2016-04-08','S0008'),
    -> ('T100004','映冬','男','13816663388','2011-11-09','S0001'),
    -> ('T100005','思萱','女','13816664488','2011-12-04','S0003'),
    -> ('T100006','香彤','女','13816665588','2012-07-11','S0004'),
    -> ('T100007','振宇','男','13816666688','2016-07-13','S0007'),
    -> ('T100008','元冬','男','13816667788','2014-08-14','S0010'),
    -> ('T100009','梦蕊','女','13816669988','2017-09-18','S0005'),
```

```
    -> ('T100010','罗文','男','13816668811','2013-02-20','S0006'),
    -> ('T100011','昌茂','男','13816668822','2014-01-22','S0007'),
    -> ('T100012','曦哲','男','13816668833','2015-03-21','S0008'),
    -> ('T100013','智晖','男','13816668844','2016-04-24','S0001'),
    -> ('T100014','谷芹','女','13816668855','2017-05-31','S0003'),
    -> ('T100015','元瑶','女','13816668866','2014-06-03','S0002'),
    -> ('T100016','觅云','女','13816668877','2013-07-06','S0004'),
    -> ('T100017','映雁','女','13816668899','2012-08-01','S0005'),
    -> ('T100018','根山','男','15816168888','2011-09-15','S0007'),
    -> ('T100019','辰阳','男','15816768888','2010-10-22','S0010'),
    -> ('T100020','运珧','女','13811168888','2017-10-17','S0002'),
    -> ('T100021','澄邈','男','13812268888','2016-11-19','S0003'),
    -> ('T100022','辰光','男','13813368888','2016-02-25','S0006'),
    -> ('T100023','新曦','女','13814468888','2015-01-27','S0008'),
    -> ('T100024','寻巧','女','13815568888','2015-03-07','S0001'),
    -> ('T100025','碧萱','女','13817768888','2013-04-08','S0003'),
    -> ('T100026','子昂','男','13818868888','2013-06-02','S0002'),
    -> ('T100027','泽光','男','13819968888','2014-08-01','S0010'),
    -> ('T100028','云天','男','13810068888','2014-02-17','S0008'),
    -> ('T100029','君昊','男','13816611888','2015-03-19','S0009'),
    -> ('T100030','怀寒','男','13816622888','2015-01-18','S0002'),
    -> ('T100031','涵蕾','女','13816633888','2016-01-21','S0003'),
    -> ('T100032','寄琴','女','13816644888','2016-11-25','S0005'),
    -> ('T100033','芷天','男','13816655888','2011-12-27','S0001'),
    -> ('T100034','巧蕊','女','13816666888','2011-10-28','S0004'),
    -> ('T100035','元柏','男','13816677888','2012-02-07','S0009'),
    -> ('T100036','运杰','男','13816688888','2012-03-02','S0005'),
    -> ('T100037','浩气','男','13816699888','2010-04-09','S0007'),
    -> ('T100038','振海','男','13816600888','2010-05-10','S0008'),
    -> ('T100039','昂雄','男','13116668888','2011-06-11','S0002'),
    -> ('T100040','昆纶','男','13226668888','2012-09-02','S0010'),
    -> ('T100041','星睿','男','13336668888','2013-01-09','S0007'),
    -> ('T100042','范明','男','13446668888','2014-02-08','S0002'),
    -> ('T100043','旭彬','男','13556668888','2015-03-01','S0003'),
    -> ('T100044','佑运','男','13666668888','2016-04-13','S0007'),
    -> ('T100045','昆皓','男','13776668888','2017-04-12','S0006'),
    -> ('T100046','昊硕','男','13886668888','2014-06-18','S0001'),
    -> ('T100047','以山','男','13996668888','2014-07-20','S0006'),
    -> ('T100048','飞莲','女','13006668888','2015-08-27','S0001'),
    -> ('T100049','青寒','女','15816760088','2013-08-26','S0008'),
    -> ('T100050','曼岚','女','15816660088','2017-02-09','S0009');
Query OK, 50 rows affected (0.06 sec)
Records: 50 Duplicates: 0 Warnings: 0
```

接着创建学生表 student，表结构如表 13.3 所示。

表 13.3 student 表

字　段	字段类型	说　明
stu_id	char(8)	学生编号
stu_name	varchar(30)	学生姓名
stu_sex	varchar(10)	学生性别
stu_card	varchar(50)	学生身份证号

续表

字　段	字段类型	说　明
stu_province	varchar(50)	学生所属省份
stu_create	timestamp	学生入学时间

表 13.3 中列出了学生表的字段、字段类型和说明,其中 stu_id 为主键,stu_name 不为 NULL,stu_create 默认值为系统当前时间。

```
mysql > CREATE TABLE student(
    ->      stu_id CHAR(8) PRIMARY KEY,
    ->      stu_name VARCHAR(30)NOT NULL,
    ->      stu_sex VARCHAR(10),
    ->      stu_card VARCHAR(50),
    ->      stu_province VARCHAR(50),
    ->      stu_create TIMESTAMP DEFAULT CURRENT_TIMESTAMP
    -> );
Query OK, 0 rows affected (0.09 sec)
```

学生表创建完成后,向表中插入数据,具体如下所示。

```
mysql > INSERT INTO student(stu_id,stu_name,stu_sex,stu_card,stu_province) VALUES
    -> ('Stu10001','彦哲','男','110229198201062223','北京'),
    -> ('Stu10002','松宁','女','310229198201062223','上海'),
    -> ('Stu10003','芝赋','女','440229198201062223','广东'),
    -> ('Stu10004','帅铭','男','340229198201062223','安徽'),
    -> ('Stu10005','再军','男','210229198201062223','辽宁'),
    -> ('Stu10006','玉博','男','120229198201062223','天津'),
    -> ('Stu10007','晨朗','女','130229198201062223','河北'),
    -> ('Stu10008','熙珑','女','460229198201062223','海南'),
    -> ('Stu10009','乐隽','女','410229198201062223','河南'),
    -> ('Stu10010','君贤','男','420229198201062223','湖北'),
    -> ('Stu10011','蓉阳','女','140229198201062223','山西'),
    -> ('Stu10012','文昌','男','500229198201062223','重庆'),
    -> ('Stu10013','鹏瑞','男','610229198201062223','陕西'),
    -> ('Stu10014','健钊','男','150229198201062223','内蒙古'),
    -> ('Stu10015','建瑜','男','630229198201062223','青海'),
    -> ('Stu10016','飞龙','男','230229198201062223','黑龙江'),
    -> ('Stu10017','然宁','女','370229198201062223','山东'),
    -> ('Stu10018','芝家','女','430229198201062223','湖南'),
    -> ('Stu10019','正尧','女','440229198201062223','广东'),
    -> ('Stu10020','晨启','男','220229198201062223','吉林'),
    -> ('Stu10021','天禄','男','540229198201062223','西藏'),
    -> ('Stu10022','飞翔','男','530229198201062223','云南'),
    -> ('Stu10023','家哲','男','360229198201062223','江西'),
    -> ('Stu10024','德瑜','女','320229198201062223','江苏'),
    -> ('Stu10025','嘉鑫','女','340229198201062223','安徽'),
    -> ('Stu10026','俊升','男','350229198201062223','福建'),
    -> ('Stu10027','令炳','男','520229198201062223','贵州'),
    -> ('Stu10028','炬烨','女','620229198201062223','甘肃'),
    -> ('Stu10029','欣乐','女','640229198201062223','宁夏'),
    -> ('Stu10030','景晨','女','110229198201062223','北京'),
    -> ('Stu10031','栎萁','女','370229198201062223','山东'),
```

```
    -> ('Stu10032','之鑫','男','120229198201062223','天津'),
    -> ('Stu10033','德学','男','310229198201062223','上海'),
    -> ('Stu10034','家平','男','440229198201062223','广东'),
    -> ('Stu10035','子乐','女','430229198201062223','湖南'),
    -> ('Stu10036','景恒','女','130229198201062223','河北'),
    -> ('Stu10037','有庭','男','500229198201062223','重庆'),
    -> ('Stu10038','森博','男','430229198201062223','辽宁'),
    -> ('Stu10039','一格','女','340229198201062223','安徽'),
    -> ('Stu10040','贝毅','男','440229198201062223','广东'),
    -> ('Stu10041','卓君','女','310229198201062223','上海'),
    -> ('Stu10042','浩哲','男','420229198201062223','湖北'),
    -> ('Stu10043','懿轩','男','430229198201062223','湖南'),
    -> ('Stu10044','浩庭','女','350229198201062223','福建'),
    -> ('Stu10045','成浩','男','520229198201062223','贵州'),
    -> ('Stu10046','德洲','男','500229198201062223','重庆'),
    -> ('Stu10047','名远','女','360229198201062223','江西'),
    -> ('Stu10048','远铮','男','370229198201062223','山东'),
    -> ('Stu10049','永新','女','220229198201062223','吉林'),
    -> ('Stu10050','广杰','男','620229198201062223','甘肃');
Query OK, 50 rows affected (0.06 sec)
Records: 50 Duplicates: 0 Warnings: 0
```

接着创建学生备注信息表 stu_remarks,表结构如表 13.4 所示。

表 13.4　stu_remarks 表

字　段	字段类型	说　明
stu_id	char(8)	学生编号
stu_remarks	text	学生备注信息

表 13.4 中列出了学生备注信息表的字段、字段类型和说明。其中 stu_id 为主键且与 student 表的 stu_id 字段外键关联,是一个基于主键的一对一关联关系,一个学生只对应一个学生备注信息。

```
mysql> CREATE TABLE stu_remarks(
    ->     stu_id CHAR(8) PRIMARY KEY,
    ->     stu_remarks TEXT,
    ->     FOREIGN KEY(stu_id) REFERENCES student(stu_id)
    -> );
Query OK, 0 rows affected (0.09 sec)
```

学生备注信息表创建完成后,向表中插入数据,具体如下所示。

```
mysql> INSERT INTO stu_remarks VALUES
    -> ('Stu10023','学生 23 的备注信息'),
    -> ('Stu10007','学生 07 的备注信息'),
    -> ('Stu10026','学生 26 的备注信息'),
    -> ('Stu10015','学生 15 的备注信息'),
    -> ('Stu10009','学生 09 的备注信息'),
    -> ('Stu10029','学生 29 的备注信息'),
    -> ('Stu10012','学生 12 的备注信息'),
    -> ('Stu10036','学生 36 的备注信息'),
    -> ('Stu10038','学生 38 的备注信息'),
```

```
    ->('Stu10042','学生 42 的备注信息'),
    ->('Stu10011','学生 11 的备注信息'),
    ->('Stu10020','学生 20 的备注信息'),
    ->('Stu10010','学生 10 的备注信息'),
    ->('Stu10002','学生 02 的备注信息'),
    ->('Stu10013','学生 13 的备注信息');
Query OK, 15 rows affected (0.03 sec)
Records: 15 Duplicates: 0 Warnings: 0
```

最后创建竞赛表 contest,表结构如表 13.5 所示。

表 13.5 contest 表

字　段	字段类型	说　明
c_id	INT(10)	比赛场次编号
stu_id	char(8)	学生编号
sch_id	char(5)	学校编号
c_bonus	decimal(8,2)	奖金
c_date	timestamp	上场时间

表 13.5 中列出了竞赛表的字段、字段类型和说明。其中 c_id 为主键且自增;c_date 默认值为系统当前时间;stu_id 为外键,与 student 表中的 stu_id 字段关联,是一对多的关联关系,一个学生可以有多场比赛的信息。

```
mysql> CREATE TABLE contest(
    ->     c_id INT(10) AUTO_INCREMENT PRIMARY KEY,
    ->     stu_id CHAR(8),
    ->     sch_id CHAR(5),
    ->     c_bonus DECIMAL(8,2),
    ->     c_date TIMESTAMP DEFAULT CURRENT_TIMESTAMP,
    ->     FOREIGN KEY(stu_id) REFERENCES student(stu_id)
    -> );
Query OK, 0 rows affected (0.08 sec)
```

竞赛表创建完成后,向表中插入数据,具体如下所示。

```
mysql> INSERT INTO contest(stu_id,sch_id,c_bonus) VALUES
    ->('Stu10003','S0001',100),
    ->('Stu10026','S0007',100),
    ->('Stu10043','S0003',100),
    ->('Stu10011','S0004',60),
    ->('Stu10009','S0001',150),
    ->('Stu10029','S0010',300),
    ->('Stu10049','S0009',800),
    ->('Stu10032','S0002',1000),
    ->('Stu10027','S0003',5000),
    ->('Stu10019','S0007',10),
    ->('Stu10041','S0008',250),
    ->('Stu10015','S0002',360),
    ->('Stu10022','S0009',720),
    ->('Stu10006','S0010',880),
```

```
    -> ('Stu10039','S0003',1500),
    -> ('Stu10017','S0005',320),
    -> ('Stu10021','S0007',640),
    -> ('Stu10001','S0002',980),
    -> ('Stu10010','S0006',1230),
    -> ('Stu10045','S0007',350);
Query OK, 20 rows affected (0.05 sec)
Records: 20 Duplicates: 0 Warnings: 0
```

至此，5 张表创建完成，后面会使用这些表进行例题演示。

13.2 综合练习

数据准备完成后，接下来利用这些表进行综合练习，便于大家快速理解和掌握前面章节所学的知识。

【例 13-1】 将表 teacher 中 t_id 为 T100015 的员工手机号修改为 17866663333。

```
mysql > UPDATE teacher SET t_phone = '17866663333' WHERE t_id = 'T100015';
Query OK, 1 row affected (0.04 sec)
Rows matched: 1 Changed: 1 Warnings: 0
```

【例 13-2】 将表 teacher 中 t_id 为 T100025 的员工姓名修改为一峰，手机号修改为 13877772222。

```
mysql > UPDATE teacher SET t_name = '一峰',t_phone = '13877772222'
    -> WHERE t_id = 'T100025';
Query OK, 1 row affected (0.04 sec)
Rows matched: 1 Changed: 1 Warnings: 0
```

【例 13-3】 将表 teacher 中 t_id 为 T100050 的员工信息删除。

```
mysql > DELETE FROM teacher WHERE t_id = 'T100050';
Query OK, 1 row affected (0.06 sec)
```

【例 13-4】 查询表 contest 中的所有数据。

```
mysql > SELECT * FROM contest;
+------+----------+---------+----------+---------------------+
| c_id | stu_id   | sch_id  | c_bonus  | c_date              |
+------+----------+---------+----------+---------------------+
|   1  | Stu10003 | S0001   | 100.00   | 2021-08-24 11:11:03 |
|   2  | Stu10026 | S0007   | 100.00   | 2021-08-24 11:11:03 |
|   3  | Stu10043 | S0003   | 100.00   | 2021-08-24 11:11:03 |
|   4  | Stu10011 | S0004   | 60.00    | 2021-08-24 11:11:03 |
|   5  | Stu10009 | S0001   | 150.00   | 2021-08-24 11:11:03 |
|   6  | Stu10029 | S0010   | 300.00   | 2021-08-24 11:11:03 |
|   7  | Stu10049 | S0009   | 800.00   | 2021-08-24 11:11:03 |
|   8  | Stu10032 | S0002   | 1000.00  | 2021-08-24 11:11:03 |
|   9  | Stu10027 | S0003   | 5000.00  | 2021-08-24 11:11:03 |
|  10  | Stu10019 | S0007   | 10.00    | 2021-08-24 11:11:03 |
```

```
| 11  | Stu10041 | S0008  | 250.00  | 2021-08-24 11:11:03 |
| 12  | Stu10015 | S0002  | 360.00  | 2021-08-24 11:11:03 |
| 13  | Stu10022 | S0009  | 720.00  | 2021-08-24 11:11:03 |
| 14  | Stu10006 | S0010  | 880.00  | 2021-08-24 11:11:03 |
| 15  | Stu10039 | S0003  | 1500.00 | 2021-08-24 11:11:03 |
| 16  | Stu10017 | S0005  | 320.00  | 2021-08-24 11:11:03 |
| 17  | Stu10021 | S0007  | 640.00  | 2021-08-24 11:11:03 |
| 18  | Stu10001 | S0002  | 980.00  | 2021-08-24 11:11:03 |
| 19  | Stu10010 | S0006  | 1230.00 | 2021-08-24 11:11:03 |
| 20  | Stu10045 | S0007  | 350.00  | 2021-08-24 11:11:03 |
+-----+----------+--------+---------+---------------------+
20 rows in set (0.00 sec)
```

【例 13-5】 查询表 contest 中的所有 stu_id 和 c_bonus。

```
mysql > SELECT stu_id,c_bonus FROM contest;
+--------+-------+
| stu_id | c_bonus |
+--------+-------+
| Stu10003 | 100.00 |
| Stu10026 | 100.00 |
| Stu10043 | 100.00 |
| Stu10011 | 60.00 |
| Stu10009 | 150.00 |
| Stu10029 | 300.00 |
| Stu10049 | 800.00 |
| Stu10032 | 1000.00 |
| Stu10027 | 5000.00 |
| Stu10019 | 10.00 |
| Stu10041 | 250.00 |
| Stu10015 | 360.00 |
| Stu10022 | 720.00 |
| Stu10006 | 880.00 |
| Stu10039 | 1500.00 |
| Stu10017 | 320.00 |
| Stu10021 | 640.00 |
| Stu10001 | 980.00 |
| Stu10010 | 1230.00 |
| Stu10045 | 350.00 |
+--------+-------+
20 rows in set (0.00 sec)
```

【例 13-6】 查询表 teacher 中所有性别为女的教师信息。

```
mysql > SELECT * FROM teacher WHERE t_sex = '女';
+-------+------+------+----------+-----------+------+
| t_id  | t_name | t_sex | t_phone | t_date | sch_id |
+-------+------+------+----------+-----------+------+
+-------+------+------+----------+-----------+------+
| t_id  | t_name | t_sex | t_phone | t_date | sch_id |
+-------+------+------+----------+-----------+------+
| T100005 | 思萱 | 女 | 13816664488 | 2011-12-04 | S0003 |
| T100006 | 香彤 | 女 | 13816665588 | 2012-07-11 | S0004 |
```

```
| T100009 | 梦蕊   | 女    | 13816669988 | 2017-09-18 | S0005 |
| T100014 | 谷芹   | 女    | 13816668855 | 2017-05-31 | S0003 |
| T100015 | 元瑶   | 女    | 17866663333 | 2014-06-03 | S0002 |
| T100016 | 觅云   | 女    | 13816668877 | 2013-07-06 | S0004 |
| T100017 | 映雁   | 女    | 13816668899 | 2012-08-01 | S0005 |
| T100020 | 运珧   | 女    | 13811168888 | 2017-10-17 | S0002 |
| T100023 | 新曦   | 女    | 13814468888 | 2015-01-27 | S0008 |
| T100024 | 寻巧   | 女    | 13815568888 | 2015-03-07 | S0001 |
| T100025 | 一峰   | 女    | 13877772222 | 2013-04-08 | S0003 |
| T100031 | 涵蕾   | 女    | 13816633888 | 2016-01-21 | S0003 |
| T100032 | 寄琴   | 女    | 13816644888 | 2016-11-25 | S0005 |
| T100034 | 巧蕊   | 女    | 13816666888 | 2011-10-28 | S0004 |
| T100048 | 飞莲   | 女    | 13006668888 | 2015-08-27 | S0001 |
| T100049 | 青寒   | 女    | 15816760088 | 2013-08-26 | S0008 |
+--------+-------+-------+------------+------------+-------+
16 rows in set (0.00 sec)
```

【例 13-7】 查询表 teacher 中 t_id 为 T100019 的教师姓名和电话。

```
mysql> SELECT t_name,t_phone FROM teacher WHERE t_id='T100019';
+-------+------------+
| t_name | t_phone    |
+-------+------------+
| 辰阳   | 15816768888 |
+-------+------------+
1 row in set (0.00 sec)
```

【例 13-8】 查询表 teacher 中所有入职日期在 2016 年 1 月 1 日之后的教师信息。

```
mysql> SELECT * FROM teacher WHERE t_date>'2016-01-01';
+--------+-------+-------+------------+------------+-------+
| t_id    | t_name | t_sex | t_phone     | t_date      | sch_id |
+--------+-------+-------+------------+------------+-------+
| T100003 | 永昌   | 男    | 13816662288 | 2016-04-08 | S0008 |
| T100007 | 振宇   | 男    | 13816666688 | 2016-07-13 | S0007 |
| T100009 | 梦蕊   | 女    | 13816669988 | 2017-09-18 | S0005 |
| T100013 | 智晖   | 男    | 13816668844 | 2016-04-24 | S0001 |
| T100014 | 谷芹   | 女    | 13816668855 | 2017-05-31 | S0003 |
| T100020 | 运珧   | 女    | 13811168888 | 2017-10-17 | S0002 |
| T100021 | 澄邈   | 男    | 13812268888 | 2016-11-19 | S0003 |
| T100022 | 辰光   | 男    | 13813368888 | 2016-02-25 | S0006 |
| T100031 | 涵蕾   | 女    | 13816633888 | 2016-01-21 | S0003 |
| T100032 | 寄琴   | 女    | 13816644888 | 2016-11-25 | S0005 |
| T100044 | 佑运   | 男    | 13666668888 | 2016-04-13 | S0007 |
| T100045 | 昆皓   | 男    | 13776668888 | 2017-04-12 | S0006 |
+----------+---------+-------+-------------+-------------+---------+
12 rows in set (0.00 sec)
```

【例 13-9】 查询表 teacher 中所有入职日期在 2016 年 1 月 1 日之后的女教师信息。

```
mysql> SELECT * FROM teacher WHERE t_date>'2016-01-01' AND t_sex<>'男';
+--------+------+------+------------+------------+------+
| t_id    | t_name | t_sex | t_phone      | t_date       | sch_id |
+--------+------+------+------------+------------+------+
| T100009 | 梦蕊   | 女    | 13816669988  | 2017-09-18   | S0005  |
| T100014 | 谷芹   | 女    | 13816668855  | 2017-05-31   | S0003  |
| T100020 | 运珧   | 女    | 13811168888  | 2017-10-17   | S0002  |
| T100031 | 涵蕾   | 女    | 13816633888  | 2016-01-21   | S0003  |
| T100032 | 寄琴   | 女    | 13816644888  | 2016-11-25   | S0005  |
+--------+------+------+------------+------------+------+
5 rows in set (0.00 sec)
```

【例 13-10】 查询表 teacher 中 t_id 为 T100015 或姓名为“泽光”的教师信息。

```
mysql> SELECT * FROM teacher WHERE t_id = 'T100015' OR t_name = '泽光';
+--------+------+------+------------+------------+------+
| t_id    | t_name | t_sex | t_phone      | t_date       | sch_id |
+--------+------+------+------------+------------+------+
| T100015 | 元瑶   | 女    | 17866663333  | 2014-06-03   | S0002  |
| T100027 | 泽光   | 男    | 13819968888  | 2014-08-01   | S0010  |
+--------+------+------+------------+------------+------+
2 rows in set (0.00 sec)
```

【例 13-11】 查询表 teacher 中 t_id 为 T100011、T100023 和 T100030 的教师信息。

```
mysql> SELECT * FROM teacher
    -> WHERE t_id IN('T100011','T100023','T100030');
+--------+------+------+------------+------------+------+
| t_id    | t_name | t_sex | t_phone      | t_date       | sch_id |
+--------+------+------+------------+------------+------+
| T100011 | 昌茂   | 男    | 13816668822  | 2014-01-22   | S0007  |
| T100023 | 新曦   | 女    | 13814468888  | 2015-01-27   | S0008  |
| T100030 | 怀寒   | 男    | 13816622888  | 2015-01-18   | S0002  |
+--------+------+------+------------+------------+------+
3 rows in set (0.01 sec)
```

【例 13-12】 查询表 teacher 中所有入职日期在 2016 年 1 月 1 日和 2017 年 1 月 1 日之间的教师信息。

```
mysql> SELECT * FROM teacher
    -> WHERE t_date BETWEEN '2016-01-01' AND '2017-01-01';
+--------+------+------+------------+------------+------+
| t_id    | t_name | t_sex | t_phone      | t_date       | sch_id |
+--------+------+------+------------+------------+------+
| T100003 | 永昌   | 男    | 13816662288  | 2016-04-08   | S0008  |
| T100007 | 振宇   | 男    | 13816666688  | 2016-07-13   | S0007  |
| T100013 | 智晖   | 男    | 13816668844  | 2016-04-24   | S0001  |
| T100021 | 澄邈   | 男    | 13812268888  | 2016-11-19   | S0003  |
| T100022 | 辰光   | 男    | 13813368888  | 2016-02-25   | S0006  |
| T100031 | 涵蕾   | 女    | 13816633888  | 2016-01-21   | S0003  |
| T100032 | 寄琴   | 女    | 13816644888  | 2016-11-25   | S0005  |
| T100044 | 佑运   | 男    | 13666668888  | 2016-04-13   | S0007  |
+--------+------+------+------------+------------+------+
8 rows in set (0.00 sec)
```

【例 13-13】 查询表 teacher 中姓名最后一个字是"光"的教师信息。

```
mysql > SELECT * FROM teacher WHERE t_name LIKE'%光';
+--------+-------+-------+------------+-------------+-------+
| t_id   | t_name | t_sex | t_phone    | t_date      | sch_id |
+--------+-------+-------+------------+-------------+-------+
| T100022 | 辰光  | 男    | 13813368888 | 2016-02-25 | S0006 |
| T100027 | 泽光  | 男    | 13819968888 | 2014-08-01 | S0010 |
+--------+-------+-------+------------+-------------+-------+
2 rows in set (0.00 sec)
```

【例 13-14】 查询表 teacher 中姓名含有"云"的教师信息。

```
mysql > SELECT * FROM teacher WHERE t_name LIKE'%云%';
+--------+-------+-------+------------+-------------+-------+
| t_id   | t_name | t_sex | t_phone    | t_date      | sch_id |
+--------+-------+-------+------------+-------------+-------+
| T100016 | 觅云  | 女    | 13816668877 | 2013-07-06 | S0004 |
| T100028 | 云天  | 男    | 13810068888 | 2014-02-17 | S0008 |
+--------+-------+-------+------------+-------------+-------+
2 rows in set (0.00 sec)
```

【例 13-15】 查询表 contest 中的所有奖金,并去除重复数据。

```
mysql > SELECT DISTINCT c_bonus FROM contest;
+--------+
| c_bonus |
+--------+
|  100.00 |
|   60.00 |
|  150.00 |
|  300.00 |
|  800.00 |
| 1000.00 |
| 5000.00 |
|   10.00 |
|  250.00 |
|  360.00 |
|  720.00 |
|  880.00 |
| 1500.00 |
|  320.00 |
|  640.00 |
|  980.00 |
| 1230.00 |
|  350.00 |
+--------+
18 rows in set (0.00 sec)
```

【例 13-16】 查询表 contest 中的所有数据,按奖金升序排序。

```
mysql> SELECT * FROM contest ORDER BY c_bonus ASC;
+-----+---------+------+--------+-------------------+
| c_id | stu_id   | sch_id | c_bonus | c_date              |
+-----+---------+------+--------+-------------------+
|  10  | Stu10019 | S0007 | 10      | 2021-08-24 11:11:03 |
|  4   | Stu10011 | S0004 | 60      | 2021-08-24 11:11:03 |
|  1   | Stu10003 | S0001 | 100     | 2021-08-24 11:11:03 |
|  2   | Stu10026 | S0007 | 100     | 2021-08-24 11:11:03 |
|  3   | Stu10043 | S0003 | 100     | 2021-08-24 11:11:03 |
|  5   | Stu10009 | S0001 | 150     | 2021-08-24 11:11:03 |
|  11  | Stu10041 | S0008 | 250     | 2021-08-24 11:11:03 |
|  6   | Stu10029 | S0010 | 300     | 2021-08-24 11:11:03 |
|  16  | Stu10017 | S0005 | 320     | 2021-08-24 11:11:03 |
|  20  | Stu10045 | S0007 | 350     | 2021-08-24 11:11:03 |
|  12  | Stu10015 | S0002 | 360     | 2021-08-24 11:11:03 |
|  17  | Stu10021 | S0007 | 640     | 2021-08-24 11:11:03 |
|  13  | Stu10022 | S0009 | 720     | 2021-08-24 11:11:03 |
|  7   | Stu10049 | S0009 | 800     | 2021-08-24 11:11:03 |
|  14  | Stu10006 | S0010 | 880     | 2021-08-24 11:11:03 |
|  18  | Stu10001 | S0002 | 980     | 2021-08-24 11:11:03 |
|  8   | Stu10032 | S0002 | 1000    | 2021-08-24 11:11:03 |
|  19  | Stu10010 | S0006 | 1230    | 2021-08-24 11:11:03 |
|  15  | Stu10039 | S0003 | 1500    | 2021-08-24 11:11:03 |
|  9   | Stu10027 | S0003 | 5000    | 2021-08-24 11:11:03 |
+-----+---------+------+--------+-------------------+
20 rows in set (0.00 sec)
```

【例 13-17】 查询表 contest 中的所有数据,按奖金降序排序,若奖金相同,按 stu_id 升序排序。

```
mysql> SELECT * FROM contest ORDER BY c_bonus DESC, stu_id ASC;
+-----+---------+------+--------+-------------------+
| c_id | stu_id   | sch_id | c_bonus | c_date              |
+-----+---------+------+--------+-------------------+
|  9   | Stu10027 | S0003 | 5000    | 2021-08-24 11:11:03 |
|  15  | Stu10039 | S0003 | 1500    | 2021-08-24 11:11:03 |
|  19  | Stu10010 | S0006 | 1230    | 2021-08-24 11:11:03 |
|  8   | Stu10032 | S0002 | 1000    | 2021-08-24 11:11:03 |
|  18  | Stu10001 | S0002 | 980     | 2021-08-24 11:11:03 |
|  14  | Stu10006 | S0010 | 880     | 2021-08-24 11:11:03 |
|  7   | Stu10049 | S0009 | 800     | 2021-08-24 11:11:03 |
|  13  | Stu10022 | S0009 | 720     | 2021-08-24 11:11:03 |
|  17  | Stu10021 | S0007 | 640     | 2021-08-24 11:11:03 |
|  12  | Stu10015 | S0002 | 360     | 2021-08-24 11:11:03 |
|  20  | Stu10045 | S0007 | 350     | 2021-08-24 11:11:03 |
|  16  | Stu10017 | S0005 | 320     | 2021-08-24 11:11:03 |
|  6   | Stu10029 | S0010 | 300     | 2021-08-24 11:11:03 |
|  11  | Stu10041 | S0008 | 250     | 2021-08-24 11:11:03 |
|  5   | Stu10009 | S0001 | 150     | 2021-08-24 11:11:03 |
|  1   | Stu10003 | S0001 | 100     | 2021-08-24 11:11:03 |
|  2   | Stu10026 | S0007 | 100     | 2021-08-24 11:11:03 |
|  3   | Stu10043 | S0003 | 100     | 2021-08-24 11:11:03 |
```

```
|  4  | Stu10011 | S0004 | 60     | 2021-08-24 11:11:03 |
| 10  | Stu10019 | S0007 | 10     | 2021-08-24 11:11:03 |
+-----+----------+-------+--------+---------------------+
20 rows in set (0.00 sec)
```

【例 13-18】 查询表 teacher 中的总记录数。

```
mysql> SELECT COUNT( * ) FROM teacher;
+---------+
| COUNT( * ) |
+---------+
|    49   |
+---------+
1 row in set (0.00 sec)
```

【例 13-19】 查询表 contest 中奖金大于 500 的人数，查询结果的列名指定为 total。

```
mysql> SELECT COUNT( * ) AS total FROM contest WHERE c_bonus > 500;
+-------+
| total |
+-------+
|    9  |
+-------+
1 row in set (0.00 sec)
```

【例 13-20】 查询表 contest 中奖金的总和。

```
mysql> SELECT SUM(c_bonus) FROM contest;
+------------+
| SUM(c_bonus) |
+------------+
|  14850.00  |
+------------+
1 row in set (0.00 sec)
```

【例 13-21】 查询表 contest 中的平均奖金。

```
mysql> SELECT AVG(c_bonus) FROM contest;
+------------+
| AVG(c_bonus) |
+------------+
| 742.500000 |
+------------+
1 row in set (0.01 sec)
```

【例 13-22】 查询表 contest 中最高的奖金。

```
mysql> SELECT MAX(c_bonus) FROM contest;
+------------+
| MAX(c_bonus) |
+------------+
|   5000.00  |
+------------+
1 row in set (0.00 sec)
```

【例 13-23】 查询表 contest 中最低的奖金。

```
mysql > SELECT MIN(c_bonus) FROM contest;
+-----------+
| MIN(c_bonus) |
+-----------+
|      10.00 |
+-----------+
1 row in set (0.00 sec)
```

【例 13-24】 查询表 teacher 中的学校编号和每所学校的教师人数。

```
mysql > SELECT sch_id,COUNT( * ) FROM teacher GROUP BY sch_id;
+------+--------+
| sch_id | COUNT( * ) |
+------+--------+
| S0001 |      6 |
| S0002 |      7 |
| S0003 |      6 |
| S0004 |      3 |
| S0005 |      4 |
| S0006 |      5 |
| S0007 |      6 |
| S0008 |      6 |
| S0009 |      2 |
| S0010 |      4 |
+------+--------+
10 rows in set (0.00 sec)
```

【例 13-25】 查询表 contest 中的 sch_id 和每所学校奖金大于 350 元的人数。

```
mysql > SELECT sch_id,COUNT( * ) FROM contest
    -> WHERE c_bonus > 350
    -> GROUP BY sch_id;
+------+--------+
| sch_id | COUNT( * ) |
+------+--------+
| S0009 |      2 |
| S0002 |      3 |
| S0003 |      2 |
| S0010 |      1 |
| S0007 |      1 |
| S0006 |      1 |
+------+--------+
6 rows in set (0.00 sec)
```

【例 13-26】 查询表 contest 中奖金总和大于 1500 元的学校编号及奖金总和。

```
mysql > SELECT sch_id,SUM(c_bonus) FROM contest
    -> GROUP BY sch_id
    -> HAVING SUM(c_bonus)> 1500;
+------+-----------+
| sch_id | SUM(c_bonus) |
```

```
+-------+------------+
| S0003 | 6600.00    |
| S0009 | 1520.00    |
| S0002 | 2340.00    |
+-------+------------+
3 rows in set (0.00 sec)
```

【例 13-27】 查询表 teacher 中前 10 位教师的信息。

```
mysql> SELECT * FROM teacher LIMIT 0,10;
+--------+------+------+-----------+------------+------+
| t_id   | t_name | t_sex | t_phone   | t_date     | sch_id |
+--------+------+------+-----------+------------+------+
| T100001 | 浩然 | 男 | 13816668888 | 2012-05-02 | S0002 |
| T100002 | 智宇 | 男 | 13816661188 | 2014-07-22 | S0006 |
| T100003 | 永昌 | 男 | 13816662288 | 2016-04-08 | S0008 |
| T100004 | 映冬 | 男 | 13816663388 | 2011-11-09 | S0001 |
| T100005 | 思萱 | 女 | 13816664488 | 2011-12-04 | S0003 |
| T100006 | 香彤 | 女 | 13816665588 | 2012-07-11 | S0004 |
| T100007 | 振宇 | 男 | 13816666688 | 2016-07-13 | S0007 |
| T100008 | 元冬 | 男 | 13816667788 | 2014-08-14 | S0010 |
| T100009 | 梦蕊 | 女 | 13816669988 | 2017-09-18 | S0005 |
| T100010 | 罗文 | 男 | 13816668811 | 2013-02-20 | S0006 |
+--------+------+------+-----------+------------+------+
10 rows in set (0.00 sec)
```

【例 13-28】 查询表 teacher 中第 11～20 位教师信息。

```
mysql> SELECT * FROM teacher LIMIT 10,10;
+--------+------+------+-----------+------------+------+
| t_id   | t_name | t_sex | t_phone   | t_date     | sch_id |
+--------+------+------+-----------+------------+------+
| T100011 | 昌茂 | 男 | 13816668822 | 2014-01-22 | S0007 |
| T100012 | 曦哲 | 男 | 13816668833 | 2015-03-21 | S0008 |
| T100013 | 智晖 | 男 | 13816668844 | 2016-04-24 | S0001 |
| T100014 | 谷芹 | 女 | 13816668855 | 2017-05-31 | S0003 |
| T100015 | 元瑶 | 女 | 17866663333 | 2014-06-03 | S0002 |
| T100016 | 觅云 | 女 | 13816668877 | 2013-07-06 | S0004 |
| T100017 | 映雁 | 女 | 13661122333 | 2012-08-01 | S0005 |
| T100018 | 恨山 | 男 | 15816168888 | 2011-09-15 | S0007 |
| T100019 | 辰阳 | 男 | 15816768888 | 2010-10-22 | S0010 |
| T100020 | 运珧 | 女 | 13811168888 | 2017-10-17 | S0002 |
+--------+------+------+-----------+------------+------+
10 rows in set (0.00 sec)
```

【例 13-29】 查询 2017 年 1 月 1 日以后入职的教师信息，查询结果包括教师姓名、教师电话和教师所属学校名称。

```
mysql> SELECT a.t_name,a.t_phone,b.sch_name FROM teacher a
    -> INNER JOIN school b ON a.sch_id = b.sch_id
    -> WHERE a.t_date>'2017-01-01';
```

```
+------+-----------+------------+
| t_name | t_phone    | sch_name     |
+------+-----------+------------+
| 运珧   | 13811168888 | 清华大学       |
| 谷芹   | 13816668855 | 浙江大学       |
| 梦蕊   | 13816669988 | 南京大学       |
| 昆皓   | 13776668888 | 上海交通大学    |
+------+-----------+------------+
4 rows in set (0.00 sec)
```

【例 13-30】 查询所有存在备注信息的学生姓名、学生所属省份和学生备注信息。

```
mysql > SELECT c.stu_name,c.stu_province,cr.stu_remarks FROM student c
    -> RIGHT JOIN stu_remarks cr ON c.stu_id = cr.stu_id;
+--------+-----------+----------------+
| stu_name | stu_province | stu_remarks       |
+--------+-----------+----------------+
| 松宁     | 上海          | 学生 02 的备注信息 |
| 晨朗     | 河北          | 学生 07 的备注信息 |
| 乐隽     | 河南          | 学生 09 的备注信息 |
| 君贤     | 湖北          | 学生 10 的备注信息 |
| 蓉阳     | 山西          | 学生 11 的备注信息 |
| 文昌     | 重庆          | 学生 12 的备注信息 |
| 鹏瑞     | 陕西          | 学生 13 的备注信息 |
| 建瑜     | 青海          | 学生 15 的备注信息 |
| 晨启     | 吉林          | 学生 20 的备注信息 |
| 家哲     | 江西          | 学生 23 的备注信息 |
| 俊升     | 福建          | 学生 26 的备注信息 |
| 欣乐     | 宁夏          | 学生 29 的备注信息 |
| 景恒     | 河北          | 学生 36 的备注信息 |
| 森博     | 辽宁          | 学生 38 的备注信息 |
| 浩哲     | 湖北          | 学生 42 的备注信息 |
+--------+-----------+----------------+
15 rows in set (0.02 sec)
```

【例 13-31】 查询所有奖金大于 500 元的学生信息,查询结果包括学生编号、学生姓名、奖金和所属学校名称。

```
mysql > SELECT c.stu_id,c.stu_name,d.c_bonus,b.sch_name FROM student c
    -> JOIN contest d ON c.stu_id = d.stu_id
    -> JOIN school b ON d.sch_id = b.sch_id
    -> WHERE d.c_bonus > 500;
+--------+--------+-------+-----------+
| stu_id   | stu_name | c_bonus | sch_name    |
+--------+--------+-------+-----------+
| Stu10049 | 永新     | 800     | 吉林大学      |
| Stu10032 | 之鑫     | 1000    | 清华大学      |
| Stu10027 | 令炳     | 5000    | 浙江大学      |
| Stu10022 | 飞翔     | 720     | 吉林大学      |
| Stu10006 | 玉博     | 880     | 厦门大学      |
| Stu10039 | 一格     | 1500    | 浙江大学      |
| Stu10021 | 天禄     | 640     | 武汉大学      |
```

```
| Stu10001 | 彦哲      | 980    | 清华大学      |
| Stu10010 | 君贤      | 1230   | 上海交通大学  |
+---------+---------+-------+-------------+
9 rows in set (0.03 sec)
```

【例 13-32】 将表 contest 中学生姓名为“芝赋”的奖金增加 100 元。

```
mysql > UPDATE contest SET c_bonus = c_bonus + 100
    -> WHERE stu_id IN (SELECT stu_id FROM student WHERE stu_name = '芝赋');
Query OK, 1 row affected (0.04 sec)
Rows matched: 1 Changed: 1 Warnings: 0
```

【例 13-33】 查询表 contest 中奖金为 200 元且学校为“北京大学”的记录，将其奖金增加 500 元。

```
mysql > UPDATE contest SET c_bonus = c_bonus + 500
    -> WHERE c_bonus = 200 AND sch_id IN
    -> (SELECT sch_id FROM school WHERE sch_name = '北京大学');
Query OK, 1 row affected (0.04 sec)
Rows matched: 1 Changed: 1 Warnings: 0
```

【例 13-34】 将表 contest 中学生姓名为“正尧”的所属学校修改为“北京大学”。

```
mysql > UPDATE contest
    -> SET sch_id = (SELECT sch_id FROM school WHERE sch_name = '北京大学')
    -> WHERE stu_id IN (SELECT stu_id FROM student WHERE stu_name = '正尧');
Query OK, 1 row affected (0.04 sec)
Rows matched: 1 Changed: 1 Warnings: 0
```

【例 13-35】 在表 student 和 stu_remarks 上创建视图 view_cus，包含的列为 stu_id、stu_name、stu_province 和 stu_remarks。

```
mysql > CREATE VIEW view_cus(id,name,province,remarks)
    -> AS
    -> SELECT c.stu_id,c.stu_name,c.stu_province,cr.stu_remarks
    -> FROM student c,stu_remarks cr
    -> WHERE c.stu_id = cr.stu_id;
Query OK, 0 rows affected (0.09 sec)
```

【例 13-36】 创建一个带 OUT 的存储过程，通过传入学生所属省份查询该省份内所有学生信息，查询结果包括学生编号、学生姓名和学生所属省份。创建完成后通过传入“山东”查询学生信息，最后通过查询 OUT 的输出内容得到学生的个数。

```
mysql > DELIMITER //
mysql > CREATE PROCEDURE SP_SEARCH
    -> (IN p_province VARCHAR(50),OUT p_count INT)
    -> BEGIN
    -> IF p_province is null or p_province = '' THEN
    -> SELECT stu_id,stu_name,stu_province FROM student;
    -> ELSE
    -> SELECT stu_id,stu_name,stu_province FROM student
```

```
    -> WHERE stu_province = p_province;
    -> END IF;
    -> SELECT FOUND_ROWS() INTO p_count;
    -> END //
Query OK, 0 rows affected (0.00 sec)

mysql> DELIMITER ;
mysql> CALL SP_SEARCH('山东',@p_num);
+--------+--------+------------+
| stu_id | stu_name | stu_province |
+--------+--------+------------+
| Stu10017 | 然宁 | 山东 |
| Stu10031 | 栎萁 | 山东 |
| Stu10048 | 远铮 | 山东 |
+--------+--------+------------+
3 rows in set (0.00 sec)

Query OK, 1 row affected (0.03 sec)

mysql> SELECT @p_num;
+--------+
| @p_num |
+--------+
|   3    |
+--------+
1 row in set (0.00 sec)
```

【例 13-37】 假设有一张用于备份表 school 数据的表 school2，创建触发器 t_afterinsert_on_school，用于向表 school 添加数据后自动将数据备份到表 school2 中。

```
mysql> DELIMITER //
mysql> CREATE TRIGGER t_afterinsert_on_school
    -> AFTER INSERT ON school
    -> FOR EACH ROW
    -> BEGIN
    ->     INSERT INTO school2(sch_id,sch_name)
    ->     VALUES(NEW.sch_id,NEW.sch_name);
    -> END //
Query OK, 0 rows affected (0.11 sec)

mysql> DELIMITER ;
```

【例 13-38】 在一个事务操作中，将表 contest 中 c_id 为 10 的奖金增加 500 元，然后回滚事务，最后提交事务。

```
mysql> START TRANSACTION;
Query OK, 0 rows affected (0.00 sec)

mysql> UPDATE contest SET c_bonus = c_bonus + 500 WHERE c_id = 10;
Query OK, 1 row affected (0.02 sec)
Rows matched: 1 Changed: 1 Warnings: 0
```

```
//未提交,未回滚,验证
mysql > SELECT c_id,c_bonus FROM contest WHERE c_id = 10;
+------+--------+
| c_id  | c_bonus |
+------+--------+
|  10   | 510     |
+------+--------+
1 row in set (0.06 sec)

mysql > ROLLBACK;
Query OK, 0 rows affected (0.06 sec)

//未提交,回滚,验证
mysql > SELECT c_id,c_bonus FROM contest WHERE c_id = 10;
+------+--------+
| c_id  | c_bonus |
+------+--------+
|  10   | 10      |
+------+--------+
1 row in set (0.06 sec)

mysql > COMMIT;
Query OK, 0 rows affected (0.00 sec)
```

【例 13-39】 在 DOS 命令行窗口输入如下命令,将数据库 qfexample 备份到 D 盘根目录下。

```
C:\Users\Administrator > mysqldump -uroot -pqf1234 qfexample > D:qfexample.sql
```

【例 13-40】 在 DOS 命令行窗口输入如下命令,将 D 盘根目录下备份的 qfexample.sql 还原。

```
C:\Users\Administrator > mysql -uroot -pqf1234 qfexample < D:qfexample.sql
```

13.3 本章小结

本章通过一个综合案例将前 12 章所学内容进行了综合练习,读者通过本章案例可以进一步熟练地使用 SQL 语句,巩固所学知识。如果想熟练掌握 MySQL 操作,大家还需要多练习、多总结。

图书资源支持

感谢您一直以来对清华版图书的支持和爱护。为了配合本书的使用，本书提供配套的资源，有需求的读者请扫描下方的“书圈”微信公众号二维码，在图书专区下载，也可以拨打电话或发送电子邮件咨询。

如果您在使用本书的过程中遇到了什么问题，或者有相关图书出版计划，也请您发邮件告诉我们，以便我们更好地为您服务。

我们的联系方式：

清华大学出版社计算机与信息分社网站：https://www.shuimushuhui.com/

地　　址：北京市海淀区双清路学研大厦 A 座 714

邮　　编：100084

电　　话：010-83470236　010-83470237

客服邮箱：2301891038@qq.com

QQ：2301891038（请写明您的单位和姓名）

资源下载：关注公众号“书圈”下载配套资源。

资源下载、样书申请

书圈

图书案例

清华计算机学堂

观看课程直播